今すぐ使えるかんたんmini

Imasugu Tsukaeru Kantan mini Series

Zoom（ズーム）& Slack（スラック）& Chatwork（チャットワーク）& Dropbox（ドロップボックス）& Chrome（クローム）リモートデスクトップ

テレワーク入門書の決定版!

基本&便利技

技術評論社

本書の使い方

セクションという単位ごとに機能を順番に解説しています。

解説しているアプリがひと目でわかるようになっています。

セクション名は、具体的な作業を示しています。

セクションの解説内容のまとめを表しています。

番号付きの記述で操作の順番が一目瞭然です。

操作の基本的な流れ以外は番号のない記述になっています。

各章は基本操作や応用といったカテゴリーごとにわけて解説しています。

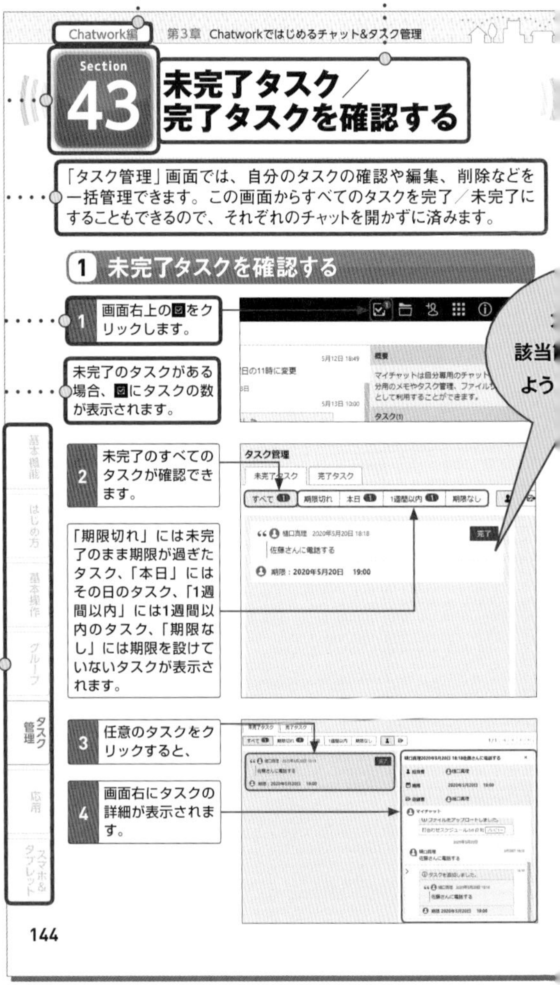

Chatwork編　第3章 Chatworkではじめるチャット&タスク管理

Section 43 未完了タスク／完了タスクを確認する

「タスク管理」画面では、自分のタスクの確認や編集、削除などを一括管理できます。この画面からすべてのタスクを完了／未完了にすることもできるので、それぞれのチャットを開かずに済みます。

1 未完了タスクを確認する

1 画面右上の☑をクリックします。

未完了のタスクがある場合、☑にタスクの数が表示されます。

2 未完了のすべてのタスクが確認できます。

「期限切れ」には未完了のまま期限が過ぎたタスク、「本日」にはその日のタスク、「1週間以内」には1週間以内のタスク、「期限なし」には期限を設けていないタスクが表示されます。

3 任意のタスクをクリックすると、

4 画面右にタスクの詳細が表示されます。

基本機能　はじめ方　基本操作　グループ　タスク管理　応用　スマホ&タブレット

144

本書の各セクションでは、画面を使った操作の手順を追うだけで、Slack／Chatwork／Zoom／Dropbox／Chrome リモートデスクトップの使い方がかんたんにわかるように説明しています。

操作の流れに番号を付けて示すことで、操作手順を追いやすくしてあります。

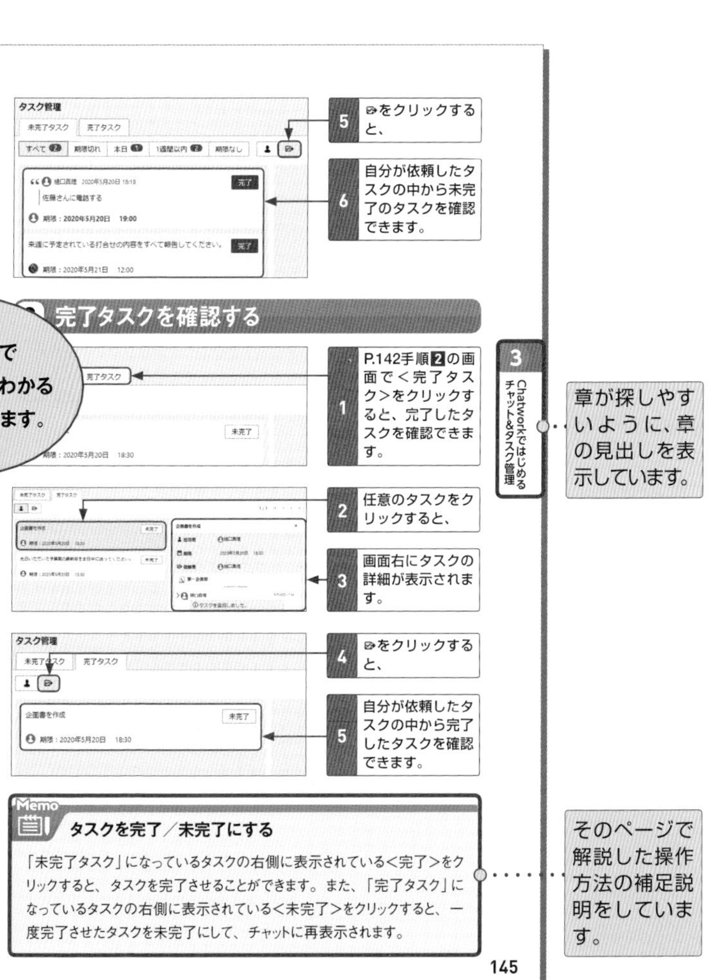

タスク管理
未完了タスク
完了タスク
5 をクリックすると、
6 自分が依頼したタスクの中から未完了のタスクを確認できます。
完了タスクを確認する
で
わかる
ます。
1 P.142手順2の画面で＜完了タスク＞をクリックすると、完了したタスクを確認できます。
2 任意のタスクをクリックすると、
3 画面右にタスクの詳細が表示されます。
4 をクリックすると、
5 自分が依頼したタスクの中から完了したタスクを確認できます。
3
Chatworkではじめる チャット&タスク管理
章が探しやすいように、章の見出しを表示しています。
Memo
タスクを完了／未完了にする
「未完了タスク」になっているタスクの右側に表示されている＜完了＞をクリックすると、タスクを完了させることができます。また、「完了タスク」になっているタスクの右側に表示されている＜未完了＞をクリックすると、一度完了させたタスクを未完了にして、チャットに再表示されます。
145
そのページで解説した操作方法の補足説明をしています。

目次

基本 編

第1章 テレワークの基本

Slack 編

第2章 Slackではじめるオンラインミーティング

Chatwork 編

第3章 Chatworkではじめるチャット&タスク管理

Zoom 編

第4章 Zoomではじめるビデオ会議

Chromeリモートデスクトップ 編

第6章 Chromeリモートデスクトップではじめるリモート接続

ご注意：ご購入・ご利用の前に必ずお読みください

●本書に記載した内容は、情報の提供のみを目的としています。したがって、本書を用いた運用は、必ずお客様自身の責任と判断によって行ってください。これらの情報の運用の結果について、技術評論社および著者はいかなる責任も負いません。

●サービスやソフトウェアに関する記述は、とくに断りのないかぎり2020年7月現在での最新バージョンをもとにしています。サービスやソフトウェアはバージョンアップされる場合があり、本書での説明とは機能内容や画面図などが異なってしまうこともあり得ます。あらかじめご了承ください。

●本書は、以下の環境での動作を検証しています。
パソコンのOS:Windows 10 1909
Webブラウザ:Google Chrome 83.0
iOS端末:iOS 13.5.1
Android端末:Android 10.0

●インターネットの情報については、URLや画面などが変更されている可能性があります。ご注意ください。

以上の注意事項をご承諾いただいた上で、本書をご利用願います。これらの注意事項をお読みいただかずに、お問い合わせいただいても、技術評論社は対処しかねます。あらかじめ、ご承知おきください。

第1章

テレワークの基本

テレワークは時間や場所を選ばずに仕事のできる新しい働き方です。ここでは、テレワークの上手な運用の仕方や、生産性を上げるために使うとよいアプリなどについて解説します。

Section 01 テレワークとは

昨今、新しい働き方ととして注目を集めるのが「テレワーク」です。自宅や移動中、サテライトオフィスなどで、会社と同様に仕事をする新しい業務形態です。

場所や時間にとらわれない働き方「テレワーク」

テレワークは「tele」(離れた場所)と「work」(働く)を組み合わせた造語で、ICT(情報通信技術)を活用した場所や時間にとらわれない柔軟な働き方の1つです。「遠隔」を意味する「Remote」という言葉を用いた「リモートワーク」もほぼ同意語になります。通勤が困難なときや、生産性の向上を目的とするとき、ワークライフバランスを目指したいというニーズなど、行う理由はさまざまです。昨今のスマートフォンやタブレット、ブロードバンド回線などの普及をはじめとするICTの発達により、課題であったコスト面やセキュリティ面が解決されるようになり、より一層運用しやすくなりました。また、少子高齢化に伴う生産年齢人口の減少や労働者のニーズの多様化といった課題の解決を目指す「働き方改革」の1つとしても注目されており、さらに最近では2020年の新型コロナウイルス感染予防対策としても多くの企業で実施されました。
テレワークには、従業員の自宅で働く「在宅勤務」、移動途中の電車や駅、カフェなどで働く「モバイルワーク」、会社以外の契約オフィス(コワーキングスペースやレンタルオフィスなど)で働く「サテライトオフィス勤務」の3つの形態があります。会社の規模や業種、仕事内容や社内規定などにより実施する形態は異なります。

テレワーク3つの形態

在宅勤務

モバイルワーク

サテライトオフィス勤務

企業側・従業員側それぞれのメリット

テレワークには企業側、従業員側それぞれにメリットがあります。企業側には、育児や介護などで優秀な従業員が離職してしまうのを食い止める人材確保という点や、地震や台風、感染症の蔓延といった災害時にも事業が継続できるという点、業務効率による生産性の向上といった点が挙げられます。
一方の従業員側は妊娠や育児、介護、怪我や病気、障がいなどの理由で勤労意欲やスキルがあっても通勤が障壁となっている場合、在宅勤務を行うことで、それらと両立して仕事とも向き合うことができます。
また、通勤電車のストレスを回避し、さらに集中しやすい環境で仕事に従事することができるため、業務が効率化されて生産性が向上しやすくなります。通勤時間がなくなることで、家族との時間や自己啓発の時間を増やすことができ、ワークライフバランスの向上も期待できます。

企業側のメリット

- 人材確保
- 災害時の事業継続
- 生産性の向上

従業員側のメリット

- 労働機会の持続
- 生産性の向上
- ワークライフバランスの向上

テレワークに向いている職業とは?

パソコンでの作業がメインで1人でも業務を進めることができ、セキュリティ面で問題のない職業はテレワークに向いています。たとえばデータ入力や資料作成、請求書などの書類作成などを行う事務職や、システムやアプリケーション開発などを行うエンジニア、スマートフォンアプリ開発やWebサイト開発、ゲーム開発などを行うプログラマー、企画や原稿整理、校正などを行う編集者などです。いずれも本書で紹介するミーティングツールやビデオ会議ツール、ストレージサービスなどを使い、進捗や成果物をメンバーと共有しながら作業を進めることでテレワークを行うことができます。
また、リモート接続ツールを使えば、自宅から会社のパソコンを遠隔操作して社内にいるときと同等の作業が行えます。そのほか、営業職も自宅から直接顧客のもとへ訪問し、営業日報や資料作成といった作業は自宅で行うことが可能です。
一方、製造業や接客業、販売業、医療、福祉などの直接人と接したり、特殊な機械を利用したりすることが必須な職種は、テレワークには向いていません。

Section 02 テレワークに必要な環境

テレワークを行うには、パソコンとインターネット回線が必要です。それぞれどのようなものを用意すればよいのでしょうか。また、作業に適した環境作りも重要になります。

どのようなパソコンを利用すべきか

望ましいのは会社から支給されるテレワーク用のパソコンの利用ですが、ここでは、やむを得ず私用のパソコンを利用する場合について解説します。
私用のパソコンを使う場合、ハイスペックとまでは行かなくてもよいですが、何度もフリーズし、再起動を重ねるようなパソコンは避けるべきです。
また、古いOSやアプリケーションのままではセキュリティ対策に不備がある可能性があり、仕事での利用に適しているとはいえません。OSやアプリケーションの更新が受けられるバージョンのものを利用するようにしましょう。
私用のパソコンでの作業には業務の情報が流出しないよう、細心の注意を払う必要があります。P.26もあわせてご確認ください。
また、本書ではスマートフォン版のアプリの使い方も解説していますが、画面の小ささや機能の制限により仕事効率が悪くなることもあります。パソコンが使えないときなどの補助的な役割で使用するとよいでしょう。

私用のパソコンの注意点

動作が
安定している
情報流出に
細心の注意を払う
古過ぎないOS
を利用する

インターネット回線はブロードバンドでなくてもOK

利用するインターネット回線は、下りで30Mbps以上の速度が出るような超高速ブロードバンドである必要はありません。オンライン会議が安定して行えるなど、業務に支障をきたさない程度の回線速度のものを利用しましょう。自宅にインターネット回線を引いていない場合は、一時的にスマートフォンのテザリングやモバイルWi-Fiルーターを利用するのもよいですが、長期間となるのであればインターネット回線を引くことを検討しましょう。

超高速でなくてもよい

作業に適したワークスペースを確保する

パソコンとインターネット回線さえあればテレワークは可能ですが、適切なワークスペースを構築して、効率よく生産性の高い業務を目指しましょう。短期間のテレワークであればリビングのデスクでも問題ありませんが、長期に渡る場合は専用のデスクを用意し、椅子についても腰痛にならないよう人間工学に基づき設計されたものを利用することがおすすめです。
さらに、照明や空調についても快適に作業ができるよう、整えるようにします。そのほか、気が散らないよう整理整頓しておきワークスペースを確保しましょう。作業環境は仕事のパフォーマンスに直結します。しっかりと向き合うことが大切です。P.25もあわせてご確認ください。

Memo

VPNで情報漏えいを防ぐ

テレワークでのインターネット接続時における情報漏えい対策として、VPN（Virtual Private Network）を利用した接続が一般的です。VPNルーターやアプリケーションを利用してVPNで会社のネットワークに接続すると、インターネット回線上に暗号化された仮想ネットワークを構築して利用することができ、安全にデータ通信を行いやすくなります。

Section 03 テレワークで使えるアプリと機能比較

テレワークではさまざまなアプリを利用することで、円滑に業務を進めることができます。ここでは、テレワークに欠かせないカテゴリーについて、各アプリと機能とあわせて解説します。

オンラインミーティングツールですばやく情報共有

テレワークでの情報共有は、メールよりもすばやくやり取りできるオンラインミーティングツールで行います。1対1や複数人のやり取りを、チャットで行うことができます。さらにチャット内でファイルの共有もできます。無料で利用する場合、以下のような仕様になります。本書では、第2章と第3章でSlackとChatworkを紹介しています。

代表的なオンラインミーティングツール

	Slack	Chatwork	LINE WORKS
運営会社	Slack Japan	Chatwork	ワークスモバイルジャパン
グループ数	上限なし	14まで	上限なし
メッセージ表示件数	10,000件	上限なし	上限なし
ファイル共有	○	○	○
共有ファイル保存容量	5GB	5GB	5GB
音声通話	○	○	○
ビデオ通話	○	○	○
有料プラン（月額）	850円～	400円～	300円～

打ち合わせは複数人参加できるビデオ会議で

離れた場所でもオンライン上で顔を見ながら複数人で会話できるビデオ会議ツールは、テレワークで利用するアプリの中でも要となります。社内、社外問わずの利用ができるため、スピーディーな意思決定が可能になります。無料で利用する場合、次のような仕様になります。本書では、第4章でZoomを紹介しています。

代表的なビデオ会議ツール

	Zoom	Skype	Google ハングアウト
運営会社	ズームビデオコミュニケーションズ	Microsoft	Google
参加可能人数	100人	50人	10人
アカウントなしの参加	○	○	×
録画機能	○	○	×
制限時間	40分	4時間	なし
ホワイトボード	○	×	×
有料プラン（月額）	2,000円〜	650円〜	680円〜

ストレージサービスでらくらくファイル共有

ドキュメントファイルなどの作成・編集作業は、クラウドストレージサービスを利用すると便利です。ファイルはクラウドストレージに保管され、オンライン上でWebブラウザを通じてどこでも編集などの作業ができます。また、共有も気軽にでき、共同編集といった作業も可能です。無料で利用する場合、以下のような仕様になります。本書では、第5章でDropboxを紹介しています。

代表的なストレージサービス

	Dropbox	Google ドライブ	OneDrive
運営会社	Dropbox	Google	Microsoft
ストレージ容量	2GB	15GB（Gmail、Google フォトも含む）	5GB
編集で利用できるOffice スイート	右の2サービス	Google ドキュメント／スプレッドシート／スライド	Microsoft Office
大容量ファイルの送信	○	△（ファイル共有）	△（ファイル共有）

Memo

リモート接続ツールで会社のパソコンを操作する

第6章で紹介している「Chromeリモートデスクトップ」を利用すると、会社のパソコンを、そのまま別のパソコンから遠隔操作ができます。設定後、会社のパソコンをスリープさせることなく電源オンの状態にしておくと、かんたんに利用可能です。

Section 04 無料プランと有料プランの違い

テレワークで利用する各サービスは無料で利用できますが、有料プランに加入すると、さらに拡張した機能で快適に利用ができます。頻繁に利用する場合は有料プランへの加入を検討するとよいでしょう。

Slack 閲覧できるメッセージが10,000件／無制限

Slackの無料プランでは、検索などで閲覧できるメッセージが直近10,000件までと制限されており、10,000件より古いメッセージは見ることができなくなります。しかし、有料プランでは、メッセージを無制限に見ることができます。
また、共有できるファイルの総ストレージ容量は、ワークスペース全体で最大5GBまでとなりますが、スタンダードプラン（年払いで月額850円）では、ストレージ容量はメンバー1人ごとに10GBまで割り当てられるようになります。
そのほかの無料プランと有料プランの差で大きいものは、音声通話およびビデオ通話の参加人数です。無料プランでは1対1による通話のみとなりますが、有料プランでは、最大15名までが同時にグループ通話することが可能になります。さらにパソコンの画面の共有をすることもでき、資料のファイルなどを見ながら通話が可能になります。また、ワークスペースを超えて共同作業が行える共有チャンネルも利用できます。

	フリー	スタンダード	プラス
料金	無料	月額850円 （年払いの場合）	月額1,600円 （年払いの場合）
閲覧可能なメッセージ	10,000件	上限なし	上限なし
ストレージ容量	ワークスペースで5GB	メンバーごとに10GB	メンバーごとに20GB
アプリの連携	10件	上限なし	上限なし
共有チャンネル	×	○	○
音声／ビデオ通話の参加可能人数	1対1	15名	15名
通話時の画面の共有	×	○	○

Chatwork グループチャット作成数が14／無制限

Chatworkが無料で使えるフリープランでは、作成できるグループチャットの数が14までと制限されています（参加可能人数はどちらも無制限）。また、音声通話やビデオ通話の相手の人数が異なり、フリーでは1対1のみとなりますが、有料プランではいずれも音声通話は100名、ビデオ通話は14名まで参加することが可能です。

さらにファイル送信などで利用するストレージの容量は、フリープランでは5GBまでですが、パーソナルプランは10GB、ビジネスプランとエンタープライズプランは、1ユーザー10GB までの利用ができるようになります。「1ユーザー10GB」とは、たとえばビジネスプランを10名で加入しているという場合、組織全体で100GBのストレージが利用できるということです。なお、有料プランの場合、月額払いで100GB～1,000GBまで4段階で追加購入することが可能です。

	フリー	パーソナル	ビジネス	エンタープライズ
料金	無料	月額 400 円	月額 500 円（年払いの場合）	月額 800 円（年払いの場合）
閲覧可能なメッセージ	上限なし	上限なし	上限なし	上限なし
ストレージ容量	5GB	10GB	10GB（1 ユーザー）	10GB（1 ユーザー）
ストレージ容量の追加購入	×	○	○	○
グループチャット作成可能な数	14	上限なし	上限なし	上限なし
グループチャット参加人数	上限なし	上限なし	上限なし	上限なし
音声／ビデオ通話の参加可能人数	1 対 1	100 名（ビデオ通話は 14 名）	100 名（ビデオ通話は 14 名）	100 名（ビデオ通話は 14 名）
通話時の画面の共有	○	○	○	○
広告表示	あり	なし	なし	なし
ユーザーの利用状況確認	×	×	○	○
社外ユーザー制限	×	×	×	○

Zoom グループミーティングは40分／無制限

ビデオ会議サービスのZoomの無料プランは、1対1のミーティングは時間無制限で利用することができます。しかし、3人以上でグループミーティングを行う場合、利用時間は最大40分までとなる制限があります。もっと利用することが多いといった場合、有料のプロプランでは最大24時間、ビジネスプランや企業プランなら無制限で利用が可能になります。
また、ミーティングを録画／録音する記録については、無料ではローカル、つまりパソコン内のストレージにしかすることができません。こちらも有料であればいずれのプランでもZoomの専用クラウドストレージに記録の保存が可能になり、Webブラウザで閲覧ができるほか、URLで共有することも可能です。

	基本	プロ	ビジネス	企業
料金（1 ホストあたり）	無料	月額 1,675 円（年払いの場合）	月額 2,241 円（年払いの場合）	月額 2,700 円
契約ホスト数	1 名	1 ～ 9 名	10 ～ 49 名	50 名以上
1 対 1 ミーティングの時間	上限なし	上限なし	上限なし	上限なし
グループミーティングの時間	40 分	24 時間	上限なし	上限なし
ミーティング参加上限人数	100 名	100 名（増加オプションあり）	300 名（増加オプションあり）	500 名
パーソナルミーティング ID	固定	変更可	変更可	変更可
記録（ローカル）	○	○	○	○
記録（クラウド）	×	○	○	○
記録用クラウドストレージ容量	なし	1GB	1GB	上限なし
ストレージ容量追加購入	×	○	○	○

Dropbox ストレージ容量が2GB／2～3TB

Dropboxでは無料と有料の差でもっとも大きいのは、ファイル保存で利用できるストレージ容量の差です。無料のBasicでは2GBまでとなりますが、有料のPlusでは2TB、Proffessionalでは3TBまで利用することができます。この差はかなり大きいでしょう。
また、機能面でも差があり、Basicでも難なく利用することはできますが、有料プランではパソコンと同期せずにパソコンの容量を圧迫することなくエクスプローラーで利用できる「Dropboxスマートシンク」が利用できたり、一度に大量のファイルを消失してしまった場合に復元可能な「Dropbox Rewind」が利用できたりと快適に作業が進められます。

	Basic	Plus	Professional
料金	無料	月額 1,200 円（年払いの場合）	月額 2,000 円（年払いの場合）
ストレージ容量	2GB	2TB	3TB
リンクできるデバイス数	3 台	上限なし	上限なし
Dropbox スマートシンク（パソコン容量を節約してファイルにアクセスできる機能）	×	○	○
テキスト全文検索	×	×	○
Dropbox Transfer の送信ファイルの容量	100MB	2GB	100GB
アカウントなしユーザーと共同作業、ファイル共有	○	○	○
共有リンクの管理	×	×	○（パスワードや有効期限の設定など）
ファイルの復元とバージョン履歴	30 日間の履歴	30 日間の履歴	180 日間の履歴
Dropbox Rewind（巻き戻し）	×	30 日間の履歴	180 日間の履歴

Section 05 # テレワークのよくあるQ&A

ここでは、テレワーク導入に関する会社側と従業員側、それぞれの疑問点とかその回答を紹介します。テレワークを行う際の参考にお役立てください。

Q.01 会社側は何を準備すればよい？

テレワークを本格導入する場合、交通費や経費、インターネット回線代、水道光熱費の取り扱いについて、社員とトラブルにならないようあらかじめ就業規則を見直し、同意を得るようにしましょう。

就業規則の変更する

これまでテレワークを導入していなかった会社であれば、就業規則を見直し、社員に同意を得るようにしましょう。その中では就労場所や労働時間に関する記載を適宜変更し、交通費については出社日数が多い場合は交通費を交通手当として支給し、テレワークを行い出社日数が少ない場合は出社した日数分の実費を支払うなど基準を定めて改めるようにします。また、テレワーク時に利用する自宅の水道光熱費やインターネット回線代、各種経費について会社で支払うかなども定めておくとよいでしょう。なお、それらの費用はまとめて「テレワーク手当」として社員に支給する会社もあります。

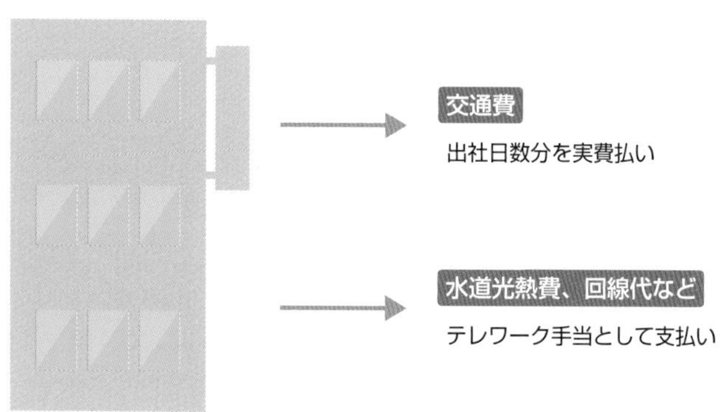

Q.02 自宅の作業環境はどうすればよい？

厚生労働省が定めたガイドラインを参考に、部屋の環境を整えるとよいでしょう。

快適な環境作りを

厚生労働省は「自宅等でテレワークを行う際の作業環境整備のポイント」として、パソコン、机、椅子などのほか、部屋の広さや空調、窓、照明について具体的な目安をガイドラインとして紹介しています。こちらを参考に部屋の作業環境を整えましょう。

部屋	・設備の占める容量を除き、10㎥以上の空間
パソコン	・ディスプレイは照度500ルクス以下で輝度やコントラストが調整できる ・キーボードとディスプレイは分離して位置を調整できる ・操作しやすいマウスを使う
机	・必要なものが配置できる広さがある ・作業中に脚が窮屈でない空間がある ・体型に合った高さである、または高さの調整ができる
椅子	・安定していて、かんたんに移動できる ・座面の高さを調整できる ・傾きを調整できる背もたれがある ・肘掛けがある
照明	・机上は照度300ルクス以上とする
室温・温度	・気流は0.5/s以下で直接継続してあたらず、室温17℃～28℃、相対湿度40%～70%となるよう努める
窓	・窓などの換気設備を設ける ・ディスプレイに太陽光が入射する場合は、窓にブラインドやカーテンを設ける
そのほか	・椅子に深く腰かけ背もたれに背を十分にあて、足裏全体が床に接した姿勢が基本 ・ディスプレイとおおむね40cm以上の視距離を確保する ・情報機器作業が過度に長時間にならないようにする

※「厚生労働省｜自宅等でテレワークを行う際の作業環境整備」（https://www.mhlw.go.jp/stf/newpage_01603.html）をもとに作成

1 テレワークの基本

Q.03 セキュリティ対策はどうすればよい？

急ごしらえで普段会社で使用しているパソコンや私用のパソコンを使う場合、セキュリティの観点から、OSやアプリのバージョンや接続する通信経路など、気をつけるべきことがたくさんあります。

私用パソコンはとくに注意

会社から支給されるテレワーク用のパソコンの場合、セキュリティ対策が取られているものが多いですが、急遽テレワークを行うこととなり、自宅で利用している私用のパソコンなどを使う場合、情報流出などがないよう、万全のセキュリティ対策を取る必要があります。

警察庁のWebサイトでは、「テレワーク勤務のサイバーセキュリティ対策」として、具体的な事例を挙げてセキュリティ対策例を紹介しています。すべてにおいて対策するような心構えで取り組むようにしましょう。

テレワークで使用するパソコンなど	サポートが終了している OS のパソコンを使用しない
	ウイルス対策ソフトを必ず導入する
	毎日の業務をはじめる前に、使用するパソコンなどの OS、ウイルス対策ソフト、アプリケーションを最新の状態にする
	テレワークで使用するパソコンは、自分以外に使用させない
	不特定多数が利用するパソコンの使用を避ける
	データを暗号化して保存する
	ファイル共有機能をオフにする
通信経路	使用するパソコンから勤務先などの接続先までの通信経路が、VPN で暗号化されているか否かを勤務先のネットワーク担当者に確認してから業務を行う
	VPN サービスを利用するときは、運営者が明確であり、かつ情報が健全に取り扱われるものを利用する
パスワード	他人に推測されにくい複雑なものにする
	ほかのサービスと使い分け、テレワーク専用にする
	パソコン本体内に保存しない
自宅の Wi-Fi ルータを使用するとき	ファームウェアを最新のものにアップデートする
	管理用 ID とパスワードを購入したままの状態で使用しない
	SSID は、個人が特定される名前などを設定しない
	WEP による暗号化方式を使わない
Wi-Fi スポットやサテライトオフィスを利用するとき	接続パスワードが、「ない」または「公開されている」Wi-Fi スポットでは、セキュリティが不十分なため重要な情報のやり取りをしない
	偽の Wi-Fi スポットに注意する

メール	メールに添付されている Word ファイルなどのマクロ機能を安易に起動したり、メール本文や PDF などの添付ファイルに記載してある URL に安易にアクセスをしない
	メール本文中に記載の URL から、ネットバンキングなどのログイン情報などを求められても入力しない
	取引先から不審なメールを受けたときは、取引先に電話で確認をする
	取引先から「そちらからおかしなメールが送られてきた」などと連絡を受けたときは、すぐにパソコンをネットワークから遮断する
	メールで振込先の口座変更や初めての振込先への送金を求められた場合は、メールを送った本人に電話で確認をする
そのほか	パソコン内のデータが勝手に暗号化され、金銭を要求されたら、パソコンをネットワークから遮断する
	勤務先のシステムへログインするときは、定められた手順・方法で行う
	USB メモリなどの外部記録媒体は、テレワーク専用のものを使用する
	テレワークで使用するパソコンでは、スマートフォンの充電をしない
	電車やカフェなどで業務を行う場合はのぞき見や盗撮に注意する
	テレワークのシステムの不具合が発生した場合に備えて、ネットワーク担当者の連絡先を確認しておく

※「警察庁｜テレワーク勤務のサイバーセキュリティ対策！」(https://www.keishicho.metro.tokyo.jp/kurashi/cyber/joho/telework.html) をもとに作成

Q.04 コミュニケーション不足を解消するには？

オフィスで顔を合わせて話す機会がない分、チャットやビデオ会議などでコミュニケーションを増やすようにしましょう。ちょっとした質問はチャットで行い、少し込み入る会話の場合はビデオ通話を利用するようにします。

顔が見えるビデオ通話を

テレワークに取り組む中で課題となるのが、コミュニケーション不足です。対面で会話のできるオフィスとは異なり1人での作業が1日中続くため、孤立を感じてしまう人は多いようです。

ちょっとした確認程度であればチャットで十分ですが、少し込み入った相談や確認などは、顔を見ながら会話のできるビデオ通話を利用するのがおすすめです。相手の表情などを見て話せるため、ニュアンスなどを読むこともできるのが魅力的です。

Q.05 チャットを使う上でのコツを知りたい！

確認などのメッセージが来たら、なるべく早めに返事をするようにしましょう。ただ、あまり過剰になり過ぎたり、相手に即時性を求めてはいけません。

すばやい対応が◎

チャットはメールとは異なり、短文をテンポよくやり取りできるスピーディーさが魅力の1つです。相手から確認のメッセージが来たら、一度「確認します」や「○時頃までにお返事します」のようなメッセージを送るなどし、進行中の作業に一区切りついたら対応しましょう。また、「了解しました」は絵文字の👍や🙂を使うなど、ルールを決めてリアクションで返事するようにするのもよいでしょう。
チャットは、過剰になり過ぎるとそれが負担となり仕事に支障をきたし本末転倒です。相手にも即時性を求めないなど、無駄なストレスが生まれないように心掛けて利用しましょう。

Q.06 ビデオ会議での進行のコツを知りたい！

Zoomなどのビデオ会議では、「伝わり」を大切に進行しましょう。自分が今話していることが伝わっているか、相手の話している内容がしっかり理解できるかを意識します。また、進行役をきちんと決めておくことも重要です。

「伝わり」を意識する

まずはじめる前に、カメラやマイクなどの接続状態を確認し、ビデオ会議アプリが問題なく利用できるか確認しましょう。会議がはじまったら、通常の会議と同様、議題に沿った進行を行います。時間に余裕のある場合は事前に議題の資料などを共有しておくと、スムーズな進行ができます。
また、相手が聞き取りやすいよう、意識的にハッキリと話しましょう。自分が発言しないときは、マイクをミュートにすると、周りの音が入らずに聞き取りやすくなります。さらに、参加者が話しているときは、頷いたり相槌を打ったりすると、話している人も不安になることがなくなります。ただし、あまり過剰過ぎたり、何人もの人が同時に相槌を打ったりするとかえって進行に妨げになりかねません。事前にルールを定めておきましょう。
なお、ふんわりと話が流れてしまい不明な点が出た場合は、オフィスのように会議後の雑談などで確認できる環境ではないので、必ずビデオ会議の中で確認するようにしましょう。

第2章

Slackではじめる オンラインミーティング

Slack は、世界中の企業やビジネスマンに利用されているコミュニケーションツールです。「ワークスペース」と呼ばれる作業場を使い分けて、業務を効率的に進めることができます。Slack はパソコンはもちろん、スマートフォンやタブレットからも利用できます。

Section 01 Slackとは

Slackとは、メッセージやファイルのやり取りはもちろん、通話や画面共有などが行えるコミュニケーションツールです。機能がシンプルで使いやすく、世界中で多くのビジネスマンに利用されています。

1 Slackの特徴

「Slack」は、アメリカのオンラインゲーム開発のために使用された社内ツールが原型となったコミュニケーションツールです。 Slackの初リリースは2013年となっており、現在日本ではSlack Japan株式会社が運営を行っています。
Slackではメッセージやファイルの送受信が行えるほか、通話や画面共有など、業務で役に立つ機能が多く備わっています。また、Googleドライブ、Googleカレンダー、Zoom、Dropbox、OneDriveなどといった、外部サービスとの連携も可能で、仕事をさらに効率化できます。
Slackは無料で利用できますが、中小企業向けの「スタンダード」プラン、大企業向けの「プラス」プランなども用意されています(P.20参照)。メッセージ送信以外に、複数のメンバーとの通話や画面共有といった便利な機能を利用したい場合は、有料プランも検討してみましょう。

https://slack.com/intl/ja-jp/

2 Slackが利用できる環境

Slackには、Webブラウザ版、デスクトップ版、アプリ版(iPhone/Androidスマートフォン/iPad)の3種類があります。本書では、Webブラウザ版Slackを中心に、iPhoneアプリ版Slack、AndroidスマートフォンアプリSlackの使い方を紹介します。
なお、アプリ版では、ワークスペースメニューやチャンネル情報の表示ができませんが、ほとんどの機能をWebブラウザ版と同じように利用できます。

3 Slackの構成

Slackでは、業務に必要なメンバーを「ワークスペース」(Sec.03、04参照)という1つの場所に集約し、「チャンネル」(Sec.19参照)という部屋分けされた場所でメッセージファイルなどのやり取りを行います。ワークスペースは会社そのもの、チャンネルは各部署とイメージするとわかりやすいでしょう。

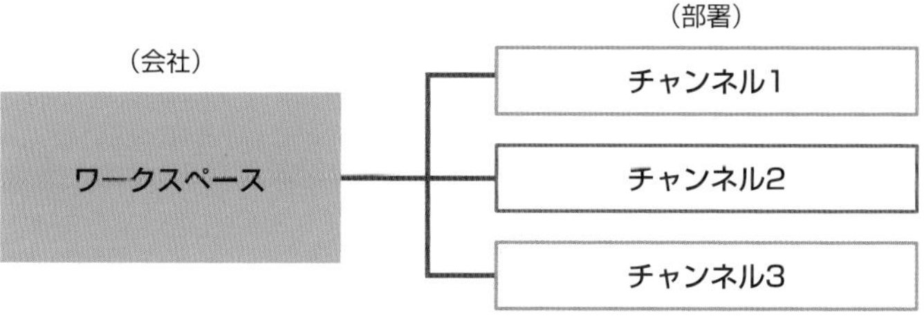

Slackのおもな用語

ワークスペース	利用開始時に企業や部署などの単位で作成します。1つあれば十分ですが、複数のワークスペースに参加する場合は、切り替えて利用ができます。
チャンネル	特定の話題を話し合うためのグループルーム(会議室)です。
スレッド	特定のメッセージについてやり取りを行うスペースです。スレッドを利用すると、やり取りが整理され、全体の会話の逃れを妨げることがなくなります。
メンション	「@」を付けて特定のメンバーに対してメッセージを送信する機能です。
リアクション	絵文字で感情を送れる機能です。
ダイレクトメッセージ	ほかのメンバーに直接メッセージを送る機能です。

Section 02 Slackの画面構成

まずは、Slackの画面構成を覚えましょう。Slackは基本的に、サイドバーのメニューから操作を行います。なお、本書ではWebブラウザ版で操作を解説しています。

1 Slackの画面構成

Slackの画面構成はいたってシンプルです。基本的には現在のワークスペース名、サイドバー、検索バーが常に表示されており、サイドバーからメニューを選択して各操作を行います。

❶ワークスペース名	現在のワークスペース名が表示されます。
❷サイドバー	スレッドやブックマーク、チャンネルやダイレクトメッセージなどのメニューが表示されます。
❸検索バー	チャンネルやダイレクトメッセージを検索できます。
❹チャットスペース	チャンネルやダイレクトメッセージのやり取りが表示されます。
❺入力欄	チャンネルやダイレクトメッセージで送信するメッセージを入力できます。
❻詳細画面	チャンネルやメンバーの詳細を確認したり設定したりできます。

2 ワークスペースとサイドバーのメニュー

ワークスペース

ワークスペース名をクリックすると、そのワークスペース内のプロフィールや環境を設定することができます。また、ワークスペースの切り替えもこのメニューから行います。

チャンネル

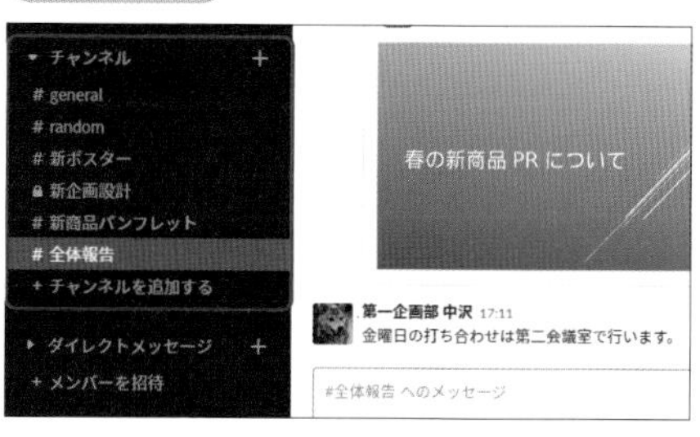

サイドバーの<チャンネル>をクリックし、任意のチャンネル名をクリックすると、そのチャンネルのやり取りがチャットスペースに表示されます。

ダイレクトメッセージ

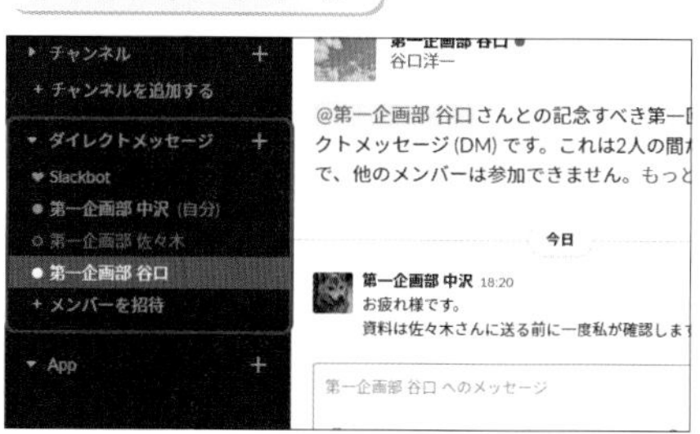

サイドバーの<ダイレクトメッセージ>をクリックし、任意のメンバー名をクリックすると、そのメンバーとのやり取りがチャットスペースに表示されます。

Section 03 ワークスペースを作成する

Slackをはじめるには、ワークスペースの作成または参加が必須です。ここでは、自分でワークスペースを作成する場合の手順を解説します。ワークスペースを1つ作成すると、Slackアカウントが作成されます。

1 ワークスペースを作成する

1 Webブラウザで Slackのホームページ（https://slack.com/intl/ja-jp/）にアクセスし、

2 <SLACKを始める>をクリックしたら、

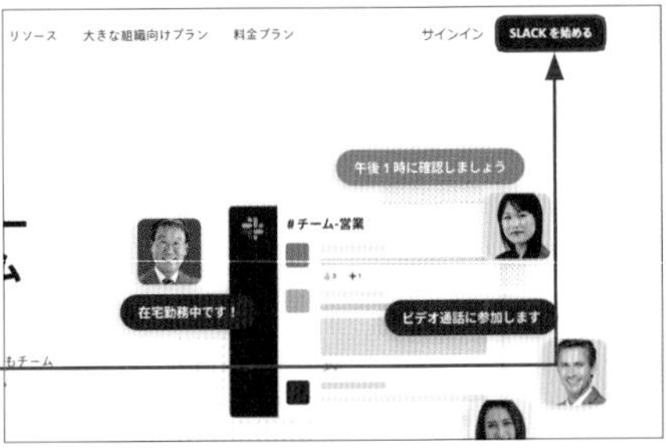

3 <+Slackワークスペースを作成する>をクリックします。

4 メールアドレスを入力し、

5 <確認する>をクリックします。

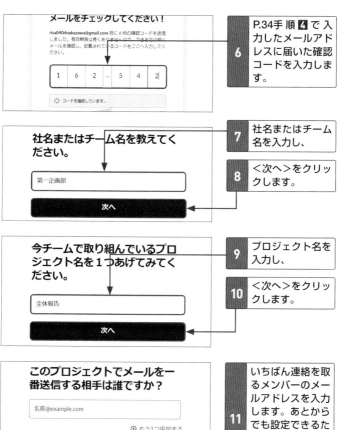

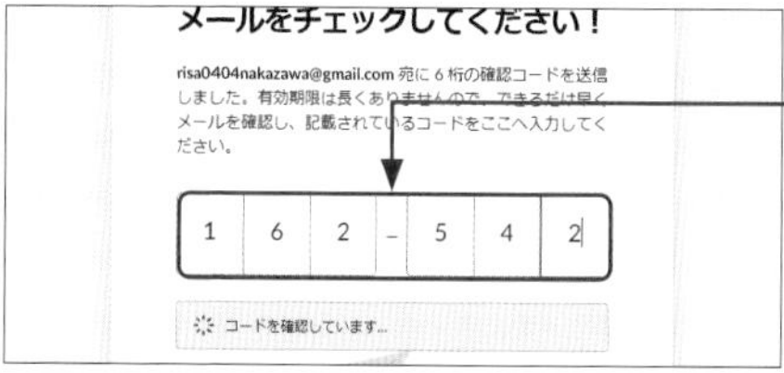

メールをチェックしてください！

risa0404nakazawa@gmail.com 宛に 6 桁の確認コードを送信しました。有効期限は長くありませんので、できるだけ早くメールを確認し、記載されているコードをここへ入力してください。

1 6 2 - 5 4 2

コードを確認しています...

6 P.34手順4で入力したメールアドレスに届いた確認コードを入力します。

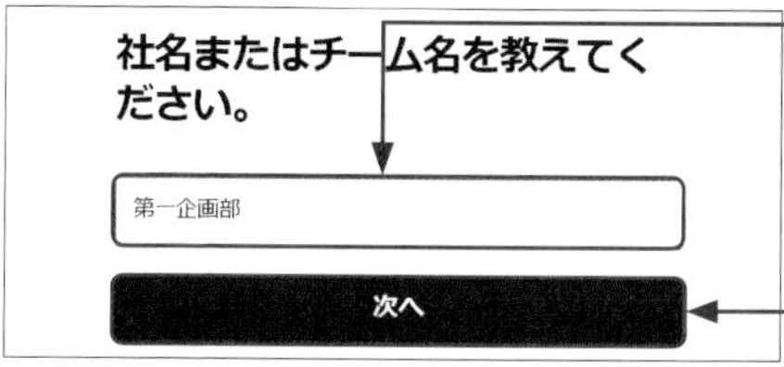

社名またはチーム名を教えてください。

第一企画部

次へ

7 社名またはチーム名を入力し、

8 <次へ>をクリックします。

今チームで取り組んでいるプロジェクト名を1つあげてみてください。

全体報告

次へ

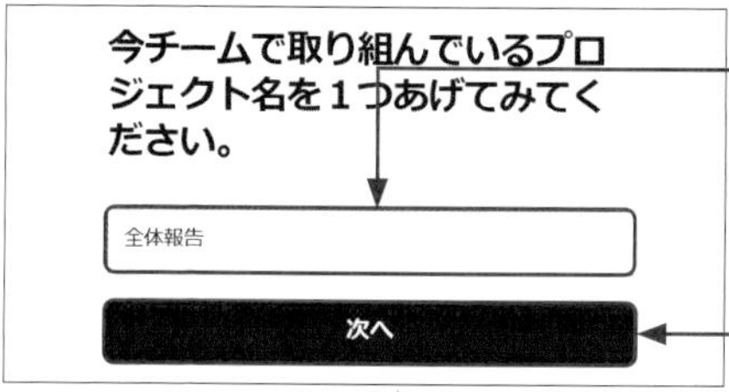

9 プロジェクト名を入力し、

10 <次へ>をクリックします。

このプロジェクトでメールを一番送信する相手は誰ですか？

名前@example.com

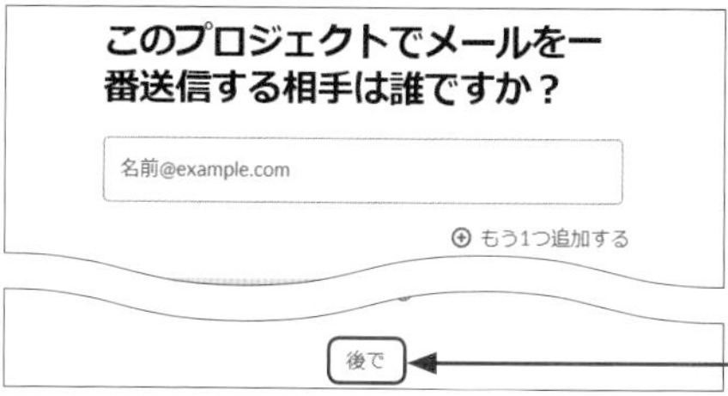

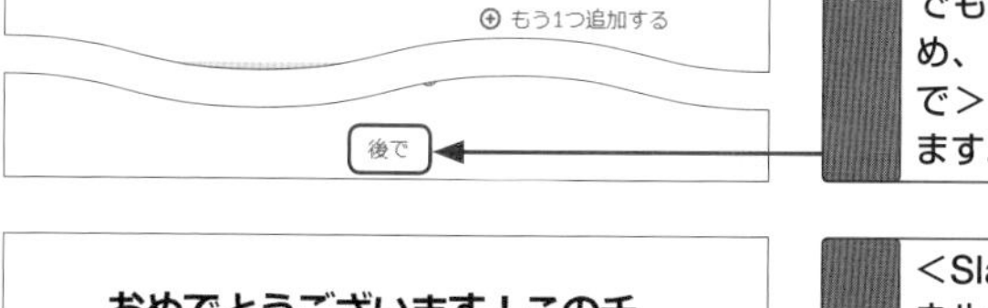

11 いちばん連絡を取るメンバーのメールアドレスを入力します。あとからでも設定できるため、ここでは<後で>をクリックします。

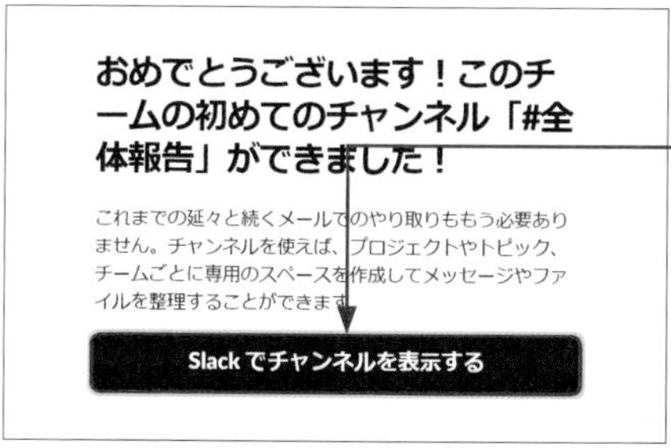

おめでとうございます！このチームの初めてのチャンネル「#全体報告」ができました！

これまでの延々と続くメールでのやり取りももう必要ありません。チャンネルを使えば、プロジェクトやトピック、チームごとに専用のスペースを作成してメッセージやファイルを整理することができます。

Slack でチャンネルを表示する

12 <Slackでチャンネルを表示する>をクリックすると、作成したワークスペースが表示されます。

メンバーの招待方法はSec.29を参照してください。

Section 04 招待を受けたワークスペースに参加する

招待を受けたワークスペースに参加することでも、Slackアカウントを作成できます。招待を受けるには、メンバーから招待メールを送ってもらうか、メールアドレスを登録してもらって参加資格を得ましょう。

1 招待メールからワークスペースに参加する

1 ワークスペースへの招待メールが届いたら、<今すぐ参加>をクリックします。

Slack でチームに参加する
大島圭介 (shigeosugiyamatokyo@gmail.com) から、Slack でやり取りするために「第一営業部」というワークスペースに招待されました。
第
第一営業部
今すぐ参加

2 氏名が自動で入力されるので、必要であれば編集し、

3 使用したいパスワードを入力して、

4 <アカウントを作成する>をクリックします。

Slack で 第一営業部 に参加する
氏名
risa0404nakazawa
パスワード
アカウントを作成する
Slack についての感想をメールでぜひ送ってください。

5 Webブラウザに招待されたワークスペースが表示され、参加が完了します。

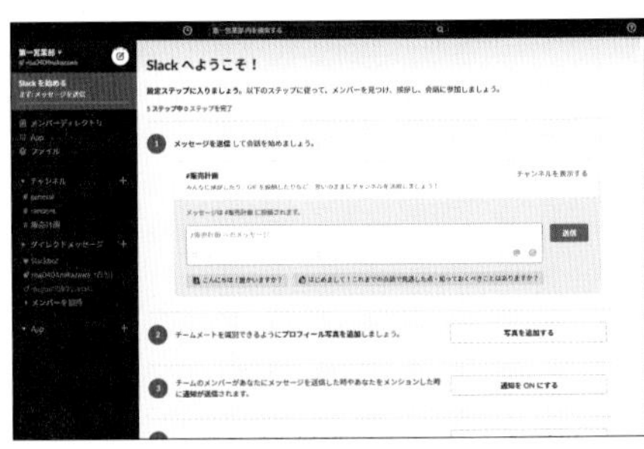

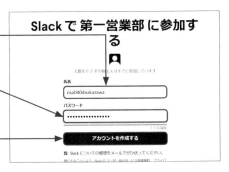

2 参加資格のあるワークスペースを検索する

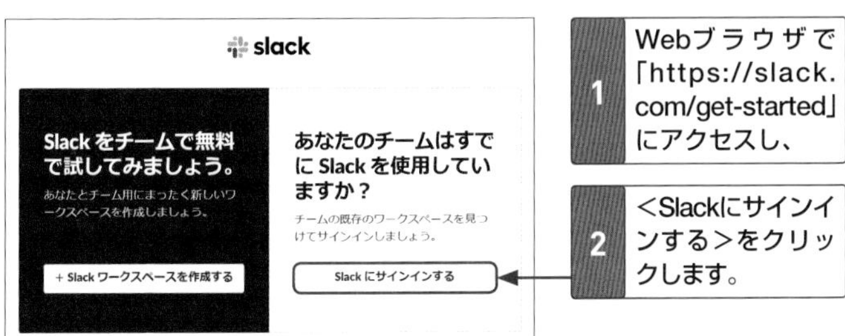

1 Webブラウザで「https://slack.com/get-started」にアクセスし、

2 <Slackにサインインする>をクリックします。

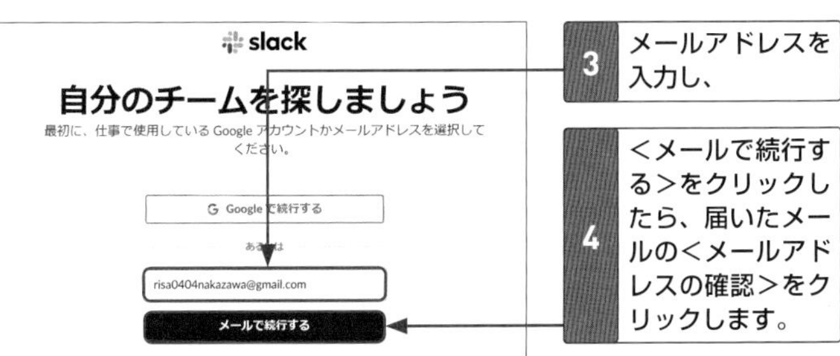

3 メールアドレスを入力し、

4 <メールで続行する>をクリックしたら、届いたメールの<メールアドレスの確認>をクリックします。

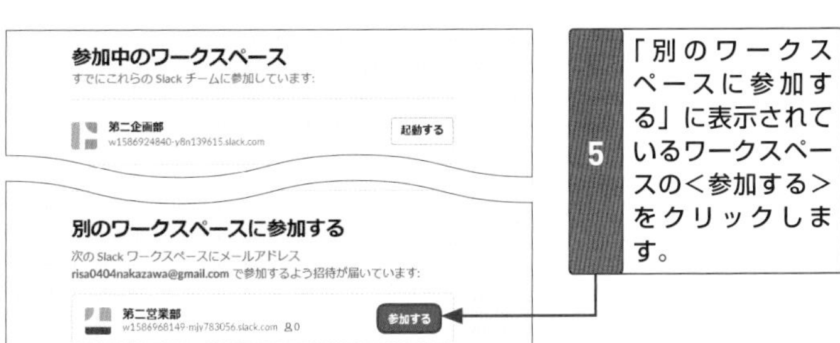

5 「別のワークスペースに参加する」に表示されているワークスペースの<参加する>をクリックします。

6 P.36手順2～4を参考にアカウントを作成すると、

7 招待されたワークスペースが表示され、参加が完了します。

2
Slackではじめるオンラインミーティング

Section 05 プロフィールを変更する

メッセージやファイルのやり取りを行う際、ほかのメンバーにわかりやすいよう、自分の名前やプロフィール写真を設定しておきましょう。なお、プロフィールはワークスペースごとに設定が必要です。

1 プロフィールを変更する

1 現在のワークスペース名をクリックし、

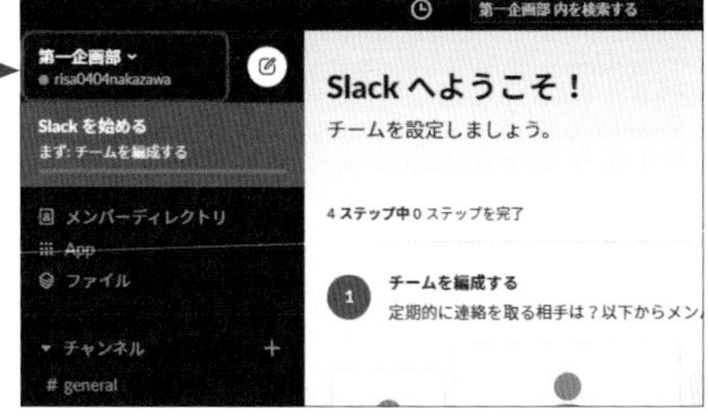

2 ＜プロフィールを表示する＞をクリックします。

3 画面右側にプロフィールが表示されるので、＜プロフィールを編集＞をクリックします。

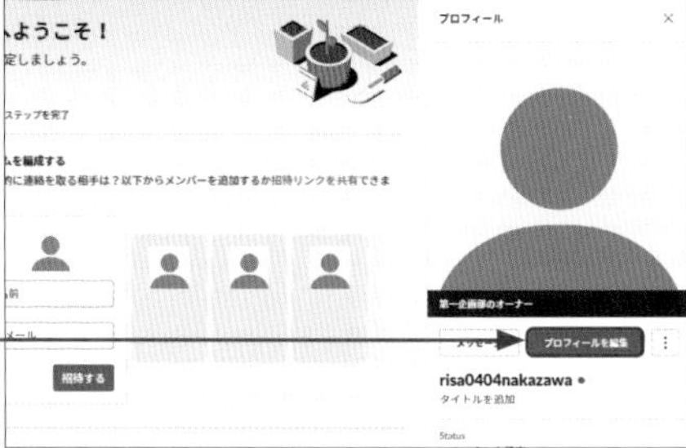

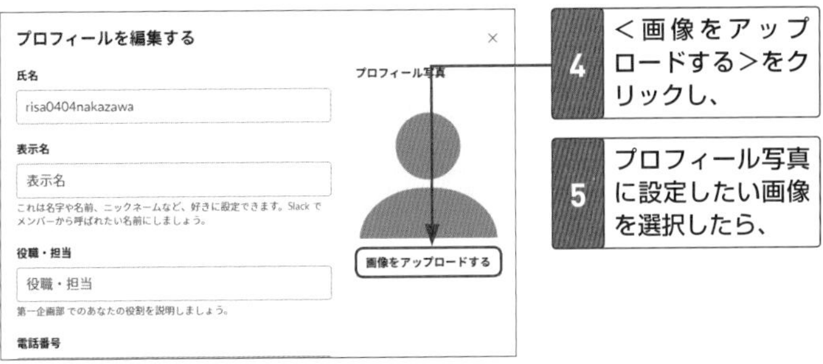

4 ＜画像をアップロードする＞をクリックし、

5 プロフィール写真に設定したい画像を選択したら、

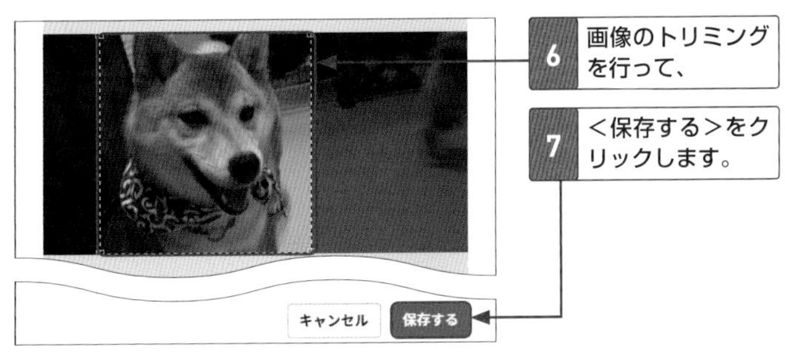

6 画像のトリミングを行って、

7 ＜保存する＞をクリックします。

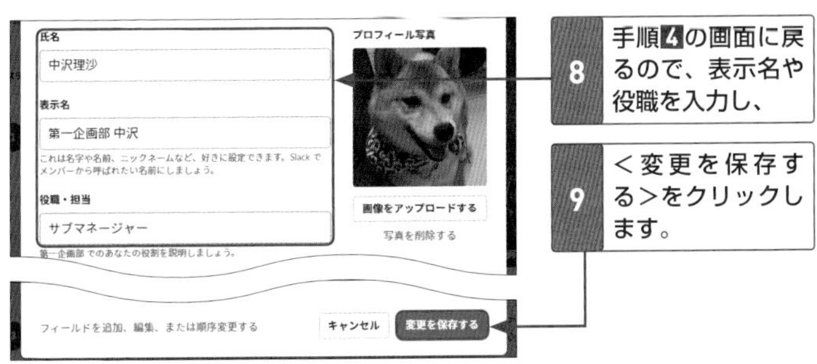

8 手順4の画面に戻るので、表示名や役職を入力し、

9 ＜変更を保存する＞をクリックします。

10 プロフィールの変更が完了します。

Section 06 メッセージを読む

チャンネルに届いたメッセージは、サイドバーのチャンネル名をクリックして確認します。このときデスクトップ通知を有効にしておくと、メッセージの見逃しを防ぐことができます。

1 メッセージを読む

1 チャンネルにメッセージが届くと、チャンネル名が太字で表示されます。任意のチャンネル名をクリックします。

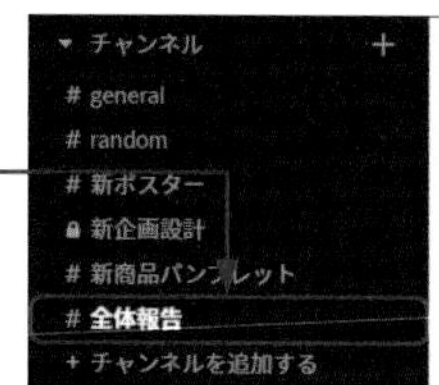

2 メッセージが表示されます。

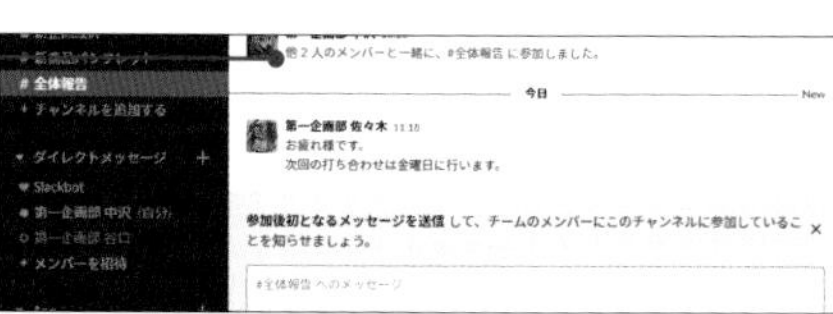

Hint デスクトップ通知を有効にする

Slackの通知は、デフォルトでは無効になっています。デスクトップ通知を有効にしたい場合は現在のワークスペース名→＜環境設定＞の順にクリックし、「通知」の＜デスクトップ通知を有効にする＞をクリックします。以降は、同じメニューで「通知のタイミング」を変更できます。また、各チャンネルのⓘ→＜その他＞→＜通知＞の順にクリックすると、チャンネルごとに通知内容を変更できます。

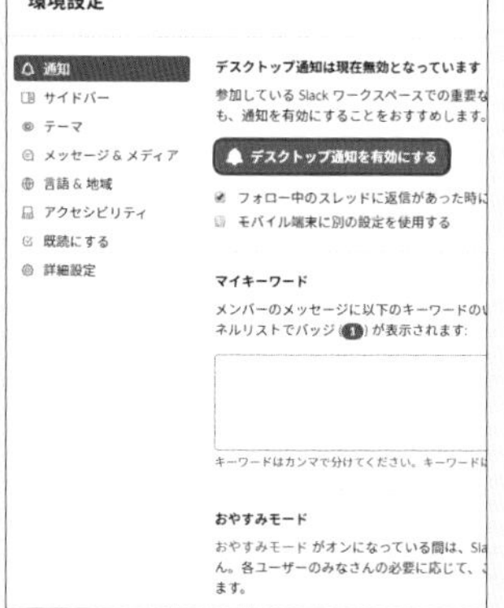

基本機能　はじめ方　基本操作　チャンネル　ワークスペース　応用　スマホ&タブレット

メッセージを送信する

チャンネル画面を開くと、下部にメッセージの入力欄が表示されるので、メッセージの内容を入力して送信しましょう。メッセージのやり取りは、チャット形式でわかりやすく表示されます。

1 メッセージを送信する

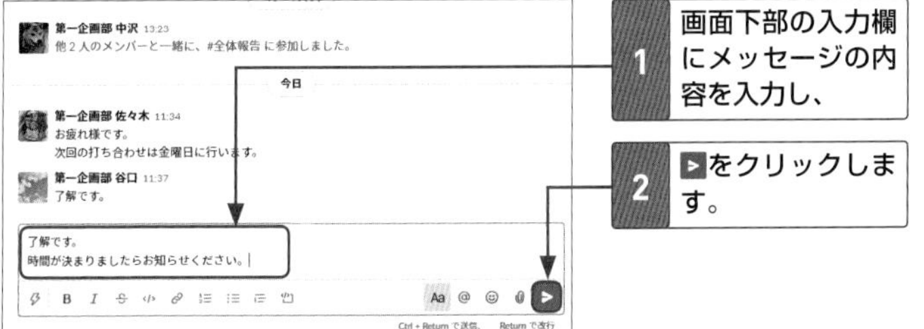

1 画面下部の入力欄にメッセージの内容を入力し、

2 ▶をクリックします。

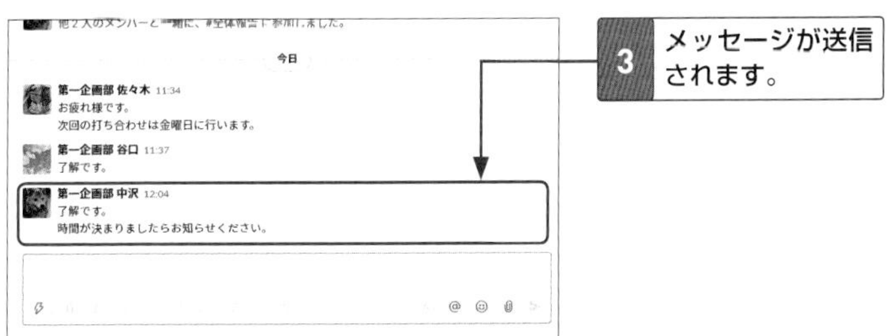

3 メッセージが送信されます。

StepUp 書式を変更する

入力欄の下部にあるアイコンをクリックすると、メッセージの書式を変更することができます。書式設定が不要な場合、Aaをクリックすると、書式設定のアイコンが非表示になります。

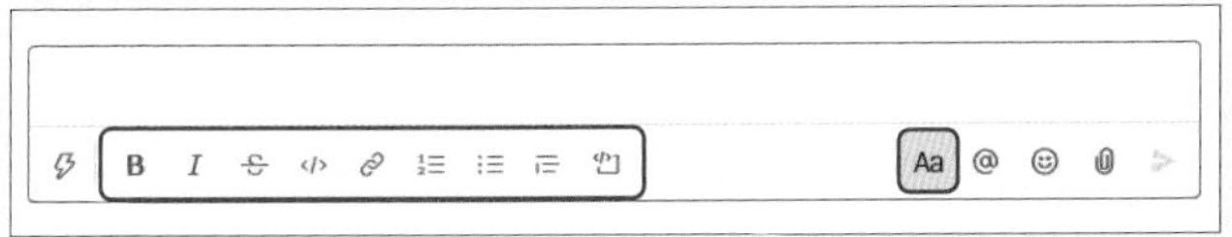

2 Slackではじめるオンラインミーティング

Section 08 メッセージにリアクションを付ける

Slackでは、メッセージに対して絵文字でリアクションを送ることができます。絵文字は誰でも気軽に使えるため、テキストではいい表せない感情を伝えやすくなります。

1 メッセージにリアクションを付ける

1 リアクションしたいメッセージの上にマウスポインターを合わせ、☺をクリックします。

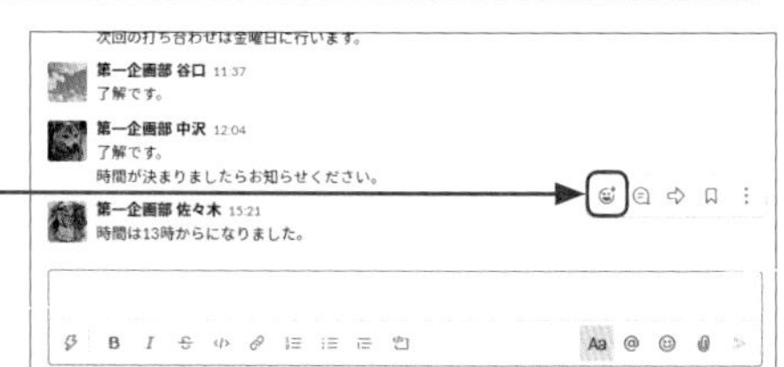

2 リアクションとして送信できる絵文字が表示されるので、任意の絵文字をクリックします。

3 リアクションが送信されます。

リアクションを削除するには、送信したリアクションをクリックします。

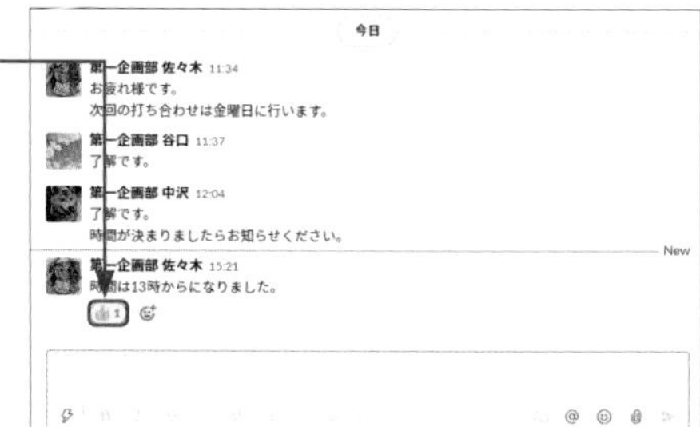

Section 09 メッセージの宛先を指定して送信する

チャンネル内の特定のメンバーに伝えたい内容がある場合は、宛先を指定する「メンション」機能を使いましょう。なお、宛先を指定したメッセージも、チャンネル内のメンバー全員に表示されます。

1 メッセージの宛先を指定する

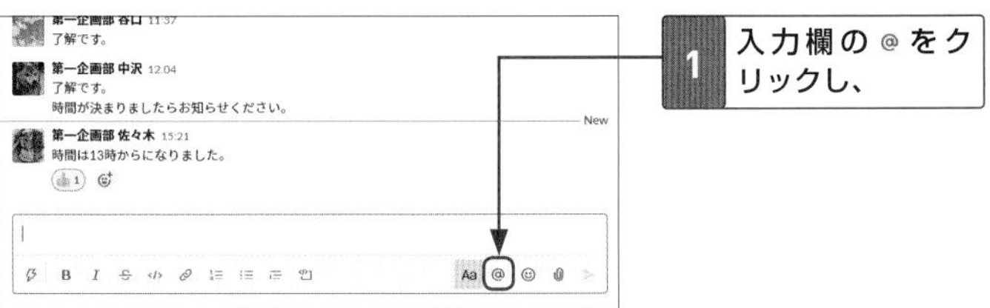

1 入力欄の @ をクリックし、

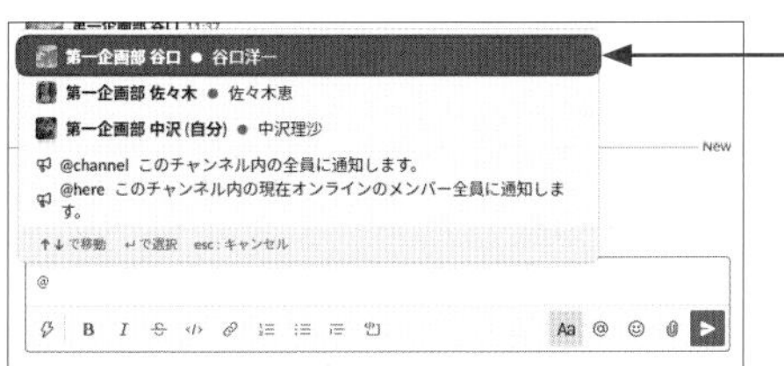

2 メッセージを送りたい相手の名前をクリックします。

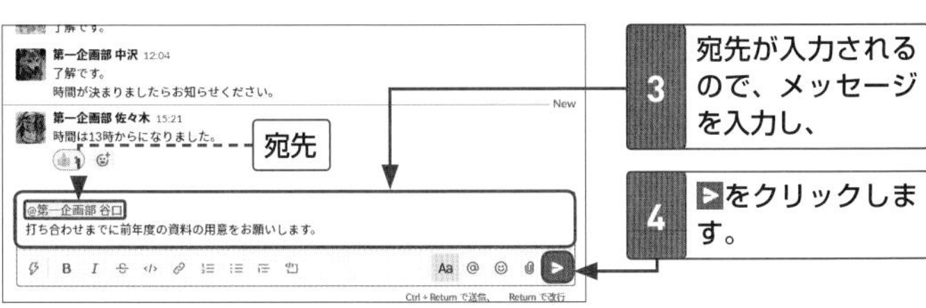

3 宛先が入力されるので、メッセージを入力し、

4 ▶をクリックします。

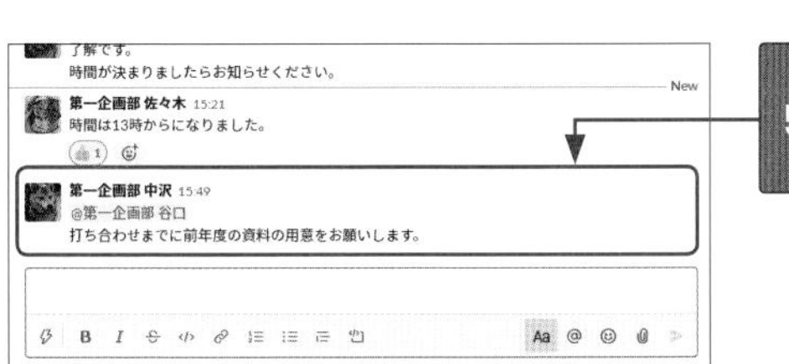

5 宛先を指定したメッセージが送信されます。

Section 10 ファイルを送信する

メッセージではテキストだけでなく、ファイルを送信することもできます。ただし、容量が限られている無料版では、ストレージサービスなどの別の場所にアップロードすることが推奨されています。

1 ファイルを送信する

1 入力欄の📎をクリックし、

2 ＜自分のコンピューター＞をクリックします。

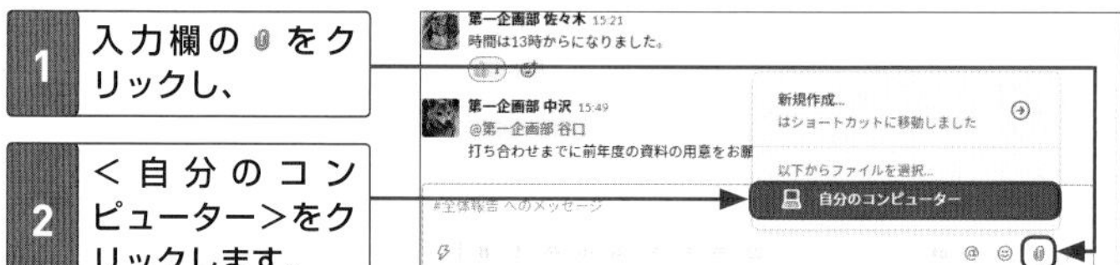

3 送信したいファイルをクリックし、

4 ＜開く＞をクリックします。

5 入力欄にメッセージを入力し、

6 ＜アップロード＞をクリックします。

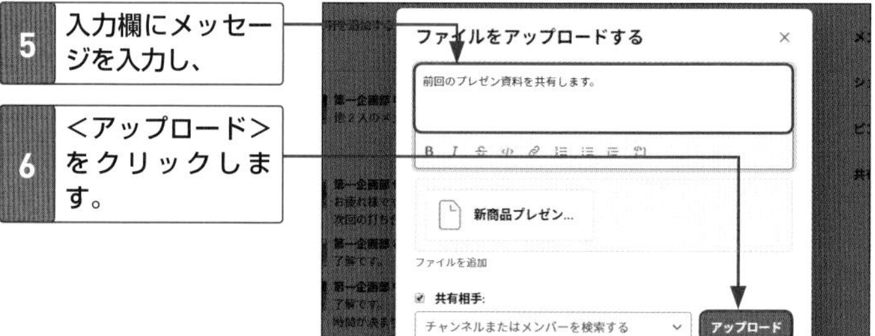

7 ファイルが添付されたメッセージが送信されます。

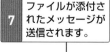

Section 11 メッセージを編集／削除する

メッセージを間違えて送信してしまった場合は、内容を編集することができます。なお、編集したメッセージは「編集済み」となり、チャンネル内のメンバー全員にも表示されます。

1 メッセージを編集する

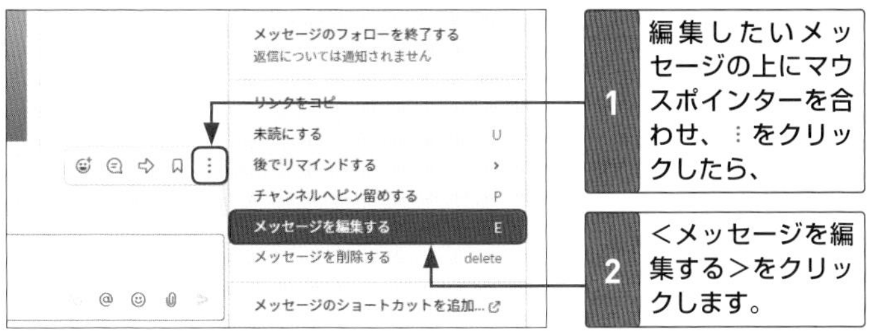

1 編集したいメッセージの上にマウスポインターを合わせ、⋮をクリックしたら、

2 ＜メッセージを編集する＞をクリックします。

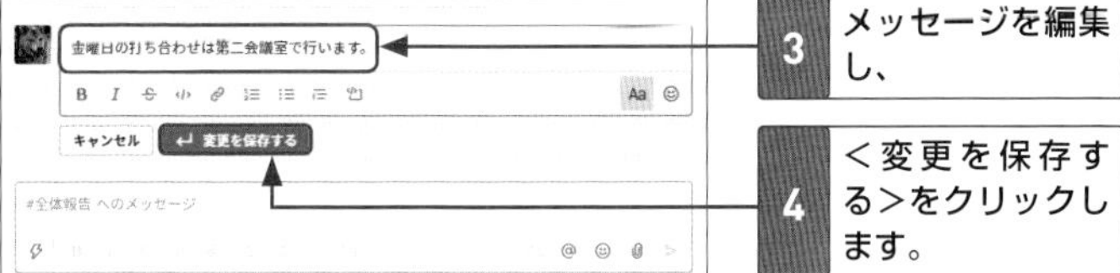

3 メッセージを編集し、

4 ＜変更を保存する＞をクリックします。

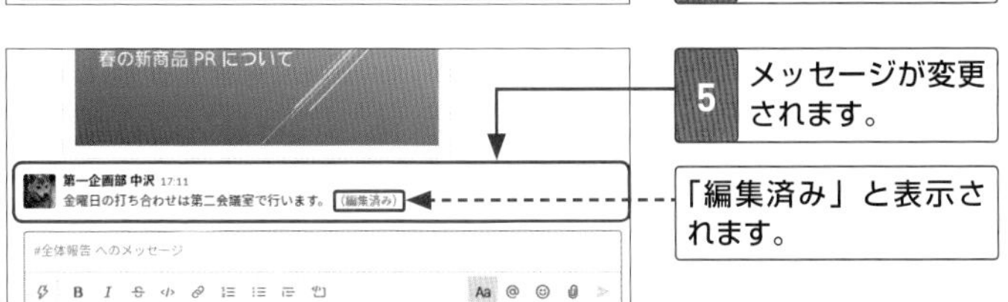

5 メッセージが変更されます。

「編集済み」と表示されます。

Memo メッセージを削除する

メッセージを削除するには、手順2で＜メッセージを削除する＞をクリックし、＜削除する＞をクリックします。一度削除したメッセージはもとに戻すことはできません。

Section 12 スレッドを作成して会話を整理する

スレッドとは、特定のメッセージに対して返信できる機能のことです。スレッドを作成するとやり取りが整理され、チャンネルやダイレクトメッセージの会話を妨げてしまうこともなくなります。

1 スレッドを作成する

スレッドを作成するときのポイント

チャンネルやグループダイレクトメッセージでは、多数のメンバーがやり取りを行います。全体の会話の流れを止めることなく、特定のメッセージやファイルごとに発言を取りまとめたい場合は、スレッドを作成するようにしましょう。

1 返信したいメッセージの上にマウスポインターを合わせ、をクリックします。

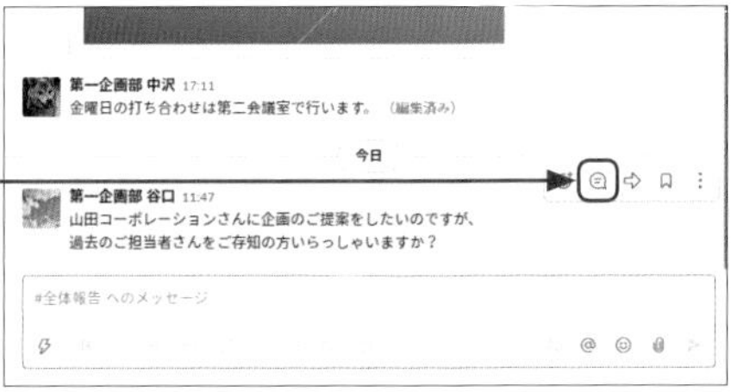

第一企画部 中沢 17:11
金曜日の打ち合わせは第二会議室で行います。（編集済み）
今日
第一企画部 谷口 11:47
山田コーポレーションさんに企画のご提案をしたいのですが、
過去のご担当者さんをご存知の方いらっしゃいますか？
#全体報告 へのメッセージ

2 スレッドが作成され、画面右側に表示されるので、メッセージを入力し、

3 をクリックします

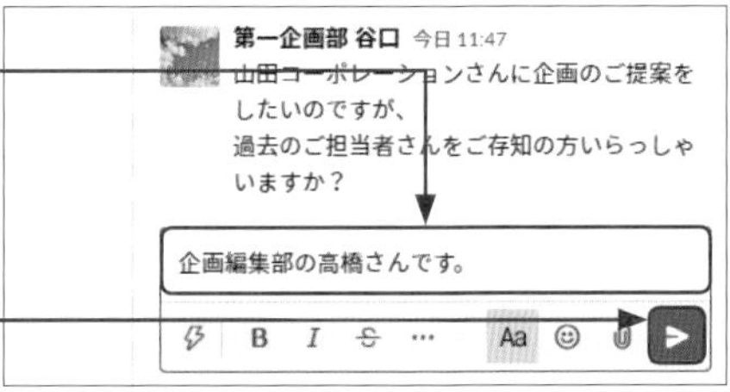

第一企画部 谷口 今日 11:47
山田コーポレーションさんに企画のご提案をしたいのですが、
過去のご担当者さんをご存知の方いらっしゃいますか？
企画編集部の高橋さんです。

4 スレッドへの返信が送信されます。

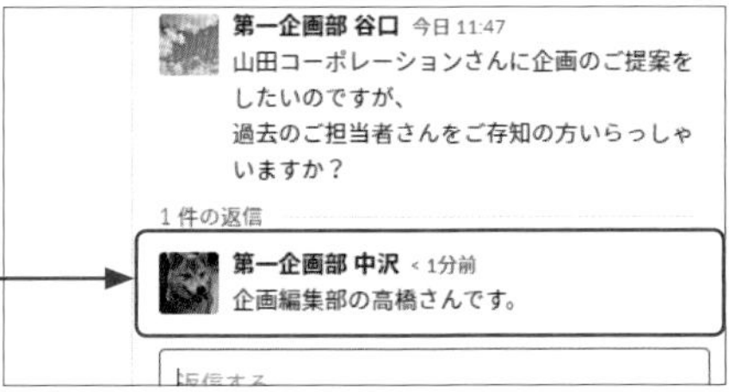

第一企画部 谷口 今日 11:47
山田コーポレーションさんに企画のご提案をしたいのですが、
過去のご担当者さんをご存知の方いらっしゃいますか？
1 件の返信
第一企画部 中沢 < 1分前
企画編集部の高橋さんです。
返信する

2 スレッドのメッセージを確認する

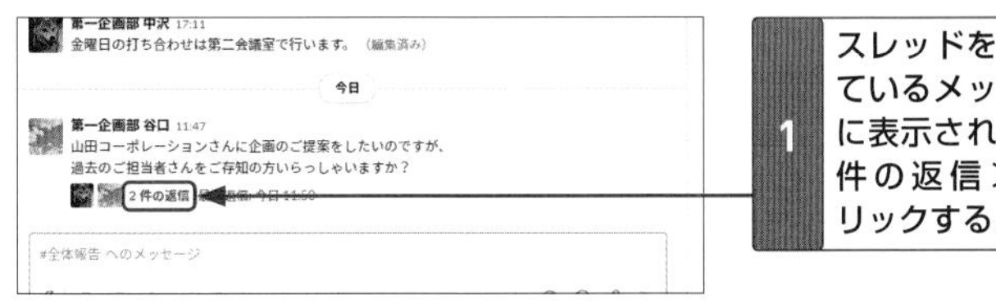

1 スレッドを使用しているメッセージに表示される<○件の返信>をクリックすると、

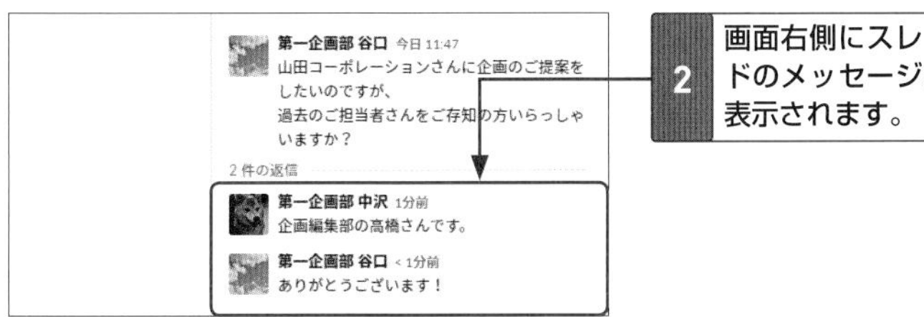

2 画面右側にスレッドのメッセージが表示されます。

3 スレッドをフォローして通知を受け取る

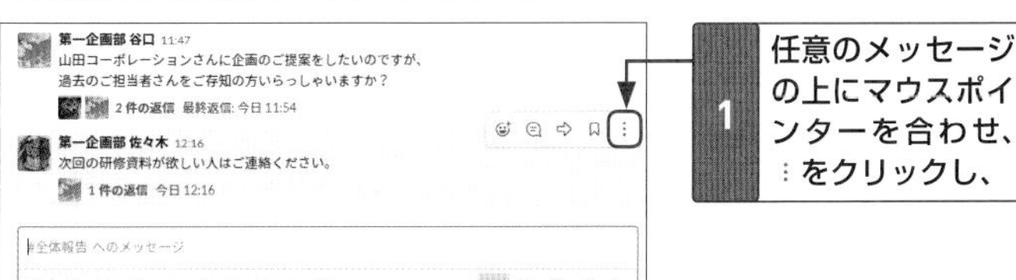

1 任意のメッセージの上にマウスポインターを合わせ、⋮をクリックし、

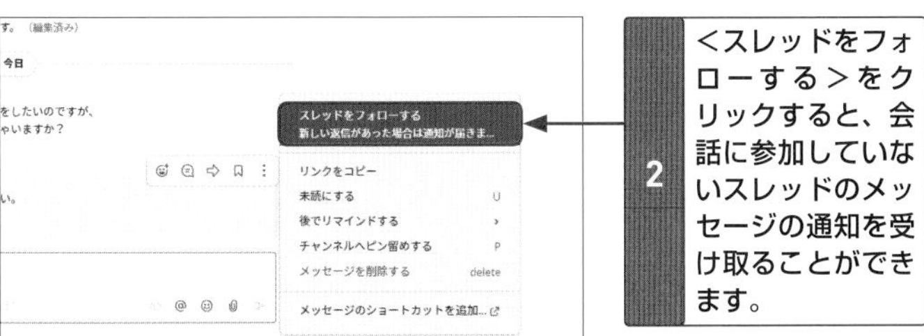

2 <スレッドをフォローする>をクリックすると、会話に参加していないスレッドのメッセージの通知を受け取ることができます。

Memo

スレッドのフォローを終了する

スレッドの通知が不要になった場合は、手順**2**の画面で<スレッドのフォローを終了する>をクリックします。

Section 13 メッセージのリンクを貼り付ける

別のチャンネルの話題を共有したいときは、メッセージのリンクを貼り付けましょう。ただし、プライベートチャンネル（Sec.25参照）のメッセージは、もとのチャンネル内でしか共有できません。

1 メッセージのリンクを貼り付ける

1 共有したいメッセージの上にマウスポインターを合わせ、⋮をクリックしたら、

2 ＜リンクをコピー＞をクリックします。

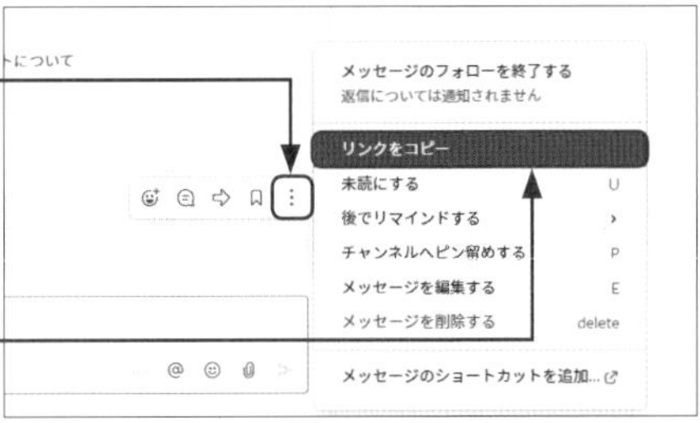

3 メッセージを共有したいチャンネルやダイレクトメッセージの入力欄に手順2でコピーしたリンクを貼り付け、

4 ▶をクリックします。

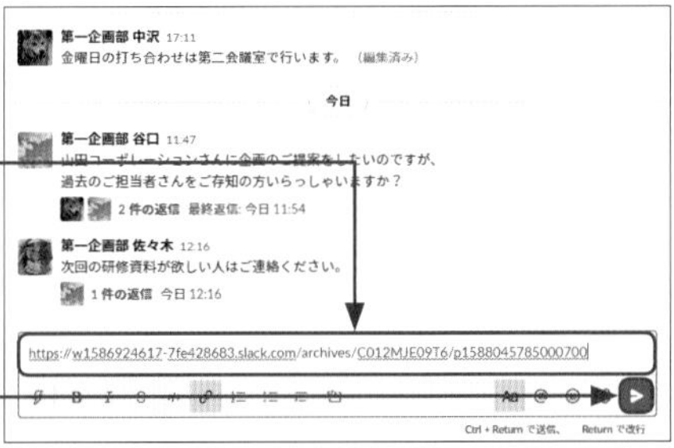

5 メッセージのリンクが送信されます。

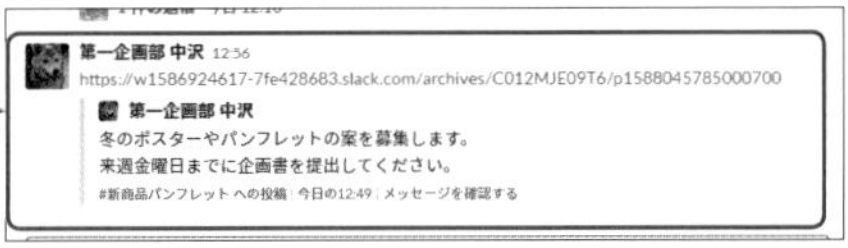

StepUp メッセージを共有する

手順1の画面で⇨をクリックし、送信先のメンバーやチャンネルを指定してメッセージを送ることでも共有が可能です。

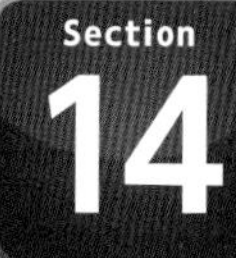

メッセージを検索する

メッセージやファイルを検索したいときは、画面上部の検索バーから検索を行いましょう。また、検索フィルタを使用すれば、チャンネルや期間、メンバーなどを絞って検索することも可能です。

1 メッセージを検索する

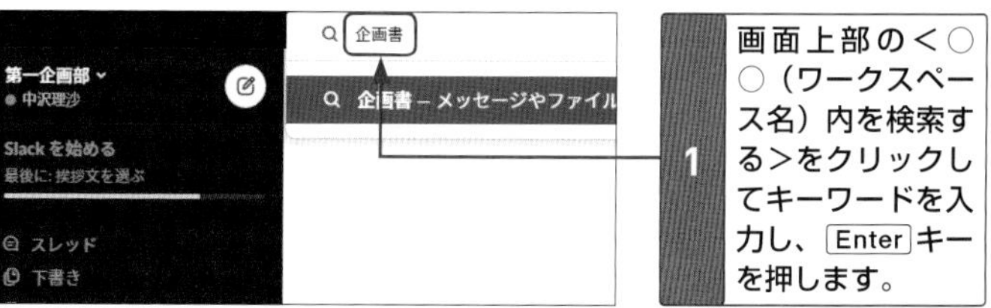

1 画面上部の＜○○（ワークスペース名）内を検索する＞をクリックしてキーワードを入力し、Enter キーを押します。

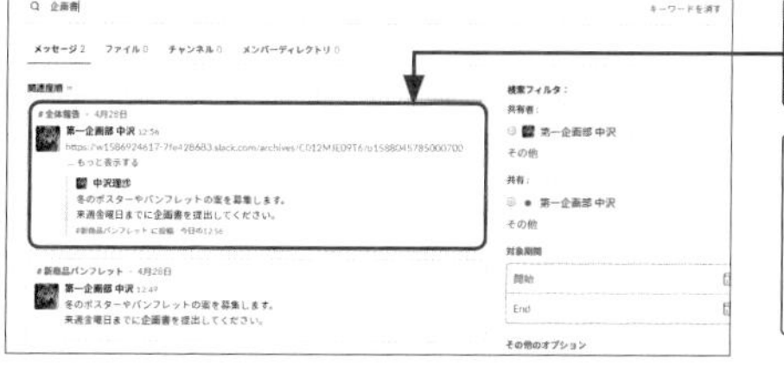

2 任意の検索結果をクリックすると、

画面右側の「検索フィルタ」を使用すると、チャンネルや期間を絞って検索できます。

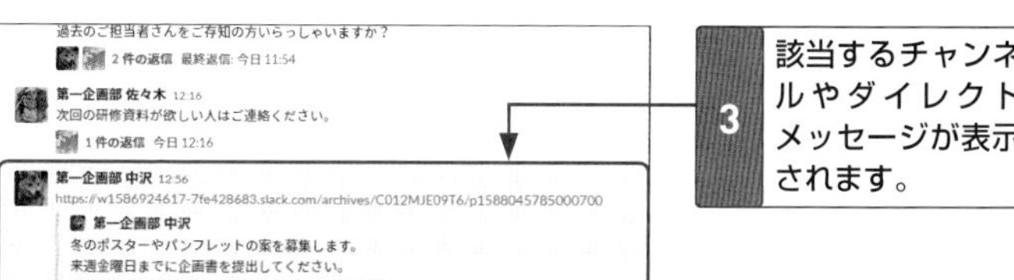

3 該当するチャンネルやダイレクトメッセージが表示されます。

Hint チャンネル画面から検索する

特定のチャンネル内のメッセージを検索したい場合は、そのチャンネル画面で ⓘ→＜検索＞の順にクリックし、そのままキーワードを入力して検索します。

Section 15 メッセージにブックマークを付ける

忘れてはいけないメッセージやあとで参照したいファイルなどは、ブックマークで印を付けておくと便利です。なお、ブックマークしたメッセージは、ほかのメンバーに表示されたり通知されたりしません。

1 メッセージにブックマークを付ける

1 ブックマークしたいメッセージの上にマウスポインターを合わせ、をクリックすると、

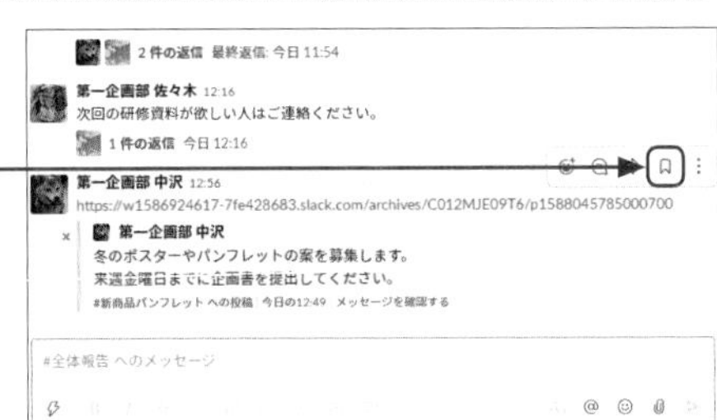

2 メッセージがブックマークされます。

ブックマークから外したい場合は、をクリックします。

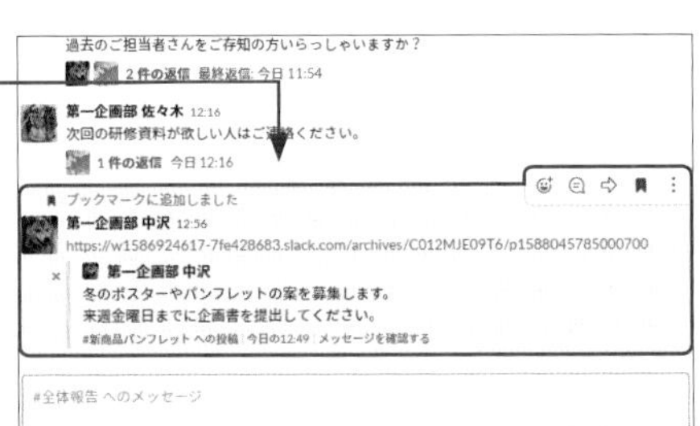

Hint ブックマークを確認する

サイドバーの<ブックマーク>をクリックすると、ブックマークしたメッセージを一覧で確認できます。メッセージの上にマウスポインターを合わせて#←をクリックすると、そのメッセージのチャンネルに移動します。

Section 16 メッセージをピン留めする

重要なメッセージやファイルはピン留めをしておくことで、チャンネルやダイレクトメッセージのメンバー全員がすぐに確認できます。ピン留めされたメッセージは会話内にハイライト表示されます。

1 メッセージをピン留めする

ピン留めを使用するときのポイント

ピン留めしたアイテムは「詳細」の「ピン留め」に保存され、チャンネルまたはダイレクトメッセージのメンバー全員がアクセスできます。なお、ピン留めすることができるメッセージは100件までです。

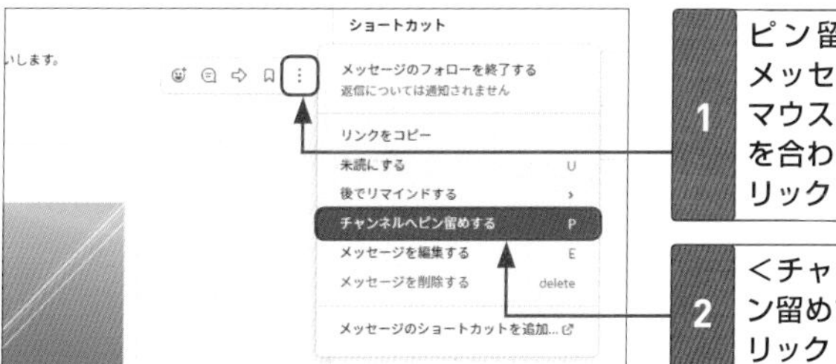

1 ピン留めしたいメッセージの上にマウスポインターを合わせ、⋮をクリックしたら、

2 <チャンネルへピン留めする>をクリックします。

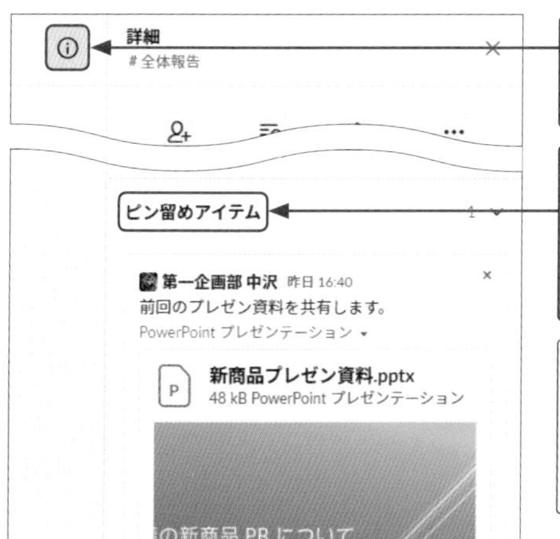

3 チャンネル画面右上のⓘをクリックし、

4 <ピン留めアイテム>をクリックすると、ピン留めしたメッセージが表示されます。

メッセージの⋮→<ピン留めしたアイテムを外す>の順にクリックすると、ピン留めが解除されます。

Section 17 ダイレクトメッセージを送る

ダイレクトメッセージは特定のメンバーに直接メッセージを送る機能で、チャンネル全体に知らせる必要のない会話をしたいときに便利です。ダイレクトメッセージには最大8人のメンバーが参加できます。

1 ダイレクトメッセージを送る

1 サイドバーの「ダイレクトメッセージ」の＋をクリックし、

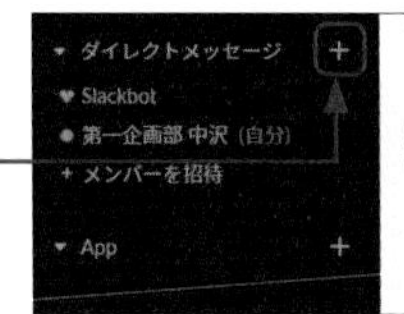

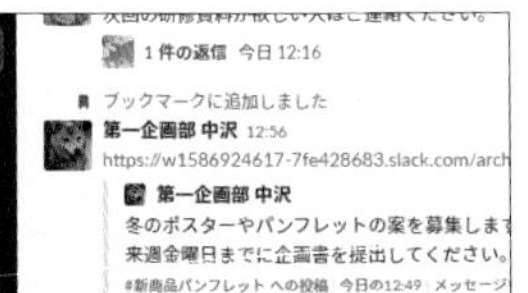

2 ダイレクトメッセージを送りたいメンバーの名前やメールアドレスを入力して、

3 <開始>をクリックします。

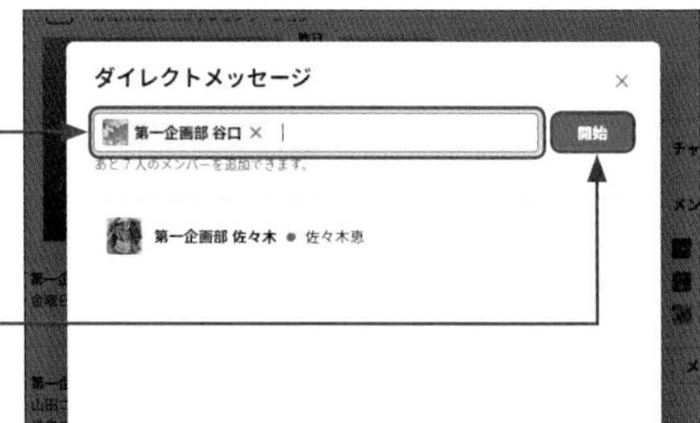

4 指定したメンバーにダイレクトメッセージを送れるようになります。

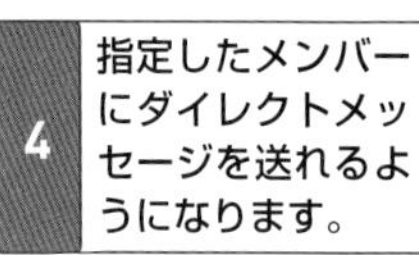

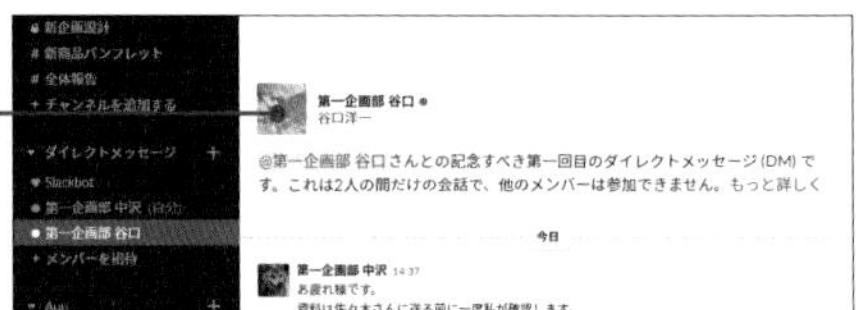

Memo グループダイレクトメッセージを作成する

手順2の画面で複数のメンバーを指定すると、グループダイレクトメッセージを利用できます。また、グループダイレクトメッセージ画面で<詳細>→<メンバー>→<メンバーを追加する>の順にクリックすると、メンバーを追加することができます。

Section 18 メンバーと通話する

緊急の知らせなどは、メッセージではなく通話でやり取りをしましょう。なお、1対1の通話は無料プランでも利用できますが、複数のメンバーとの通話や画面共有は有料プランでのみで利用できます。

1 メンバーと通話する

1 チャンネル画面やメンバー一覧画面（Sec.21参照）で通話したいメンバーの名前をクリックし、

2 <通話を開始>をクリックすると、相手に発信されます。

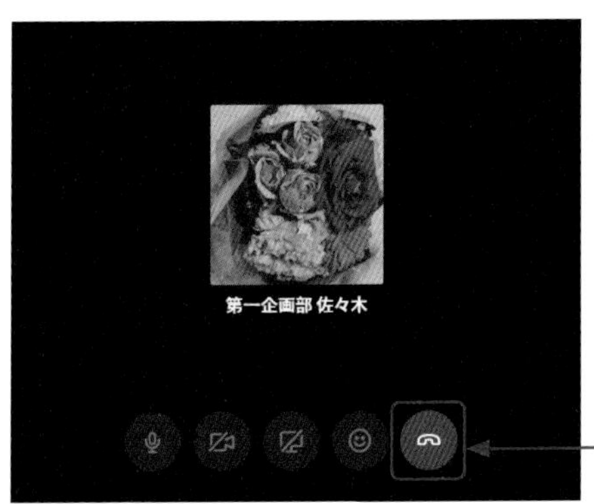

3 マイクのアクセス許可が表示された場合は、<許可>をクリックします。

4 相手が応答すると、通話が開始されます。

5 通話を終了するには、■をクリックします。

Hint ダイレクトメッセージ画面から発信する

Sec.17手順4のダイレクトメッセージ画面右上に表示されている✆をクリックすることでも、相手に発信できます。

Section 19 チャンネルを作成する

ワークスペース内で新たな話題についてのやり取りの場が必要になったときは、チャンネルを作成しましょう。チャンネルのメンバーはあとから追加することも可能です（Sec.20参照）。

1 チャンネルを作成する

1 「チャンネル」の+をクリックし、

2 ＜チャンネルを作成する＞をクリックします。

3 「名前」と「説明」を入力し、

4 ＜作成＞をクリックします。

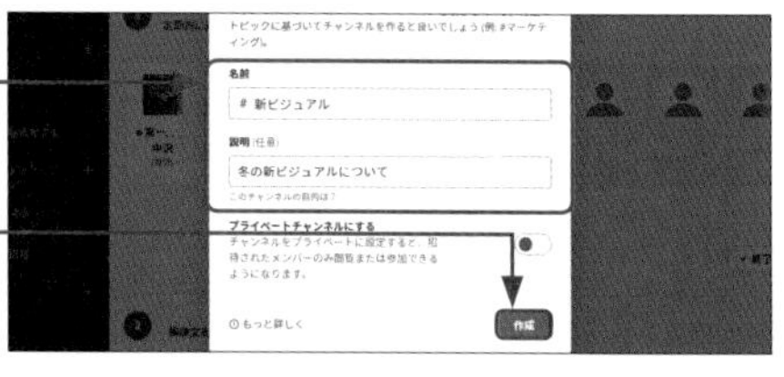

5 ここでは＜特定のメンバーを追加する＞をクリックし、

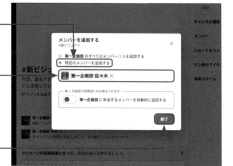

6 招待したいメンバーの名前またはメールアドレスを入力して、

7 ＜終了＞をクリックします。

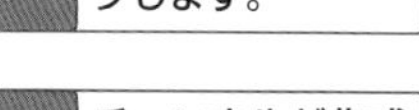

8 チャンネルが作成されます。

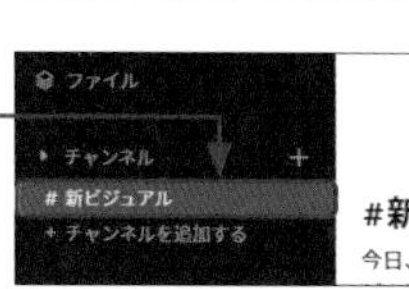

Section 20 チャンネルにメンバーを追加する

チャンネルに新しくメンバーを追加するときは、詳細画面から操作を行います。ゲストを追加したい場合は、招待メールを送るなどして、ワークスペースに参加してもらう必要があります。

1 チャンネルにメンバーを追加する

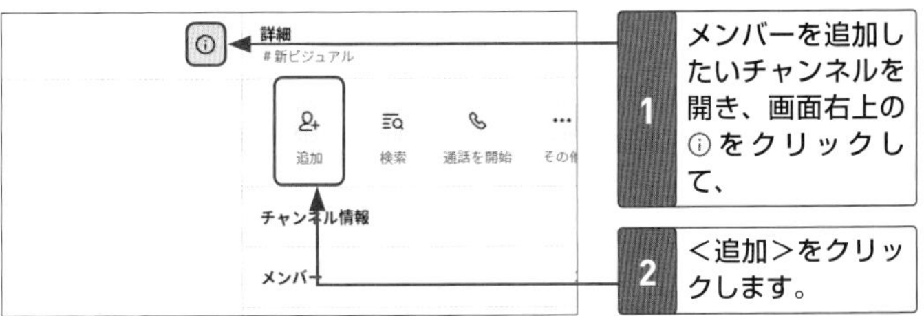

1 メンバーを追加したいチャンネルを開き、画面右上の ⓘ をクリックして、

2 ＜追加＞をクリックします。

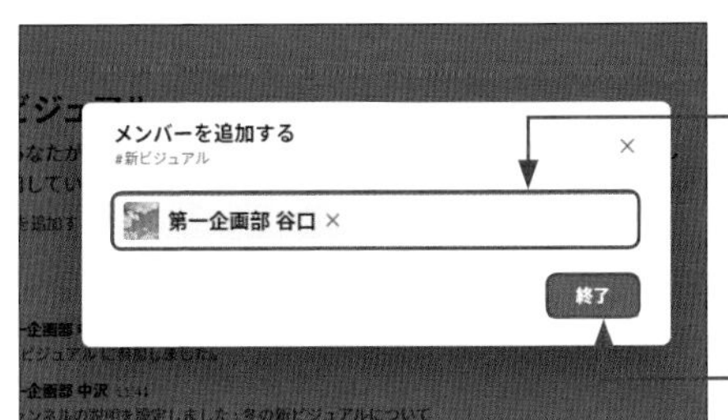

3 追加したいメンバーの名前やメールアドレスを入力し、

4 ＜終了＞をクリックすると、メンバーが追加されます。

Memo ゲストをチャンネルに追加する

ワークスペースに参加していない人をチャンネルに追加したい場合は、まずワークスペースに参加してもらう必要があります。手順3の画面で招待したい人のメールアドレスを入力し、＜終了＞→＜終了＞の順にクリックします。

Section 21 チャンネルのメンバーを確認する

現在のチャンネルのメンバーを確認したいときは、詳細画面のメンバー欄をチェックしましょう。なお、チャンネルに参加できるメンバーは最大1,000人となっています。

1 チャンネルのメンバーを確認する

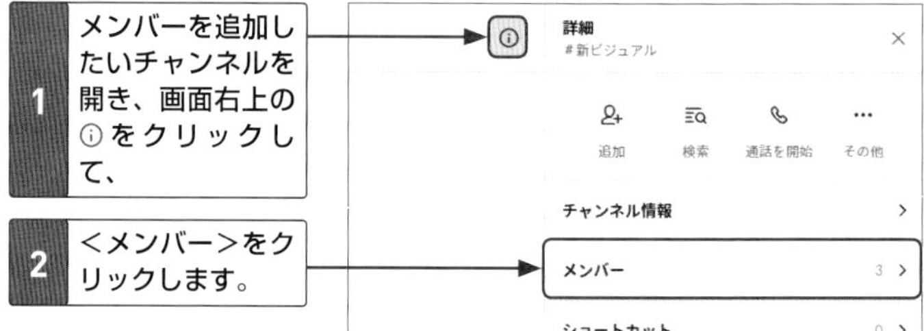

1 メンバーを追加したいチャンネルを開き、画面右上の ⓘ をクリックして、

2 ＜メンバー＞をクリックします。

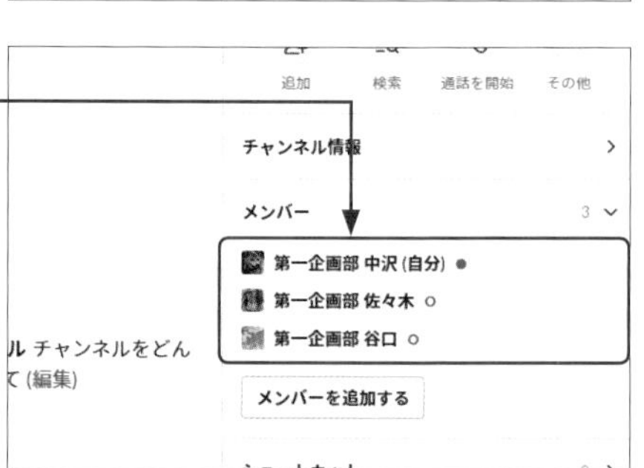

3 チャンネルに参加しているメンバーが表示されます。

＜メンバーを追加する＞をクリックすると、Sec.20手順3の画面が表示されます。

Memo アイコンからメンバーを確認する

チャンネルの画面左上の 👤 をクリックすることでも、手順3の画面を表示させることができます。また、👤 の横に表示されている数字は、自分を含めたチャンネルの参加人数です。

Section 22 チャンネルから メンバーを外す

異動してしまったり退職してしまったりしたメンバーがいるときは、そのメンバーをチャンネルから外しましょう。外したメンバーが送信したメッセージやファイルは、チャンネルにそのまま残ります。

1 チャンネルからメンバーを外す

1 メンバーを外したいチャンネルを開き、画面右上のⓘをクリックして、

2 <メンバー>をクリックします。

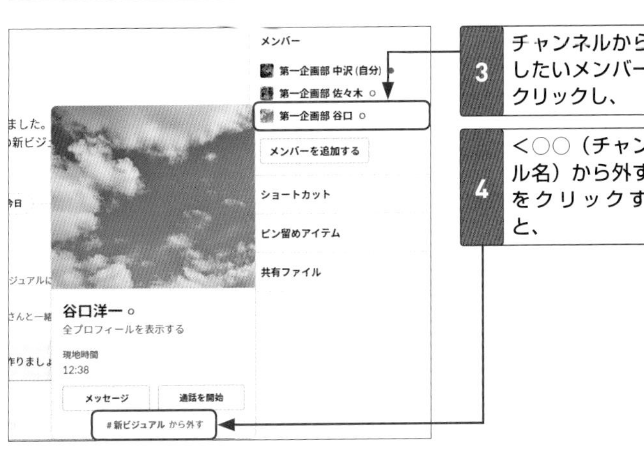

3 チャンネルから外したいメンバーをクリックし、

4 <○○（チャンネル名）から外す>をクリックすると、

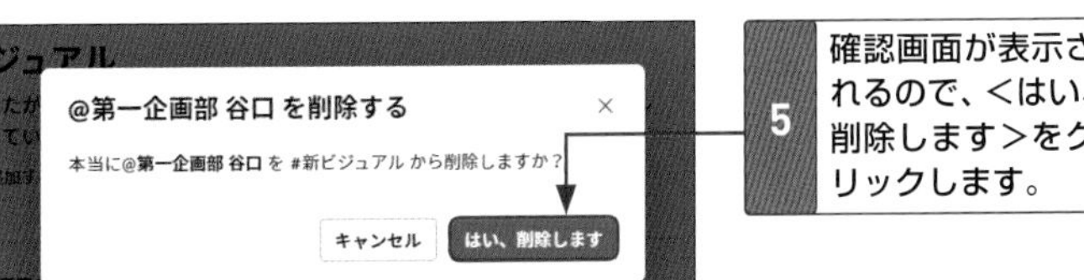

5 確認画面が表示されるので、<はい、削除します>をクリックします。

Section 23 チャンネルに参加する／退出する

ほかのメンバーが作成したチャンネルに参加するには、自分のチャンネル一覧からワークスペース内のチャンネルをチェックしましょう。チャンネルからの退出は、そのチャンネルの詳細画面から行います。

1 チャンネルに参加する／退出する

1 ＜チャンネルを追加する＞をクリックし、

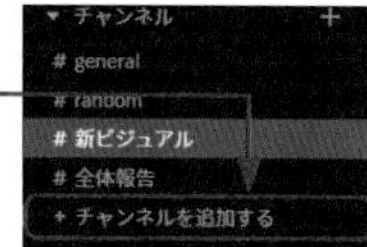

2 ワークスペース内にあるチャンネル一覧が表示されます。

3 参加したいチャンネルをクリックして、

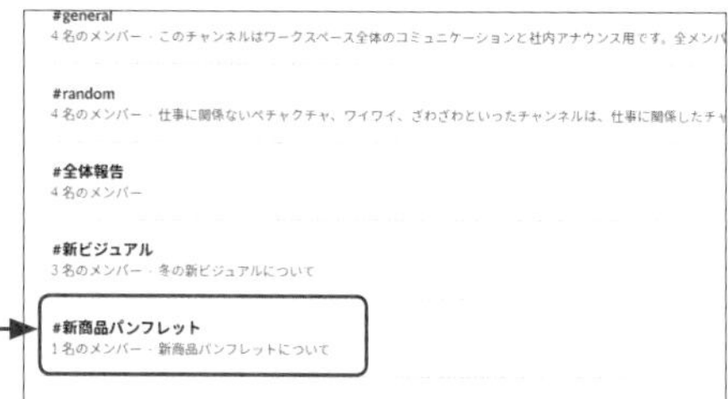

4 ＜参加する＞をクリックすると、チャンネルに参加できます。

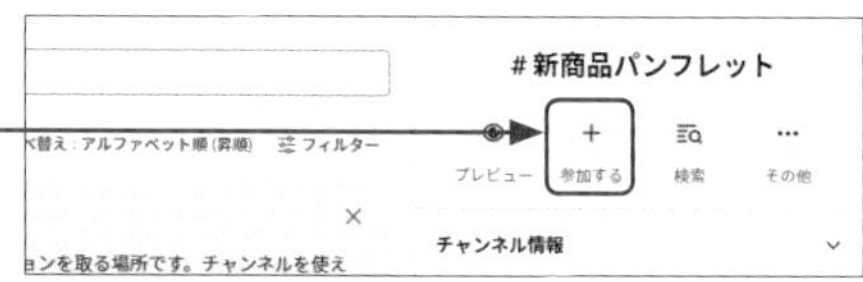

5 チャンネルから退出する場合は、手順**4**の画面で＜その他＞をクリックし、

6 ＜○○（チャンネル名）を退出する＞をクリックします。

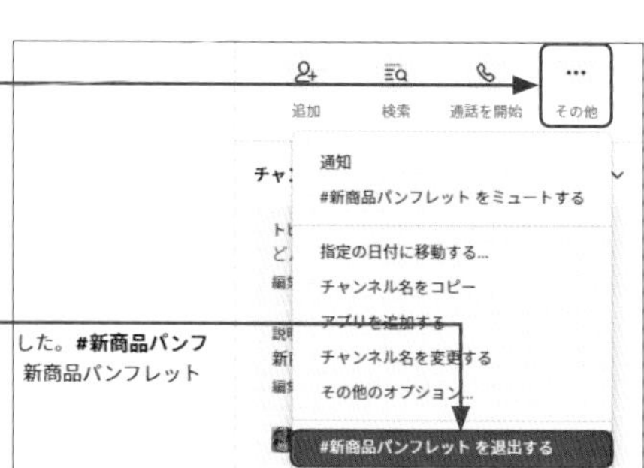

Section 24 チャンネルにスターを付ける

チャンネルが増えて一覧が見づらくなってきたときは、チャンネルにスターを付けて目印にしましょう。スターを付けたチャンネルはサイドバーの「スター付き」欄に表示されるようになります。

1 チャンネルにスターを付ける

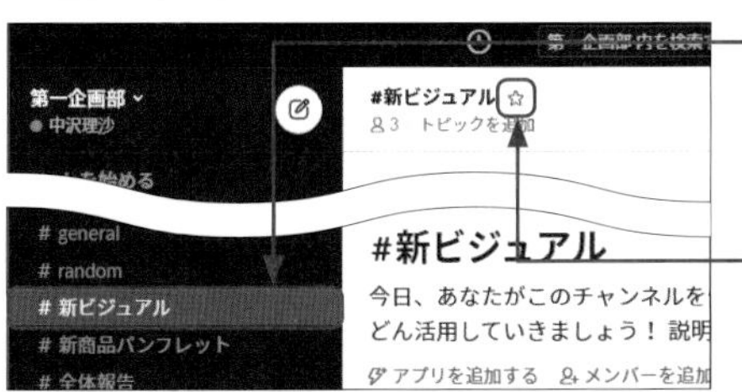

1 スターを付けたいチャンネルを開き、

2 画面左上の☆をクリックします。

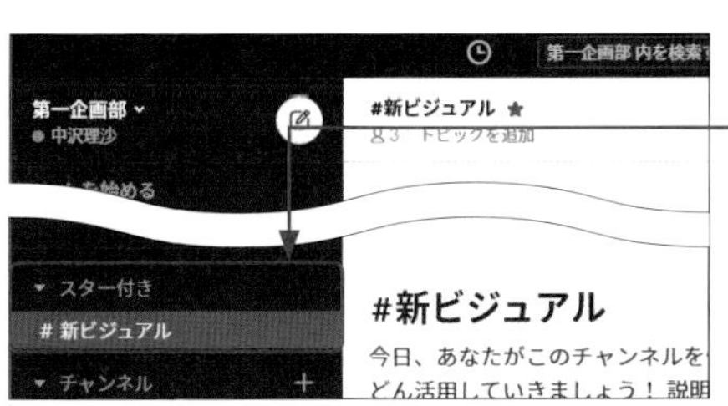

3 サイドバーに「スター付き」欄が作成され、スターを付けたチャンネルが表示されます。

Memo チャンネル一覧からスターを付ける

チャンネル一覧で任意のチャンネルを右クリックし、<チャンネルにスターを付ける>をクリックすることでも、スターを付けることができます。スターを外す場合は手順2の画面で★をクリックするか、チャンネルを右クリックして<スター付きから外す>をクリックします。

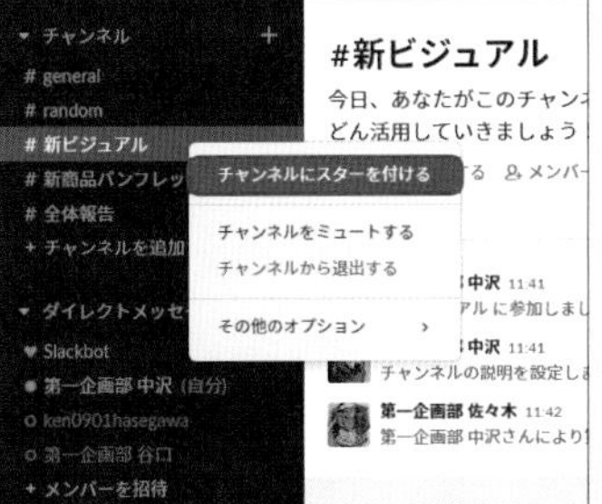

Section 25 プライベートチャンネルを作成する

ワークスペース内の特定のメンバーだけでチャンネルを作りたいときは、プライベートチャンネルが便利です。通常のチャンネルと違い、プライベートチャンネルは招待を受けないと参加ができません。

1 プライベートチャンネルを作成する

1 Sec.19手順1～3を参考にチャンネルを作成し、

2 「プライベートチャンネルにする」の をクリックして にしたら、

3 <作成>をクリックします。

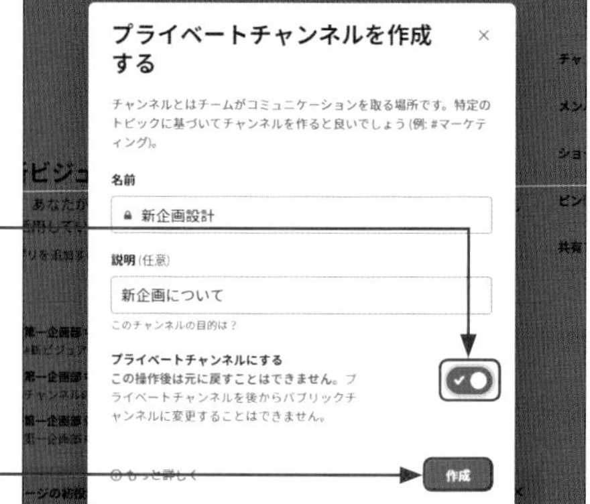

プライベートチャンネルを作成する
チャンネルとはチームがコミュニケーションを取る場所です。特定のトピックに基づいてチャンネルを作ると良いでしょう(例: #マーケティング)。
名前
新企画設計
説明(任意)
新企画について
このチャンネルの目的は？
プライベートチャンネルにする
この操作後は元に戻すことはできません。プライベートチャンネルを後からパブリックチャンネルに変更することはできません。
作成

4 追加したいメンバーの名前やメールアドレスを入力し、

5 <終了>をクリックします。

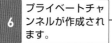

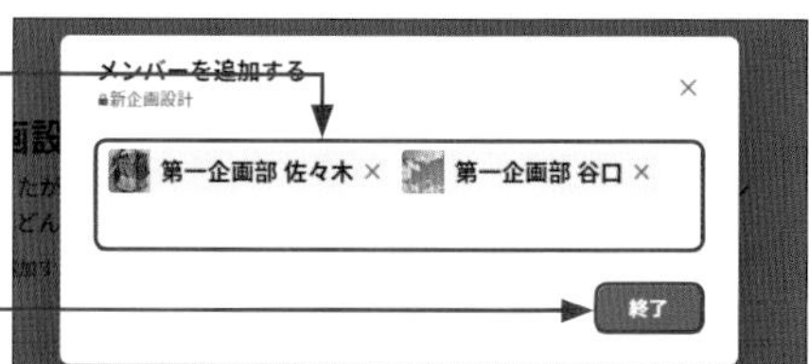

6 プライベートチャンネルが作成されます。

プライベートチャンネルには鍵マークが表示されます。
今日、あなたがこのプライベートチャネルをどんどん活用していきましょう
アプリを追加する　メンバーを追加する

Section 26 ダイレクトメッセージをプライベートチャンネルにする

グループダイレクトメッセージは、そのままプライベートチャンネルに変換することができます。なお、これまでにやり取りしたメッセージやファイルは、そのままチャンネルへ移行されます。

1 ダイレクトメッセージからチャンネルを作成する

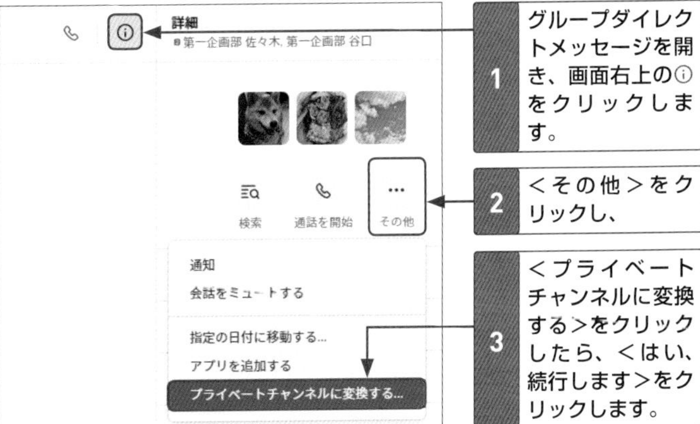

1 グループダイレクトメッセージを開き、画面右上の ⓘ をクリックします。

2 ＜その他＞をクリックし、

3 ＜プライベートチャンネルに変換する＞をクリックしたら、＜はい、続行します＞をクリックします。

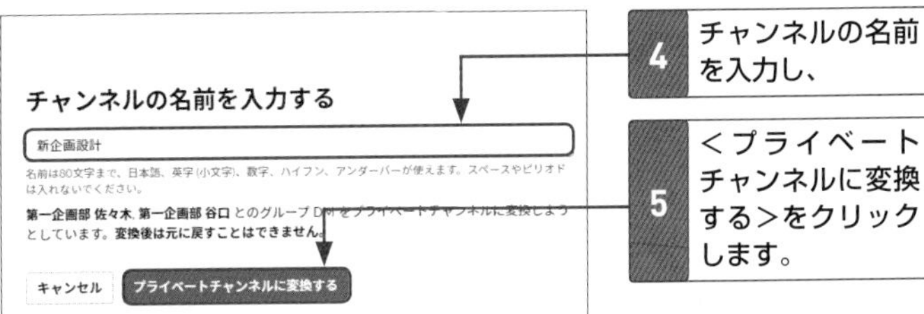

チャンネルの名前を入力する
新企画設計
名前は80文字まで、日本語、英字(小文字)、数字、ハイフン、アンダーバーが使えます。スペースやピリオドは入れないでください。
第一企画部 佐々木, 第一企画部 谷口 とのグループ DM をプライベートチャンネルに変換しようとしています。変換後は元に戻すことはできません。
キャンセル
プライベートチャンネルに変換する

4 チャンネルの名前を入力し、

5 ＜プライベートチャンネルに変換する＞をクリックします。

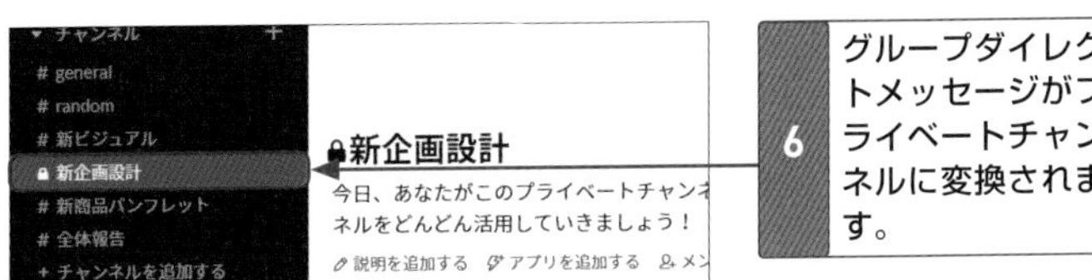

6 グループダイレクトメッセージがプライベートチャンネルに変換されます。

2 Slackではじめるオンラインミーティング

Section 27 チャンネル名を変更する

チャンネルを作成する際に設定されたチャンネル名は、あとから変更することができます。チャンネル名を変更すると、チャンネル内に通知されます。

1 チャンネル名を変更する

1 名前を変更したいチャンネルを開き、画面右上のⓘをクリックします。

2 ＜その他＞をクリックし、

3 ＜チャンネル名を変更する＞をクリックします。

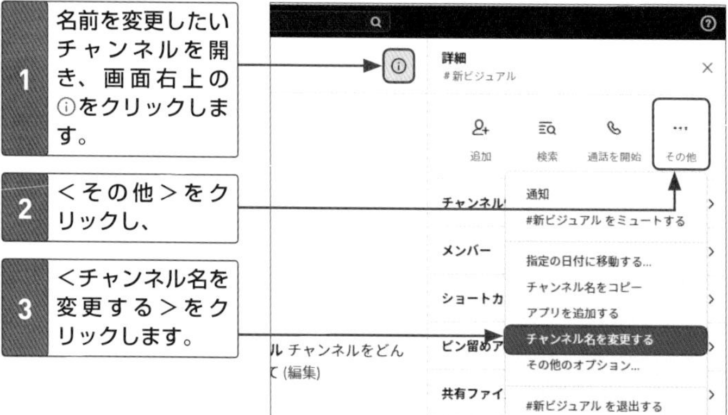

4 変更内容を入力して、

5 ＜チャンネル名を変更する＞をクリックすると、変更が反映されます。

StepUp チャンネルのトピックや説明を変更する

チャンネル画面でⓘをクリックし、＜チャンネル情報＞をクリックすると、チャンネルの「トピック」を新しく設定したり、チャンネル作成する際に入力した「説明」を変更したりできます（Sec.40参照）。

Section 28 チャンネルを削除する

間違って作成してしまったチャンネルや不要になったチャンネルは削除が可能です。チャンネルを削除するとすべてのメッセージやファイルは完全に削除され、もとに戻すことはできません。

1 チャンネルを削除する

1　削除したいチャンネルを開き、画面右上の①をクリックしします。

2　<その他>をクリックし、

3　<その他のオプション>をクリックします。

アシしてしまうかもしれませんので、

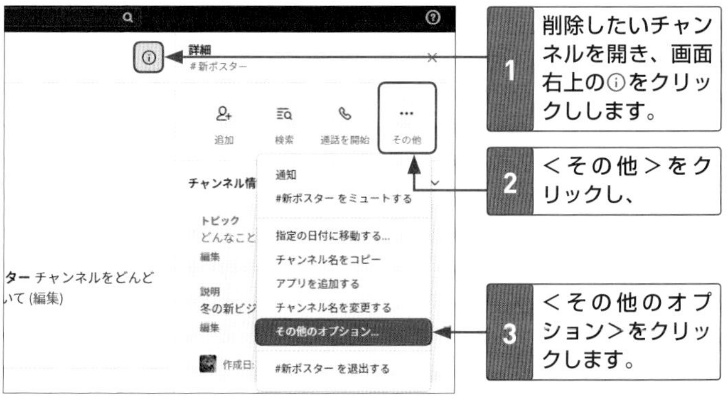

チャンネル名の変更は控えめにお願いします。

の説明を設定する

チャンネルの説明は、どの会話に参加しようか迷っている新しいメンバーにとって特に役立つ情報です。

このチャンネルを削除する

チャンネルを削除すると、すべてのメッセージが完全に削除されます。削除後は元に戻すことはできません。

4 ＜このチャンネルを削除する＞をクリックします。

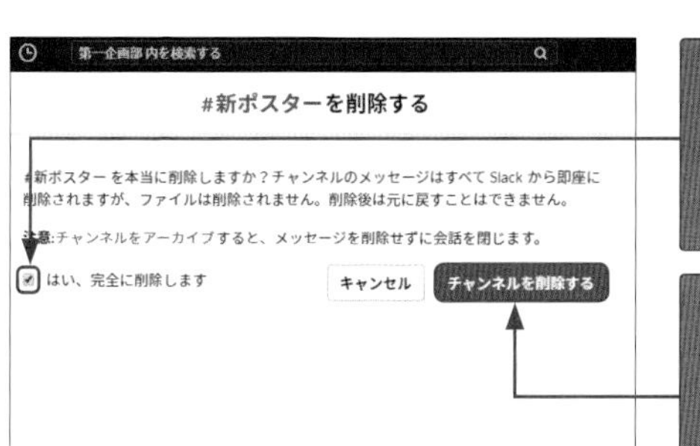

第一企画部 内を検索する
#新ポスターを削除する
#新ポスター を本当に削除しますか？チャンネルのメッセージはすべて Slack から即座に削除されますが、ファイルは削除されません。削除後は元に戻すことはできません。
注意:チャンネルをアーカイブすると、メッセージを削除せずに会話を閉じます。
はい、完全に削除します
キャンセル
チャンネルを削除する

5 「はい、完全に削除します」のボックスをクリックしてチェックを入れ、

6 ＜チャンネルを削除する＞をクリックすると、チャンネルが削除されます。

Section 29 ワークスペースにメンバーを招待する

ワークスペースにメンバーを招待するときは、相手に招待メールを送信して参加資格を与えます。ワークスペースに招待されたメンバーは、そのワークスペース用にアカウントを登録する必要があります。

1 ワークスペースにメンバーを招待する

1 現在のワークスペース名をクリックし、

2 <メンバーを以下に招待:○○（ワークスペース名）>をクリックします。

3 招待したい相手のメールアドレスと名前を入力し、

4 <招待を送信する>→<終了>の順にクリックします。

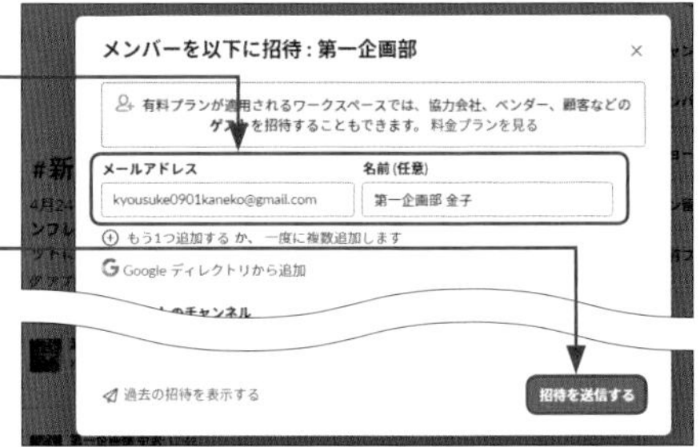

5 相手がワークスペースに参加すると、サイドバーの<メンバーディレクトリ>をクリックしたとき、

6 招待した相手がメンバーとして表示されます。

Section 30 ワークスペースへの参加方法を管理する

ワークスペースへの参加方法の設定で、管理者が承認済みドメインのメールアドレスからの自動参加を有効にすると、承認済みメールアドレスを持つユーザーなら誰でも登録できるリンクが生成されます。

1 ワークスペースへの参加方法を変更する

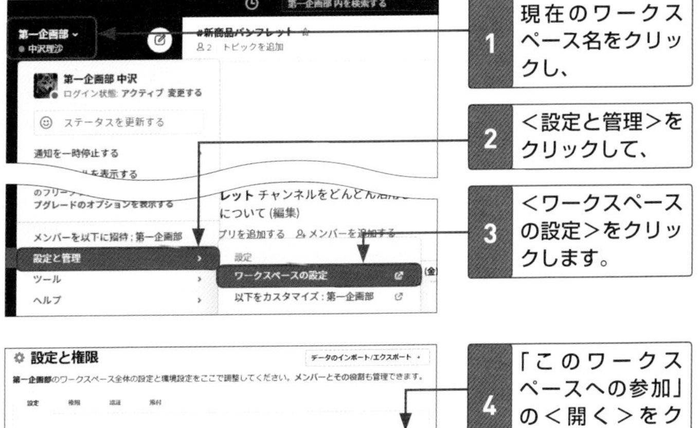

1 現在のワークスペース名をクリックし、

2 <設定と管理>をクリックして、

3 <ワークスペースの設定>をクリックします。

4 「このワークスペースへの参加」の<開く>をクリックします。

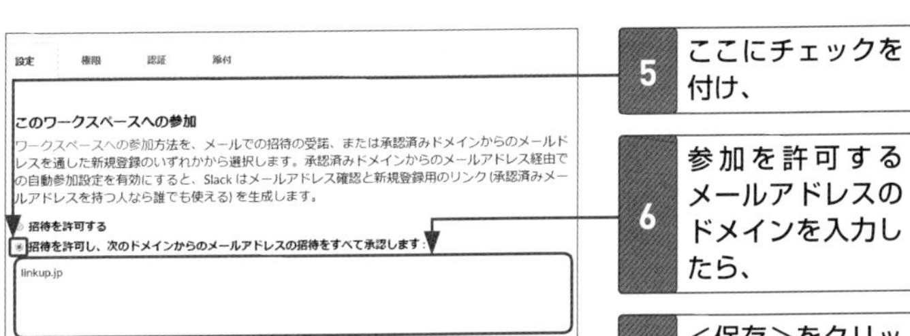

5 ここにチェックを付け、

6 参加を許可するメールアドレスのドメインを入力したら、

7 <保存>をクリックします。

8 登録用リンクが「このワークスペースへの参加」のテキスト内に表示されます。

Section 31 参加している ワークスペースを追加する

参加しているワークスペースが複数あるときは、すぐに切り替えられるようにそのワークスペースに一度サインインしておきましょう。また、メールアドレスでワークスペースを探すこともできます。

1 ワークスペースを追加する

1 現在のワークスペース名をクリックし、

2 <ワークスペースを追加>をクリックして、

3 <新しいワークスペースを追加する>をクリックします。

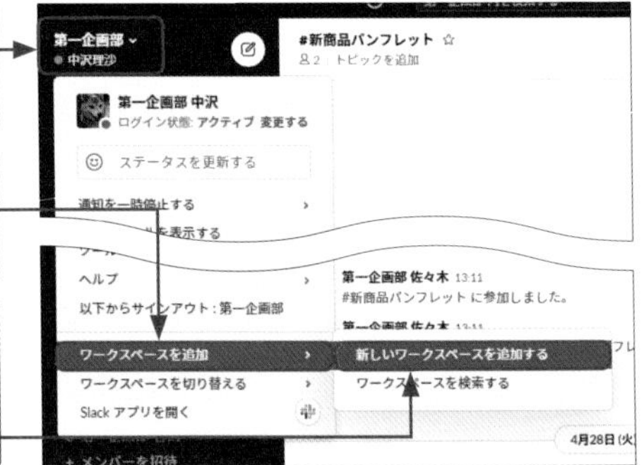

4 追加したいワークスペースのSlack URLを入力し、

5 <続行する>をクリックします。

6 別のワークスペースが表示されます。

Memo ワークスペースを検索する

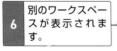

手順3で<ワークスペースを検索する>をクリックすると、メールアドレスで自分が参加しているワークスペースを検索することができます。

基本機能　はじめ方　基本操作　チャンネル　ワークスペース　応用　スマホ&タブレット

Section 32 表示するワークスペースを切り替える

Sec.31の手順で複数のワークスペースへのサインインが完了したら、ワークスペースの切り替え方法を覚えておきましょう。なお、通知はそのときに表示しているワークスペースのみ有効になります。

1 ワークスペースを切り替える

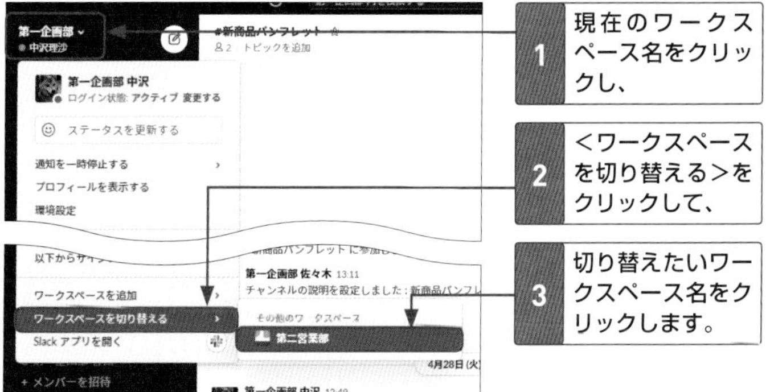
第一企画部
中沢理沙
#新商品パンフレット
トピックを追加
第一企画部 中沢
ログイン状態: アクティブ 変更する
ステータスを更新する
通知を一時停止する
プロフィールを表示する
環境設定
第一企画部 佐々木 13:11
チャンネルの説明を設定しました：新商品パンフレ
ワークスペースを追加
ワークスペースを切り替える
Slack アプリを開く
第二営業部
4月28日（火）
+ メンバーを招待
第一企画部 中沢 12:49
1 現在のワークスペース名をクリックし、
2 <ワークスペースを切り替える>をクリックして、
3 切り替えたいワークスペース名をクリックします。

第二営業部 内を検索する
第二営業部
中沢理沙
新規メッセージ
4月28日 に保存済み
送信先:
ken0901hasegawa
下書き
メンバーディレクトリ
App
ファイル
チャンネル
general
4 選択したワークスペースが表示されます。

StepUp 複数のワークスペースを一度に表示する

1つのWebブラウザで複数のタブを利用したり、ワークスペースごとに異なるWebブラウザアプリを利用したりすることで、複数のワークスペースを一度に表示させることができます。なお、1つのWebブラウザで複数のワークスペースを開いているときにページの更新を行うと、意図しないワークスペースに切り替わってしまう場合があるので注意しましょう。

Section 33 ステータスを変更する

会議中や欠席で社内にいない場合は、「ステータス」を変更して、メンバーに自分の状況を伝えましょう。デフォルトで5種類のステータスが用意されていますが、オリジナルのステータスを作ることも可能です。

1 ステータスを変更する

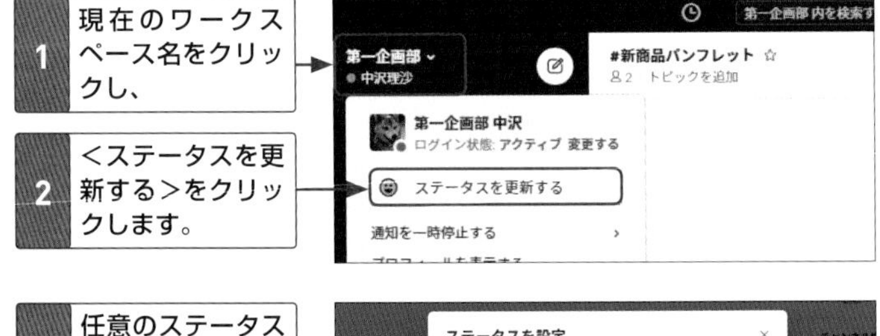
1 現在のワークスペース名をクリックし、
2 <ステータスを更新する>をクリックします。
第一企画部 内を検索
第一企画部
中沢理沙
#新商品パンフレット
トピックを追加
第一企画部 中沢
ログイン状態: アクティブ 変更する
ステータスを更新する
通知を一時停止する

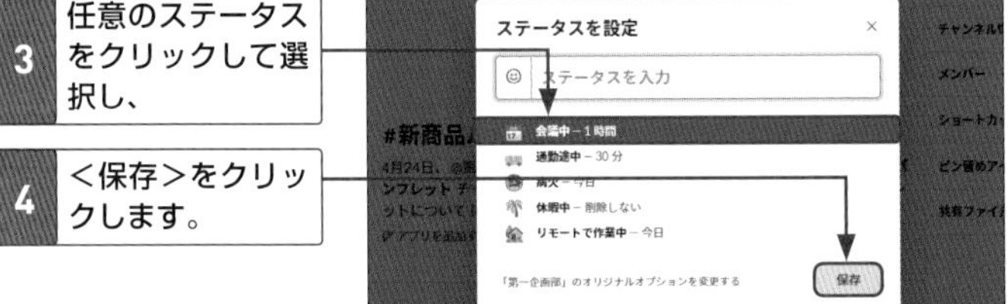
3 任意のステータスをクリックして選択し、
4 <保存>をクリックします。
ステータスを設定
ステータスを入力
会議中 – 1 時間
通勤途中 – 30 分
病欠 – 今日
休暇中 – 削除しない
リモートで作業中 – 今日
「第一企画部」のオリジナルオプションを変更する
保存

5 ステータスが変更され、ワークスペースのメンバー全員に表示されます。

第一企画部 内を検索
第一企画部
中沢理沙
#新商品パンフレット
トピックを追加
変更された

StepUp オリジナルのステータスを作成する

手順3の画面で<ステータスを入力>をクリックすると、自分オリジナルのステータスを作成することができます。また、<「○○」のオリジナルオプションを変更する>をクリックすると、ワークスペースのメンバー全員が利用できるオリジナルのステータスを作成することも可能です。

テーマを変更する

複数のワークスペースを使用している場合は、ワークスペースごとにテーマを設定しておくとよいでしょう。ここで設定したテーマは、Webブラウザ、デスクトップアプリ、スマートフォンにも反映されます。

1 テーマを変更する

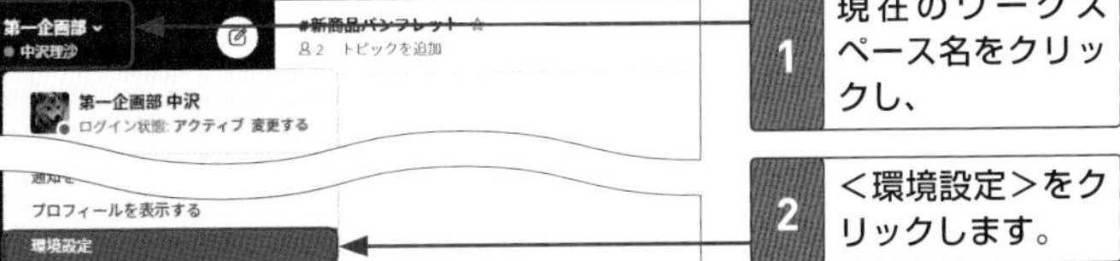

1 現在のワークスペース名をクリックし、

2 ＜環境設定＞をクリックします。

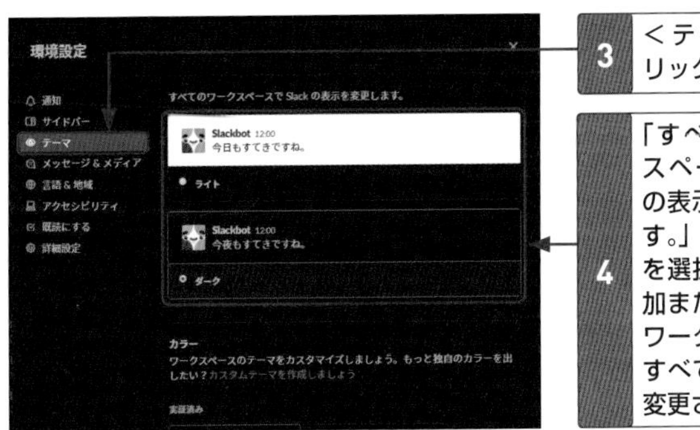

3 ＜テーマ＞をクリックします。

4 「すべてのワークスペースでSlackの表示を変更します。」の任意の色を選択すると、参加または作成するワークスペースのすべてのカラーが変更されます。

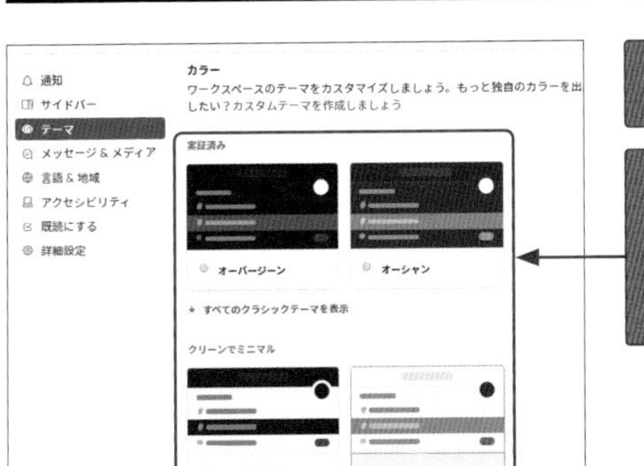

5 画面をスクロールし、

6 「カラー」の任意の色を選択すると、現在のワークスペースの色が変更されます。

Section 35 おやすみモードで通知を止める

通知を受け取りたくない時間帯がある場合は、「おやすみモード」を設定して通知が来ないようにしましょう。なお、おやすみモードは通知が表示されないだけで、メッセージなどは通常通り受信します。

1 おやすみモードを設定する

1 現在のワークスペース名をクリックし、

2 <通知を一時停止する>をクリックして、

3 通知を停止したい任意の時間をクリックします。

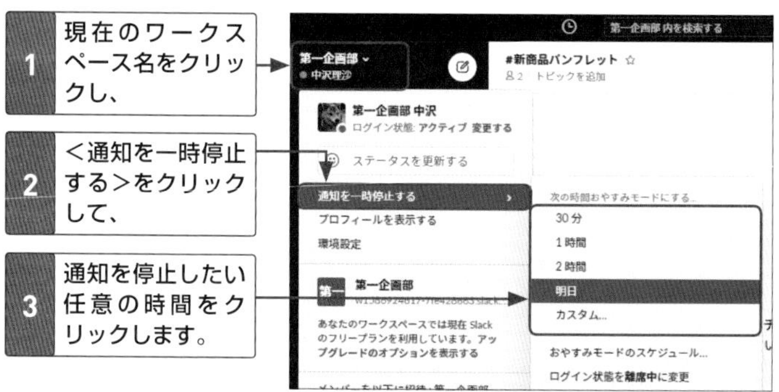

4 おやすみモードに切り替わり、設定した時間までは通知が届かないようになります。

5 おやすみモードが終了する前に通知を再開したい場合は、<今すぐ通知を再開>をクリックします。

Hint ログイン状態を変更する

手順3で<ログイン状態を離席中に変更>をクリックすると、ログイン状態が「アクティブ」から「離席中」に切り替わります。

Section 36 おやすみモードのスケジュールを変更する

おやすみモードのスケジュールは自分で任意の時間をカスタムできます。ここでは、おやすみモードを「明日」に設定した場合のスケジュールの時間の変更方法を解説します。

1 おやすみモードのスケジュールを変更する

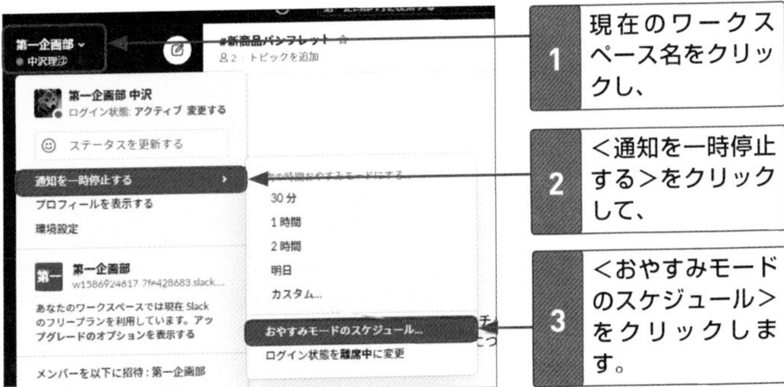

1 現在のワークスペース名をクリックし、

2 ＜通知を一時停止する＞をクリックして、

3 ＜おやすみモードのスケジュール＞をクリックします。

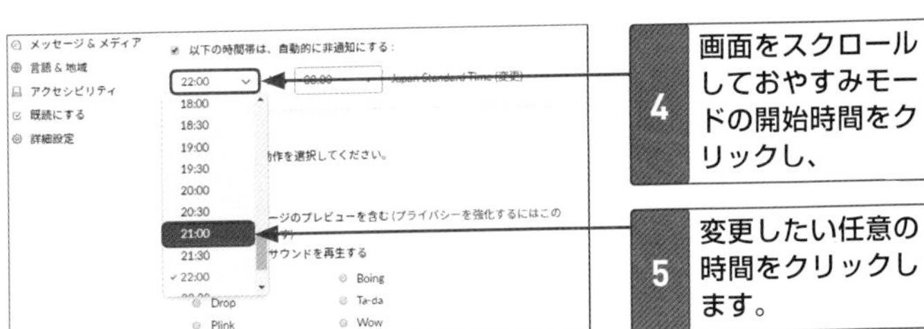

4 画面をスクロールしておやすみモードの開始時間をクリックし、

5 変更したい任意の時間をクリックします。

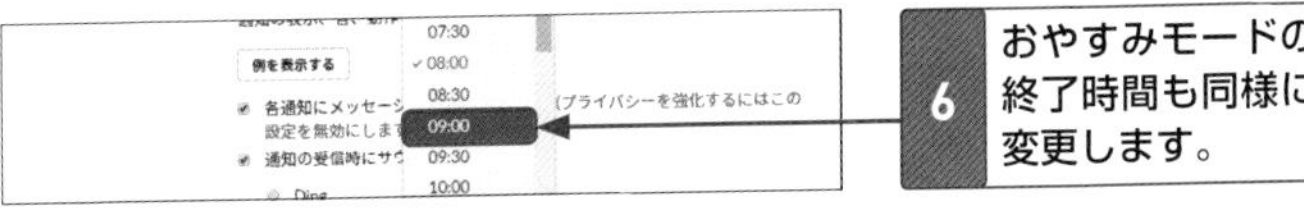

6 おやすみモードの終了時間も同様に変更します。

StepUp おやすみモードの日時をカスタムする

手順3で＜カスタム＞をクリックすると、「対象期間」と「時間」を設定することができます。

Section 37 メッセージにリマインダーを設定する

リマインダーとは、設定した日時に自動でメッセージを送信してくれる機能です。リマインダーを利用するには、「/remind」「@メンバー」「何を」を入力し、最後に「いつ」を設定します。

1 リマインダーを設定する

1 チャンネル画面やダイレクトメッセージ画面の入力欄に「/」を入力し、

2 表示される候補の中から</remind>をクリックします。

3 Sec.09を参考に、リマインダーを設定したいメンバーをクリックしたら、

4 メッセージ内容を入力して、

5 ▶をクリックします。

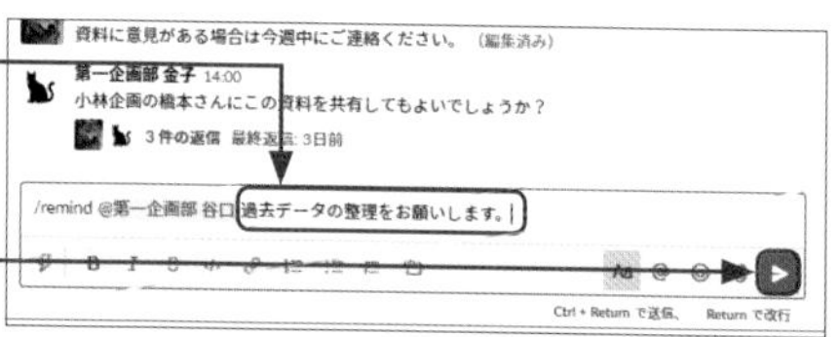

6 <いつ?>をクリックして任意の時間をクリックし、

7 <リマインダーの設定>をクリックします。

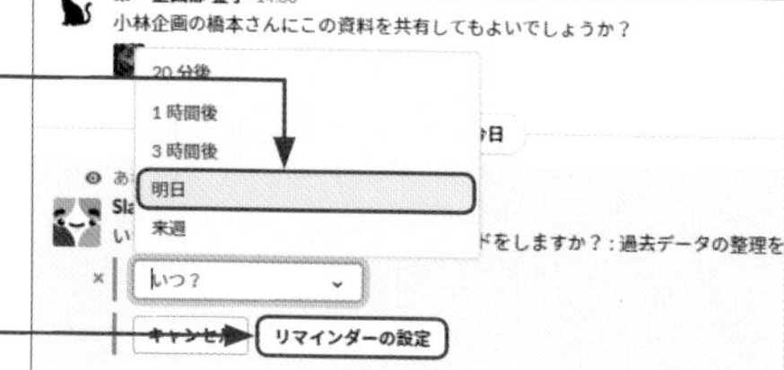

Section 38 自分宛のリマインダーを設定する

多くの作業や案件を抱えている場合は、自分宛のリマインダーを設定しておくと便利です。締め切りや進捗状況など、自分の業務のタスク管理としても活用できます。

1 自分宛のリマインダーを設定する

リマインダーを使用するときのポイント

Sec.37ではメンバー宛のリマインダーを設定しましたが、宛先を自分に設定することも可能です。また、相手から送られてきたメッセージをそのままリマインダーに設定することもできるので、作業漏れを防ぐことができるでしょう。

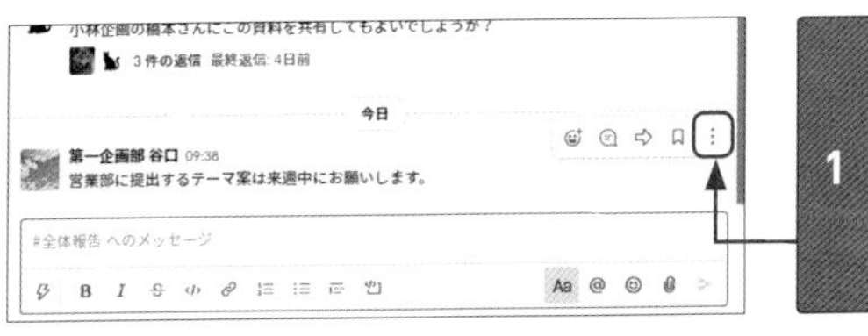

1 リマインダーに設定したいメッセージの上にマウスポインターを合わせ、⋮をクリックしたら、

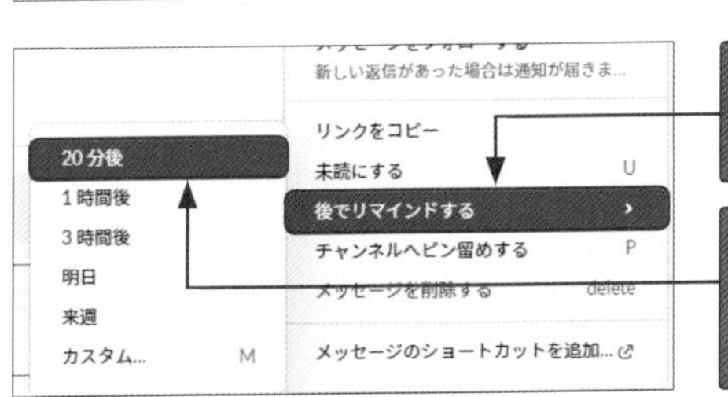

2 <後でリマインドする>をクリックし、

3 任意の時間をクリックすると、リマインダーの設定が完了します。

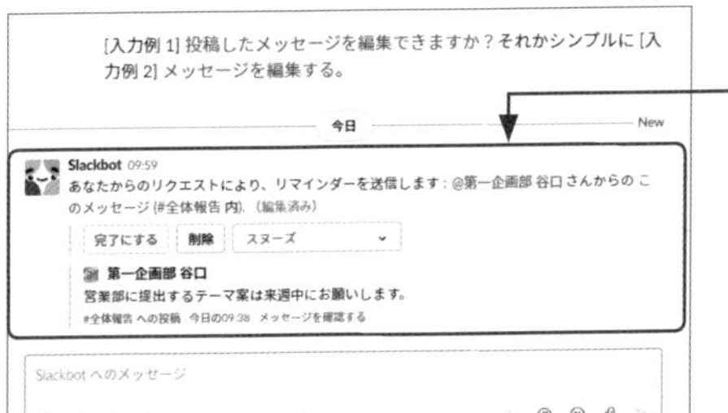

4 指定した日時に「Slackbot」にリマインドされます。

5 メッセージを確認したら、<完了にする>をクリックします。

Section 39 チャンネルやワークスペースのメンバー全員にメッセージを送る

Sec.09で解説した「メンション」機能は個人宛だけでなく、ワークスペース全員、チャンネル全員、チャンネル内のアクティブなメンバーを指定してメッセージを送ることもできます。

1 メンバー全員にメッセージを送る

1 チャンネル画面の入力欄で@をクリックし、

2 任意のメンション（ここではワークスペースのメンバー全員を示す<@everyone>）をクリックします。

3 メッセージを入力して送信すると、ワークスペースのメンバー全員に通知が届きます。

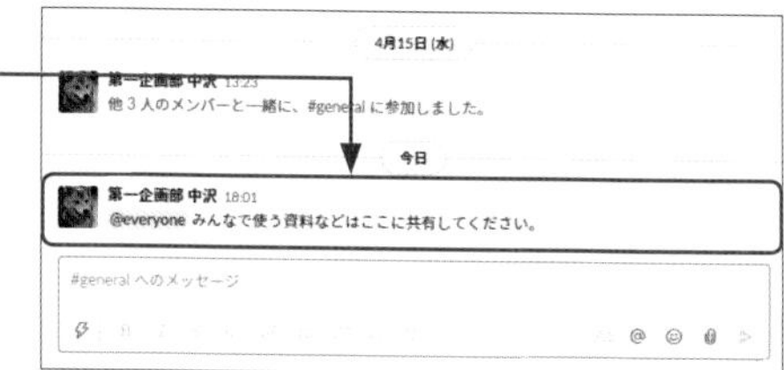
4月15日 (水)
第一企画部 中沢 13:23
他 3 人のメンバーと一緒に、#general に参加しました。
今日
第一企画部 中沢 18:01
@everyone みんなで使う資料などはここに共有してください。
#general へのメッセージ

Memo メンションの種類

メンションは次の3つを利用できます。

@everyone	「general」チャンネルのみで利用でき、ワークスペースに参加している全員に通知が届きます。
@channel	ステータスに関係なく、チャンネルに参加している全員に通知が届きます。
@here	チャンネルでステータスが「アクティブ」になっているメンバーにのみ通知が届きます。

Section 40 チャンネルのトピックや説明を設定する

「チャンネル情報」では、各チャンネルのさまざまな情報が表示されます。情報を充実させるために、どんなことを話し合うかの「トピック」と、チャンネルの目的を示す「説明」を設定しましょう。

1 チャンネルのトピックや目的を設定する

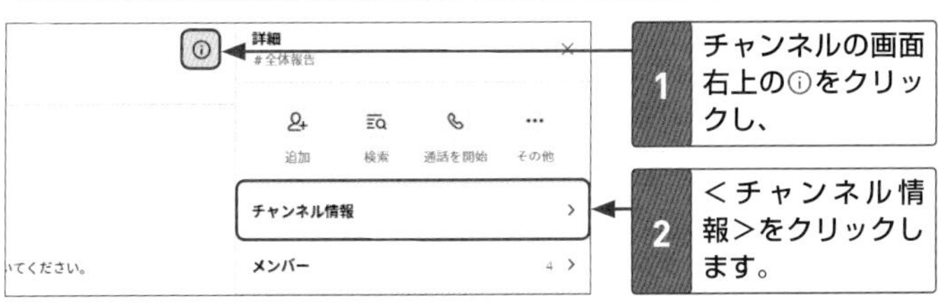

1 チャンネルの画面右上のⓘをクリックし、

2 ＜チャンネル情報＞をクリックします。

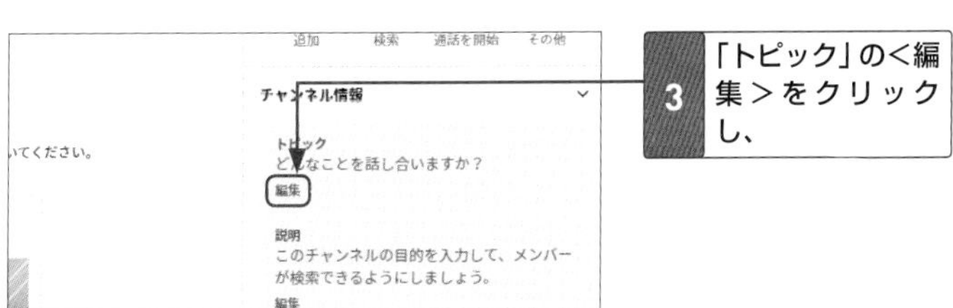

3 「トピック」の＜編集＞をクリックし、

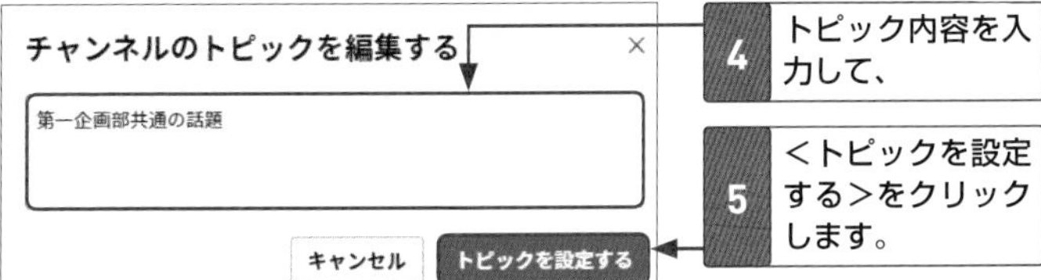

4 トピック内容を入力して、

5 ＜トピックを設定する＞をクリックします。

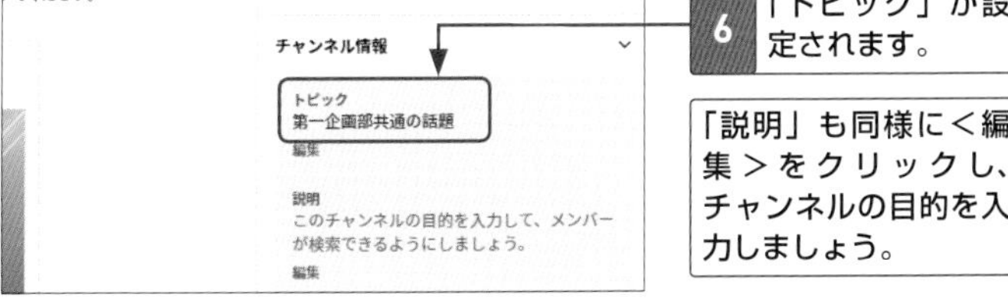

6 「トピック」が設定されます。

「説明」も同様に＜編集＞をクリックし、チャンネルの目的を入力しましょう。

Section 41 Googleドライブと連携する

Slackはさまざまな外部アプリと連携が可能です。Googleドライブを連携させると、Googleドライブのファイルを共有したり、Slack上でGoogleドライブに保存するファイルを作成したりできます。

1 Googleドライブと連携する

Googleドライブと連携するときのポイント

Googleドライブを連携させると、作業中にSlackから離れることなく、Slack上でGoogleドライブのファイルにアクセスできます。なお、チャンネル内でGoogleドライブ関連のファイルを閲覧・編集するには、チャンネルのメンバー全員がSlackとGoogleドライブを連携している必要があります。

1 サイドバーの「App」の＋をクリックし、

2 「Googleドライブ」の＜追加＞をクリックします。

3 ＜Slackに追加＞をクリックし、

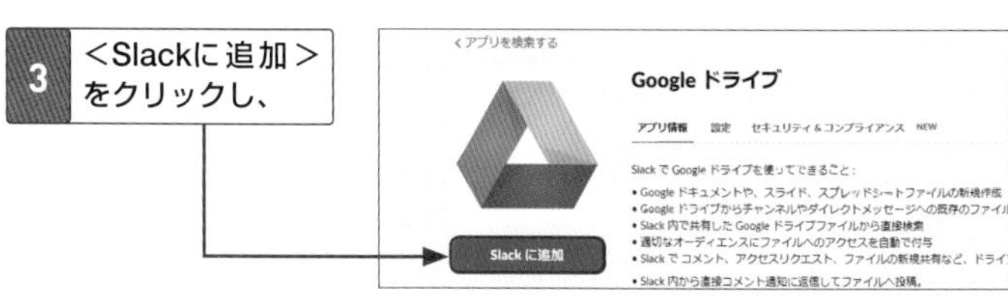

4 ＜Googleドライブアプリを追加する＞をクリックします。

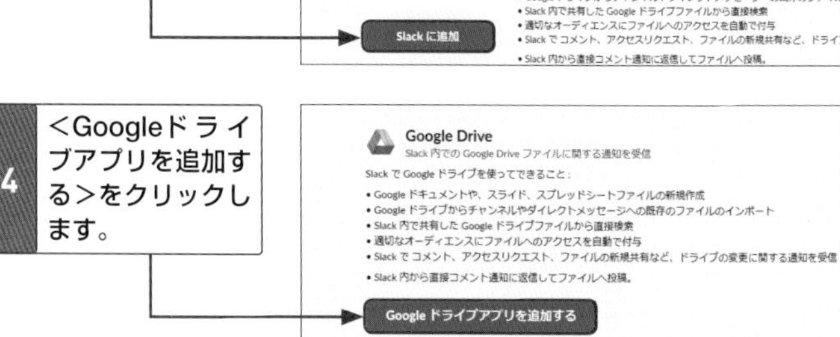

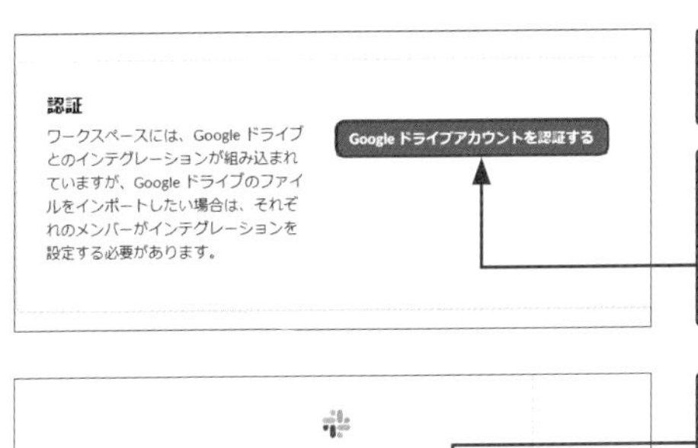
認証
ワークスペースには、Google ドライブとのインテグレーションが組み込まれていますが、Google ドライブのファイルをインポートしたい場合は、それぞれのメンバーがインテグレーションを設定する必要があります。
Google ドライブアカウントを認証する

5 ＜許可する＞をクリックし、

6 ＜Googleドライブアカウントを認証する＞をクリックします。

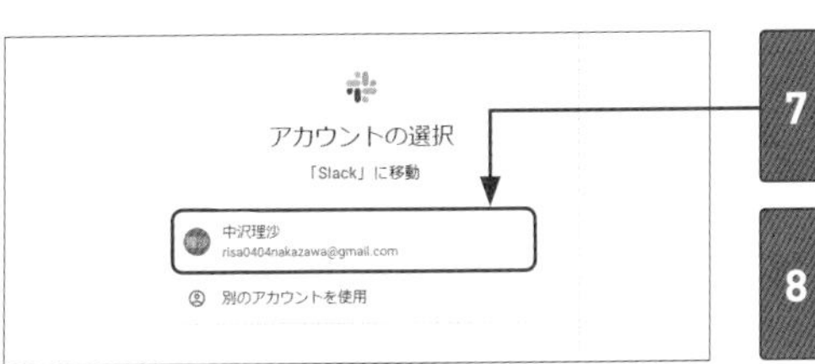
アカウントの選択
「Slack」に移動
中沢理沙
risa0404nakazawa@gmail.com
別のアカウントを使用

7 連携したいGoogleアカウントをクリックし、

8 次の画面で＜許可＞をクリックして、

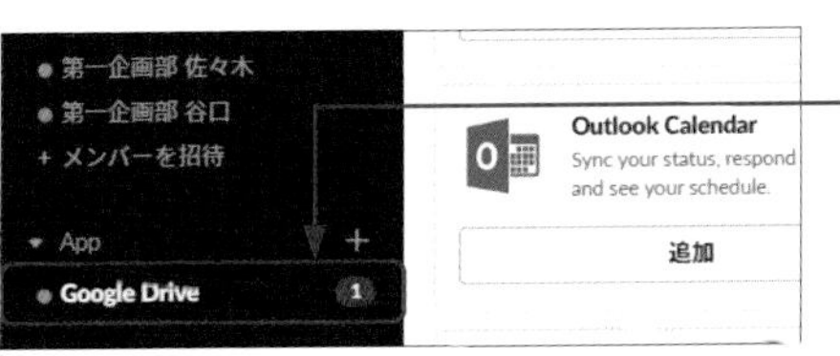
第一企画部 佐々木
第一企画部 谷口
+ メンバーを招待
App
Google Drive
Outlook Calendar
Sync your status, respond
and see your schedule.
追加

9 Slackに戻ると、Googleドライブが連携されます。

2 Googleドライブのファイルを共有する

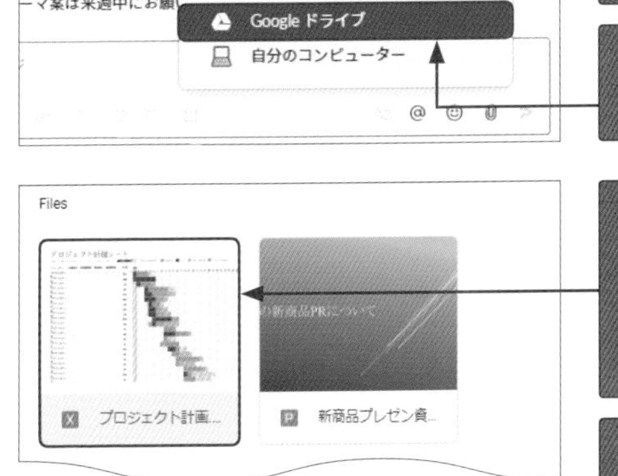
はショートカットに移動しました
以下からファイルを選択...
Google ドライブ
自分のコンピューター
Files
プロジェクト計画...
新商品プレゼン資...
Select
Cancel

1 入力欄の 📎 をクリックし、

2 ＜Googleドライブ＞をクリックします。

3 Googleドライブに保存されているファイルが表示されるので、任意のファイルをクリックして選択し、

4 ＜Select＞をクリックすると、ファイルが共有されます。

Section 42 2要素認証を設定してセキュリティを強化する

Slackのセキュリティを強化するには、サインインのたびに認証コードとパスワードを入力する必要がある2要素認証を設定しましょう。認証コードは自分だけが生成でき、一度しか使用できないので安心です。

1 2要素認証を設定する

2要素認証を設定するときのポイント

2要素認証を設定するには、あらかじめ「Google認証システム（Google Authenticator）」などのワンタイムパスワードを生成する認証アプリが必要です。事前にスマートフォンにインストールしておきましょう。

1 Sec.05を参考にプロフィールを表示し、⋮をクリックして、

第一企画部のオーナー

メッセージ　　プロフィールを編集　　:

第一　　　　環境設定を表示
サブ　　　　アカウント設定
Status　　マイファイルを表示
ステ　　　　ログイン状態を離席中に変更
表示名
第一　　　　メンバー ID をコピー

2 ＜アカウント設定＞をクリックします。

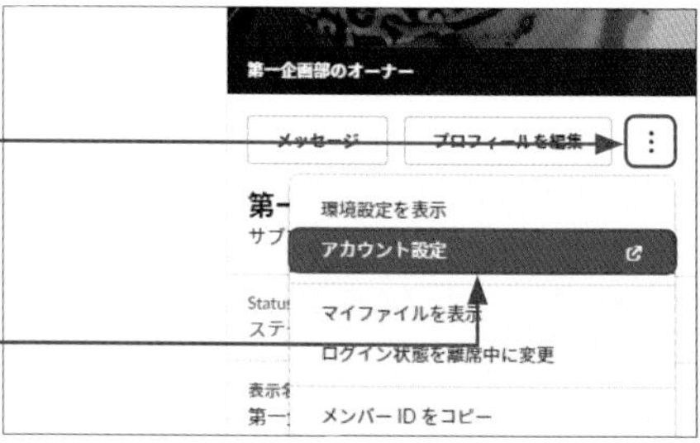

3 「2要素認証」の＜開く＞をクリックし、

パスワード

2要素認証

このアカウントでは2要素認証が有効ではありません。

電話へのアクセスを要求することでセキュリティをさらに高めて、Slack アカウントを保護しましょう。設定後、Slack アカウントにサインインするには、パスワードと認証コードの両方を携帯電話で入力する必要があります。

詳細は 2要素認証ヘルプページを参照してください。

2要素認証を設定する

注意：2要素認証を有効にすると他のセッション全てから自動的にサインアウトされます。

4 ＜2要素認証を設定する＞をクリックします。

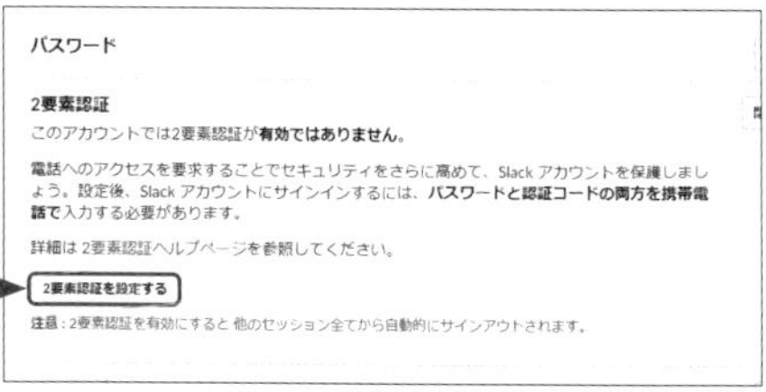

5 ワークスペースのパスワードを入力し、

6 ＜パスワードの確定＞をクリックします。

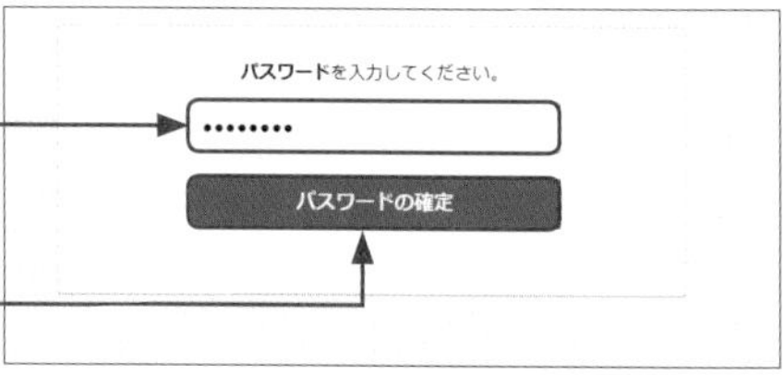

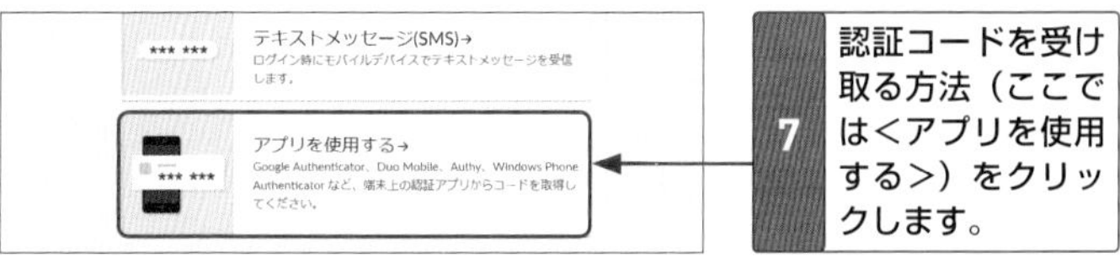

7 認証コードを受け取る方法（ここでは<アプリを使用する>）をクリックします。

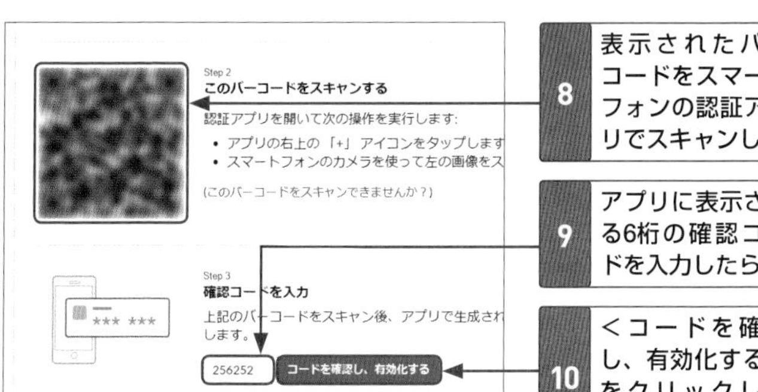

8 表示されたバーコードをスマートフォンの認証アプリでスキャンし、

9 アプリに表示される6桁の確認コードを入力したら、

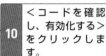

10 <コードを確認し、有効化する>をクリックします。

11 任意でバックアップ用の電話番号を登録できます。ワークスペースのオーナーは登録を推奨されています。

12 ここでは<スキップする>をクリックします。

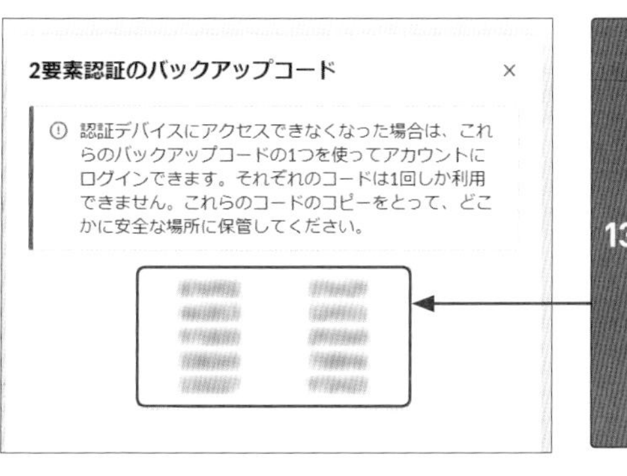

13 バックアップコードが表示されます。何らかのトラブルで認証コードを受け取れなくなってしまった場合は、このバックアップコードを使用してサインインできるので、コピーやメモをしておきましょう。

Section 43 スマートフォンやタブレットでSlackを使う

Slackはパソコンだけでなく、スマートフォンやタブレットでも利用することができます。ここではスマートフォンの画面での操作方法を解説しますが、タブレットでも画面や操作はほとんど変わりません。

1 スマートフォンでSlackを始める

1 「Slack」アプリをインストールして開き、<サインイン>をタップします。

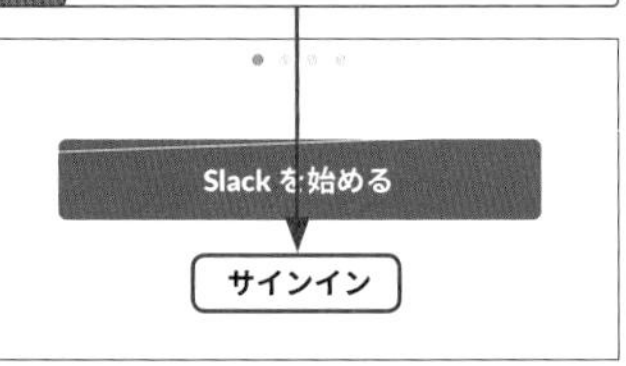

2 <マジックリンクをメールで送信>をタップし、

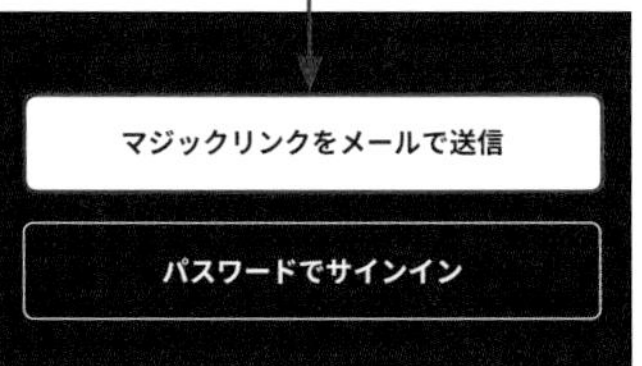

3 Slackに登録しているメールアドレスを入力し、

4 <次へ>をタップします。

5 <メールアプリを開く>をタップして任意のメールアプリを開いたら、

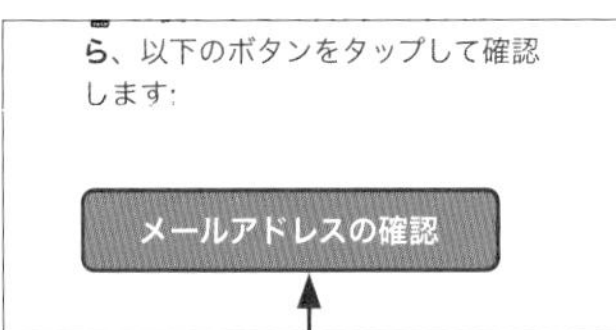

6 メールにある<メールアドレスの確認>をタップします。

7 複数のワークスペースに参加している場合はサインインしたいワークスペース名にチェックを付け、

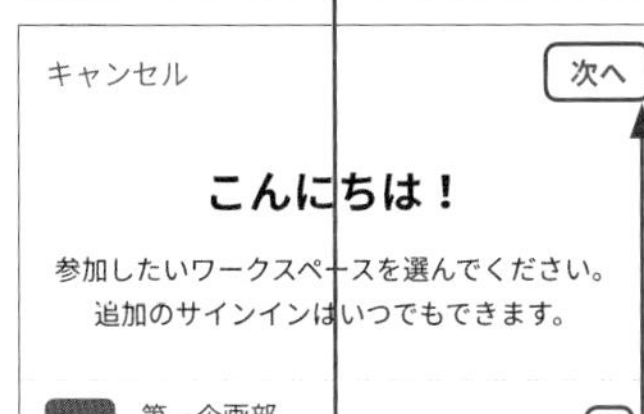

8 <次へ>をタップすると、ワークスペースへのサインインが完了します。

2 アプリ版の画面構成

iPhoneの場合

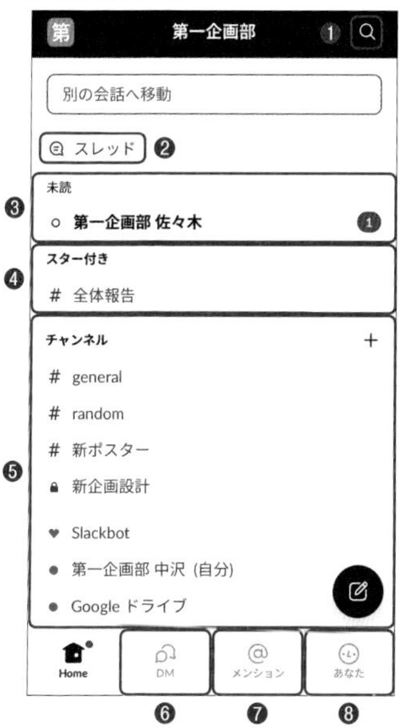

Androidスマートフォンの場合

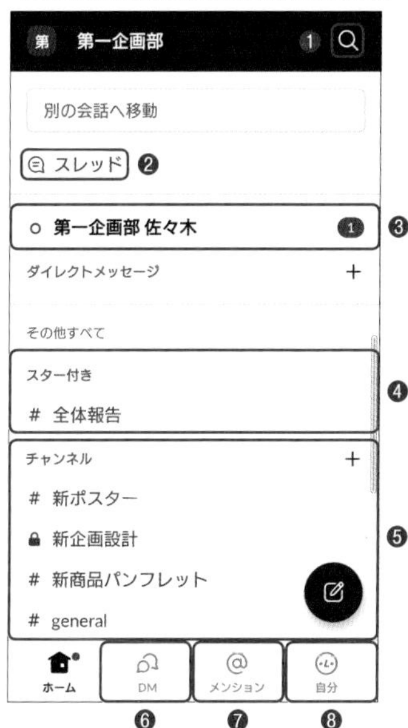

名称	機能
❶検索	メッセージの検索ができます。
❷スレッド	参加しているスレッドが確認できます。
❸未読	未読のチャンネルやダイレクトメッセージがある場合、表示されます。
❹スター付き	スターを付けたチャンネルやダイレクトメッセージが表示されます。
❺チャンネル&ダイレクトメッセージ一覧	参加しているチャンネルとダイレクトメッセージの一覧が表示されます。タップするとメッセージのやり取りができます。
❻ DM	ダイレクトメッセージがやり取りが新着順に表示されます。
❼メンション	自分宛てにメンションのあるメッセージが確認できます。
❽あなた・自分	ステータスの変更やおやすみモードなど設定ができます。

Section 44 メッセージを読む

チャンネルにメッセージが届くと、パソコン版と同様にチャンネル名が太字で表示されます。なお、パソコンで同じチャンネルを開いていると、スマートフォンに通知が届かない場合があるので注意しましょう。

1 メッセージを読む

1 画面下の<Home>（Androidスマートフォンでは<ホーム>）をタップします。

2 メニューが表示されるので、「未読」欄に表示されているチャンネル名をタップします。

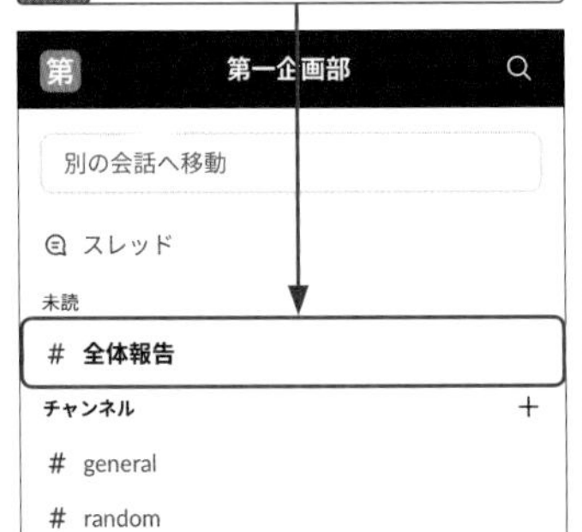

3 チャンネル画面が表示され、メッセージを読むことができます。

Memo ダイレクトメッセージはバッジが表示される

ダイレクトメッセージが届いた場合は、<Home>（Androidスマートフォンでは<ホーム>）に通知を表すバッジが表示されます。

Section 45 メッセージを送信する

メッセージの送信は、メールやSNSのようにかんたんな操作で行えます。スマートフォンではメッセージを入力するスペースが小さくて見づらい場合がありますが、その際は入力欄を拡大表示することもできます。

1 メッセージを送信する

1 Sec.44手順1を参考にメニューを表示し、

2 メッセージを送信したいチャンネル名をタップします。

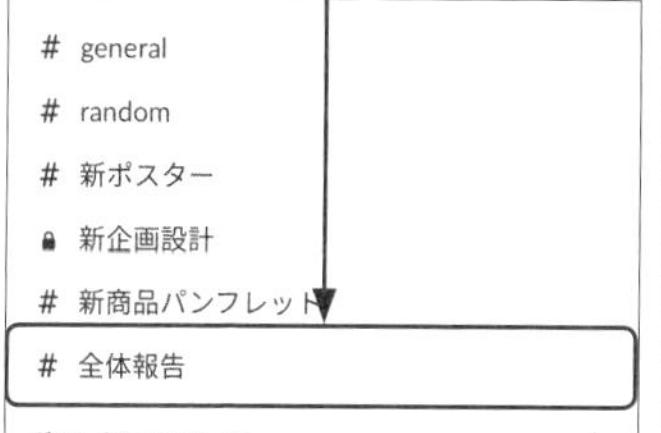

general
random
新ポスター
新企画設計
新商品パンフレット
全体報告
ダイレクトメッセージ

3 画面下の入力欄にメッセージを入力し、

#新商品パンフレット への投稿 | 2020年4月28日 12:49
昨日
第一企画部 金子 16:54
#全体報告 に参加しました.
今日
第一企画部 谷口 13:44
お疲れ様です。
企画会議は再来週に延期になりました。
了解しました。
Aa

4 >をタップします。

5 メッセージが送信されます。

第一企画部 金子 16:54
#全体報告 に参加しました.
今日
第一企画部 谷口 13:44
お疲れ様です。
企画会議は再来週に延期になりました。
第一企画部 中沢 13:45
了解しました。
#全体報告 へのメッセージ
Aa

Hint 入力画面を拡大する

手順3の画面で⤢をタップすると、入力画面が拡大されるので、長文を入力する際に便利です。

#全体報告 へのメッセージ

Section 46 メッセージの宛先を指定して送信する

アプリ版でも、宛先を指定する「メンション」機能が利用できます。なお、Sec.39で解説したワークスペースやチャンネルの全メンバーなどに送るメンションは、アプリ版の場合は手入力する必要があります。

1 メッセージの宛先を指定する

1 画面下の@をタップし、

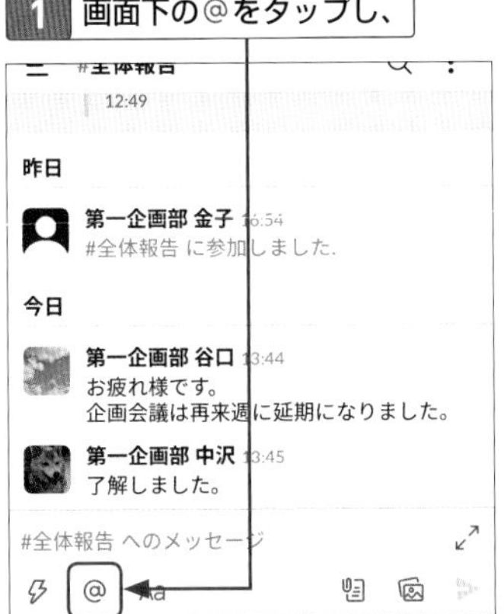

2 メッセージを送りたい相手の名前をタップします。

3 宛先が入力されるので、メッセージを入力し、

第一企画部 金子 16:54
#全体報告 に参加しました.
今日
第一企画部 谷口 13:44
お疲れ様です。
企画会議は再来週に延期になりました。
第一企画部 中沢 13:45
了解しました。
@第一企画部 谷口 資料のデータを最新のものに差し替えておいてください。
@ Aa

4 ＞をタップします。

5 宛先を指定したメッセージが送信されます。

第一企画部 金子 16:54
#全体報告 に参加しました.
今日
第一企画部 谷口 13:44
お疲れ様です。
企画会議は再来週に延期になりました。
第一企画部 中沢 13:45
了解しました。
@第一企画部 谷口 資料のデータを最新のものに差し替えておいてください。
#全体報告 へのメッセージ
@ Aa

Section
47

ファイルを送信する

アプリ版からは、自分がSlackで送信した「マイファイル」に保存されているファイルを送信することができます。また、スマートフォンで撮影した写真や、保存されている写真を送信することも可能です。

1 ファイルを送信する

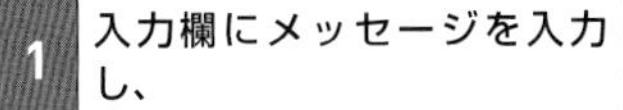

1 入力欄にメッセージを入力し、

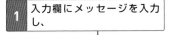

2 画面下の をタップします。

3 送信したいファイルをタップします。

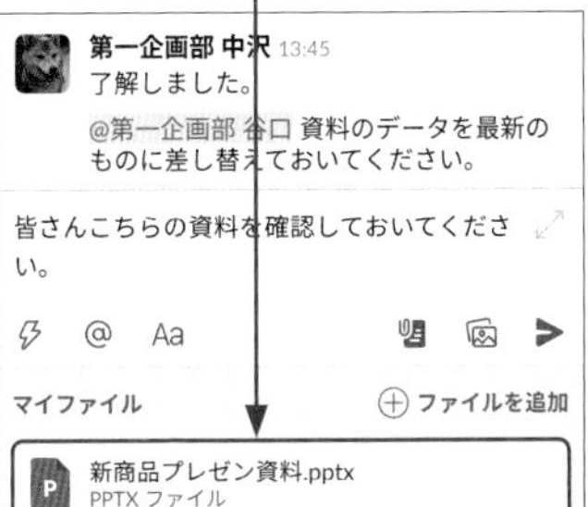
第一企画部 中沢 13:45
了解しました。
@第一企画部 谷口 資料のデータを最新のものに差し替えておいてください。
皆さんこちらの資料を確認しておいてください。
Aa
マイファイル
ファイルを追加
新商品プレゼン資料.pptx
PPTX ファイル

ここではSlackの「マイファイル」に保存されているファイルを選択しています。

4 ファイルが添付された状態になるので、➤をタップします。

今日
第一企画部 谷口 13:44
お疲れ様です。
企画会議は再来週に延期になりました。
第一企画部 中沢 13:45
了解しました。
@第一企画部 谷口 資料のデータを最新のものに差し替えておいてください。
皆さんこちらの資料を確認しておいてください。
新商品プレゼン資料.pptx
PPTX ファイル
Aa

5 ファイルが添付されたメッセージが送信されます。

#全体報告
新商品プレゼン資料.pptx
48 KB
春の新商品 PR について
皆さんこちらの資料を確認しておいてください。
#全体報告 へのメッセージ

Section 48 メッセージを編集／削除する

メッセージを間違えて送信してしまった場合は、該当するメッセージを長押しして、表示されるメニューから編集または削除を行います。編集または削除したメッセージは、パソコン版にも適用されます。

1 メッセージを編集／削除する

1 編集したいメッセージを長押しし、

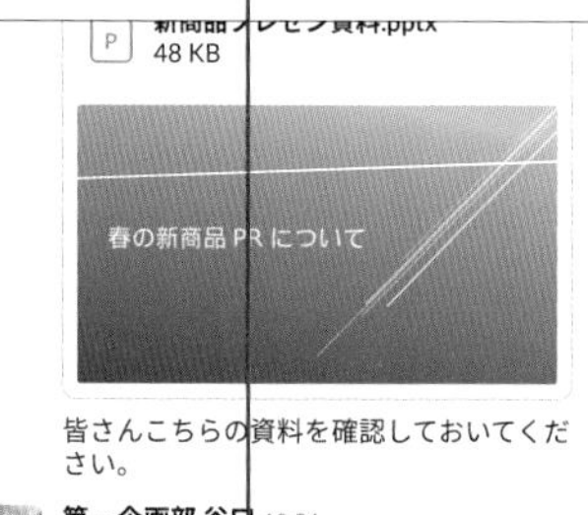

48 KB
春の新商品 PR について
皆さんこちらの資料を確認しておいてください。
第一企画部 谷口 13:54
わかりました！
第一企画部 中沢 13:55
資料に意見がある場合は明日中にご連絡ください。

2 ＜メッセージを編集＞をタップします

メッセージを編集
メッセージを削除
未読にする
テキストをコピー

メッセージを削除したい場合は、＜メッセージを削除＞→＜削除する＞の順にタップします。

3 メッセージを編集し、

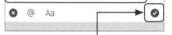

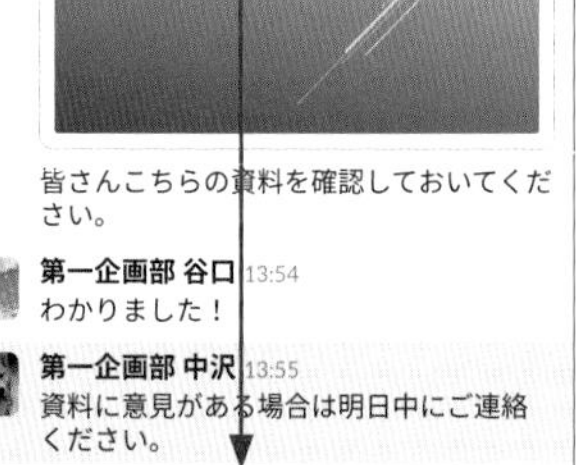

皆さんこちらの資料を確認しておいてください。
第一企画部 谷口 13:54
わかりました！
第一企画部 中沢 13:55
資料に意見がある場合は明日中にご連絡ください。
資料に意見がある場合は今週中にご連絡ください。
Aa

4 ✔をタップします。

5 宛先を指定したメッセージが送信されます。

皆さんこちらの資料を確認しておいてください。
第一企画部 谷口 13:54
わかりました！
第一企画部 中沢 13:55
資料に意見がある場合は今週中にご連絡ください。（編集済み）

#全体報告 へのメッセージ
Aa

Section 49 スレッドを作成する

チャンネル内の会話から脱線してしまいそうな返信は、スレッドを使用しましょう。アプリ版もパソコン版と同様に、スレッドをフォローして通知を受け取ることが可能です（Sec.12参照）。

1 スレッドを作成する

1 スレッドを開始したいメッセージを長押しし、
第一企画部 中沢 13:55
資料に意見がある場合は今週中にご連絡
ください。　（編集済み）

2 <スレッドを開始する>をタップします。

🔊 未読にする

📄 テキストをコピー

3 メッセージを入力し、

4 ＞をタップします。

5 スレッドの作成と返信が完了します。

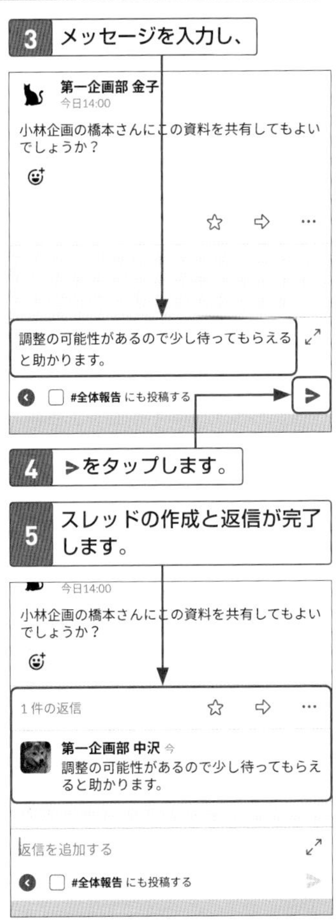

第一企画部 金子
今日14:00
小林企画の橋本さんにこの資料を共有してもよいでしょうか？
調整の可能性があるので少し待ってもらえると助かります。
#全体報告 にも投稿する
今日14:00
小林企画の橋本さんにこの資料を共有してもよいでしょうか？
1 件の返信
第一企画部 中沢 今
調整の可能性があるので少し待ってもらえると助かります。
返信を追加する
#全体報告 にも投稿する

Section 50 メッセージをピン留めする

チャンネルの重要なメッセージやファイルは、ピン留めをしておきましょう。ピン留めされたメッセージはメンバー全員にわかるようにハイライト表示され、パソコン版にも適用されます。

1 メッセージをピン留めする

1 ピン留めしたいメッセージやファイルを長押しし、

了解しました。
@第一企画部 谷口 資料のデータを最新のものに差し替えておいてください。
新商品プレゼン資料.pptx
48 KB
春の新商品 PR について
皆さんこちらの資料を確認しておいてください。
第一企画部 谷口 13:54

2 表示されるメニューを上方向にスワイプしたら、

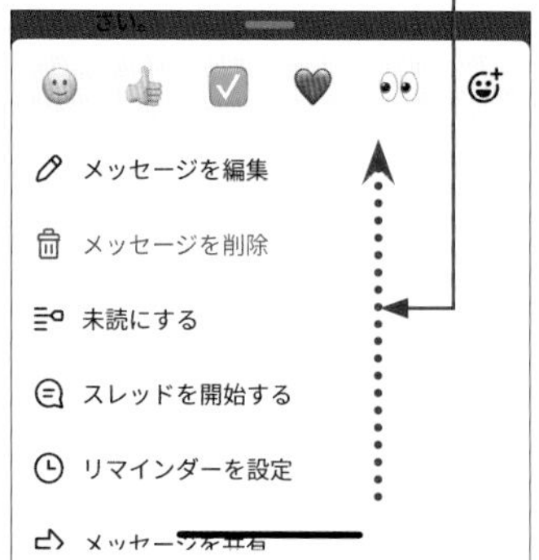

3 ＜メッセージをピン留めする＞（Androidスマートフォンでは＜会話にピン留めする＞）をタップします。

スレッドを開始する
リマインダーを設定
メッセージを共有
メッセージにスターを付ける
メッセージのリンクをコピー
メッセージをピン留めする

4 メッセージやファイルがピン留めされます。

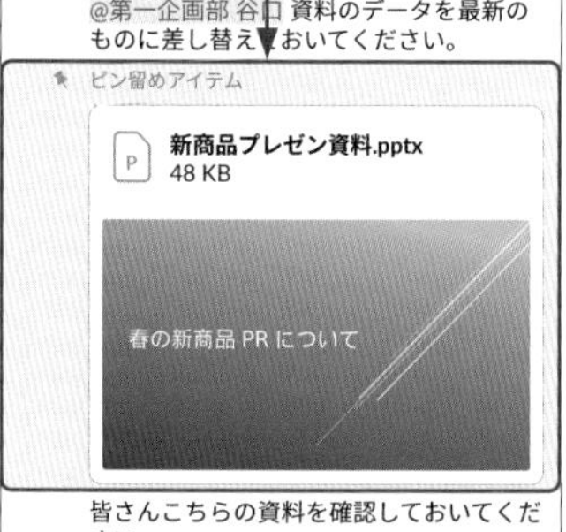

Section 51 メッセージを検索する

アプリ版からも、メッセージやファイルを検索したいときは、検索を行いましょう。パソコン版と同様に、チャンネルやダイレクトメッセージのキーワードやファイル名などを検索することができます。

1 メッセージを検索する

1 Sec.44手順1を参考にメニューを表示し、

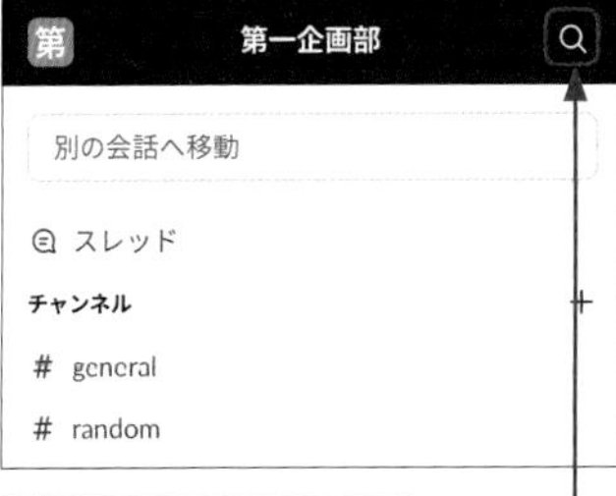

2 🔍をタップして、

3 <検索>をタップしてキーワードを入力したら、

4 キーボードの<検索>(Androidスマートフォンでは🔍)をタップします。

5 任意の検索結果をタップすると、

6 該当するチャンネルやダイレクトメッセージが表示されます。

Section 52 ダイレクトメッセージを送る

アプリ版でもパソコン版と同様、最大8人のメンバーにダイレクトメッセージを送ることができます。グループダイレクトチャットのメンバーは、あとから追加することもできます。

1 ダイレクトメッセージを送る

1 Sec.44手順**1**を参考にメニューを表示し、

2 「ダイレクトメッセージ」欄の＋をタップします。

ダイレクトメッセージ
Slackbot
第一企画部 中沢 (自分)
Google ドライブ
第一企画部 金子
第一企画部 佐々木

3 ダイレクトメッセージを送りたいメンバーをタップしてチェックを付けたら、

4 <次へ>（Androidスマートフォンでは<開始>）をタップします。

5 メッセージを入力し、

第一企画部 金子

@第一企画部 金子さんとの記念すべき第一回目のダイレクトメッセージ (DM) です。 これは 2 人の間だけの会話で、他のメンバーは参加できません。

明日17時に打ち合わせをお願いできますか？

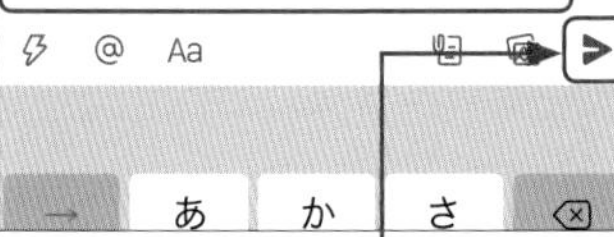

6 ▶をタップすると、ダイレクトメッセージが送信されます。

Memo グループダイレクトメッセージを作成する

手順**2**の画面で複数のメンバーを指定すると、グループダイレクトメッセージを利用できます。また、グループダイレクトメッセージ画面でⓘ→<メンバーを追加する>の順にタップすると、メンバーを追加することができます。

Section 53 メンバーと通話する

出先などですぐにワークスペースやチャンネルのメンバーと連絡を取りたいときは、スマートフォンで通話をするとよいでしょう。アプリ版の通話機能は、通常の電話アプリのように利用できます。

1 通話する

1 チャンネル画面やダイレクトメッセージ画面で通話したいメンバーの名前をタップし、

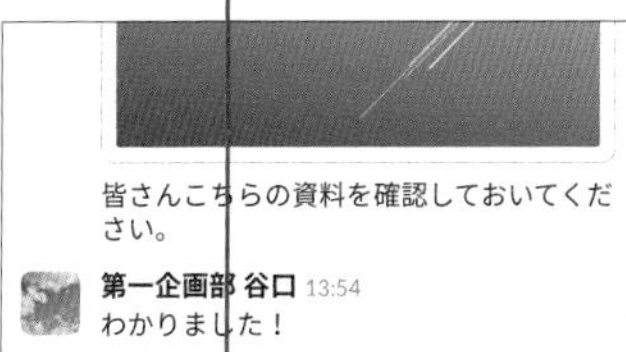

2 <通話を発信>をタップします。

3 マイクのアクセス許可が表示された場合は、<OK>（Androidスマートフォンでは<許可>）をタップします。

4 相手に発信され通話が行えます。

5 通話を終了するには、■をタップします。

Section 54 ステータスを変更する

通勤中や出先などでパソコンが手元にないときは、スマートフォンからステータスを変更し、自分の状況を知らせておきましょう。アプリ版で変更したステータスは、パソコン版にも適用されます。

1 ステータスを変更する

1 画面右下の<あなた>（Androidスマートフォンでは<自分>）をタップし、

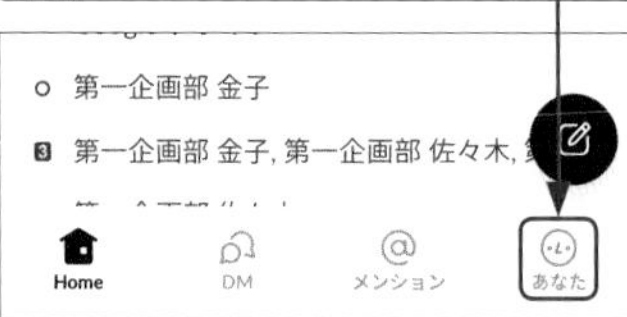

2 <ステータスを更新する>をタップします。

3 任意のステータスをタップし、

4 <終了>をタップすると、ステータスが変更されます。

Memo ステータスを削除する

設定したステータスは一定の時間が経過すると自動的に削除されます。時間前にステータスを削除したい場合は、手順2の画面で×をタップします。

Section 55 おやすみモードで通知を止める

通知を受け取りたくない時間帯がある場合は、パソコン版と同様に「おやすみモード」を設定できます。アプリ版で設定したおやすみモードは、パソコン版にも適用されます。

1 おやすみモードを設定する

1 画面右下の<あなた>（Androidスマートフォンでは<自分>）をタップし、

2 <おやすみモード>をタップします。

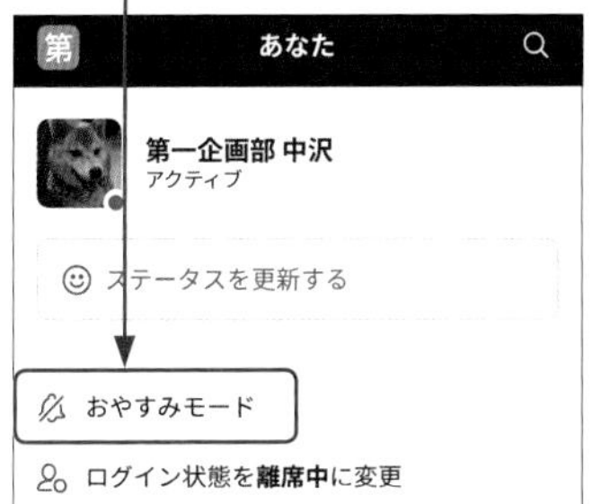

3 通知を停止したい任意の時間をタップし、

4 <保存>をタップすると、おやすみモードに切り替わり、設定した時間の間は通知が届かないようになります。

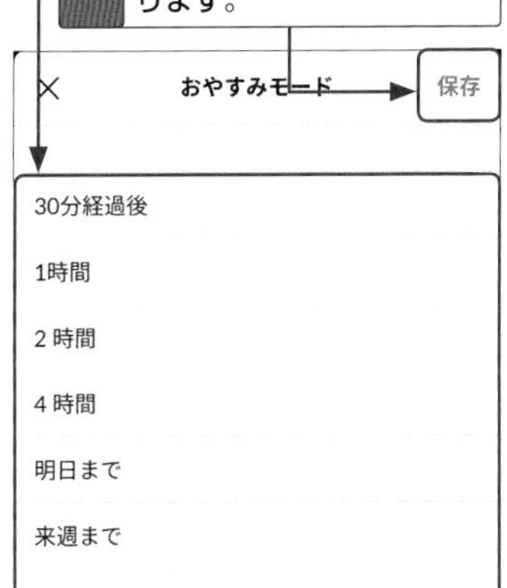

Memo おやすみモードをオフにする

おやすみモードが終了する前に通知を再開したい場合は、手順2の画面で<おやすみモード>をタップし、<オフにする>をタップします。

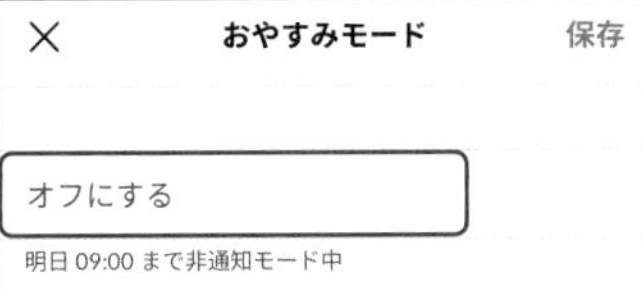

Section 56 通知の設定を変更する

アプリ版ではすべての新規メッセージの通知が届くようになっていますが、項目ごとにオン／オフを設定することもできます。なお、iPhoneとAndroidスマートフォンでは一部設定の操作方法が異なります。

1 iPhoneで通知の設定を変更する

1 画面下の<あなた>をタップし、

全体報告
ダイレクトメッセージ
Slackbot
第一企画部 中沢 (自分)
Google ドライブ
Home　DM　メンション　あなた

2 <通知>をタップします。

3 すべての通知をオフにしたい場合は、「モバイル通知のタイミング」の<通知なし>をタップします。

4 通知のサウンドをオフにしたい場合は<サウンド>をタップし、

5 <通知音なし>をタップします。

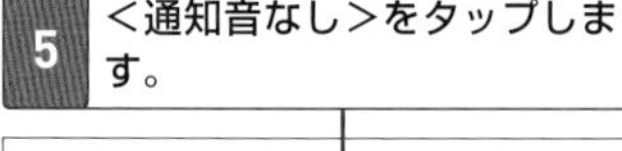

2 Androidスマートフォンで通知の設定を変更する

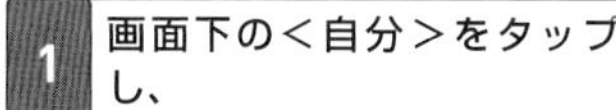

1 画面下の＜自分＞をタップし、

2 ＜通知＞をタップします。

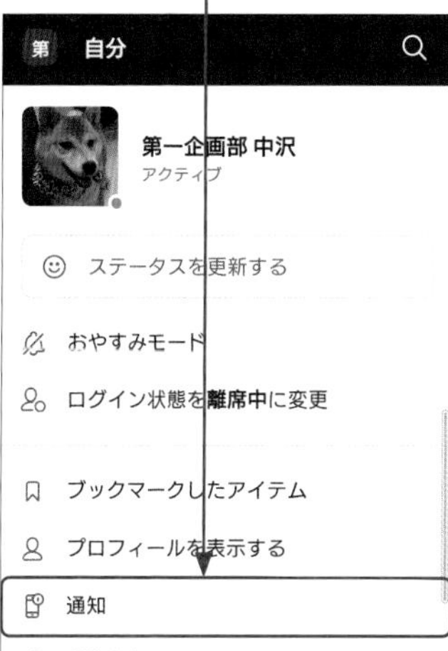

3 すべての通知をオフにしたい場合は、＜モバイル通知のタイミング＞をタップし、

4 ＜通知なし＞をタップします。

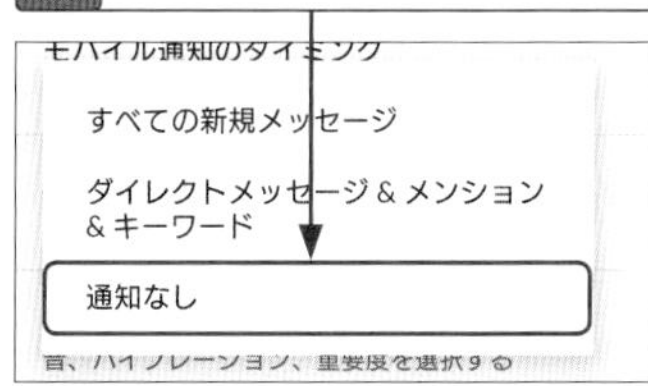

5 通知のサウンドをオフにしたい場合は、手順3の画面で＜デバイスの設定＞をタップします。

6 ＜詳細設定＞→＜音＞の順にタップし、

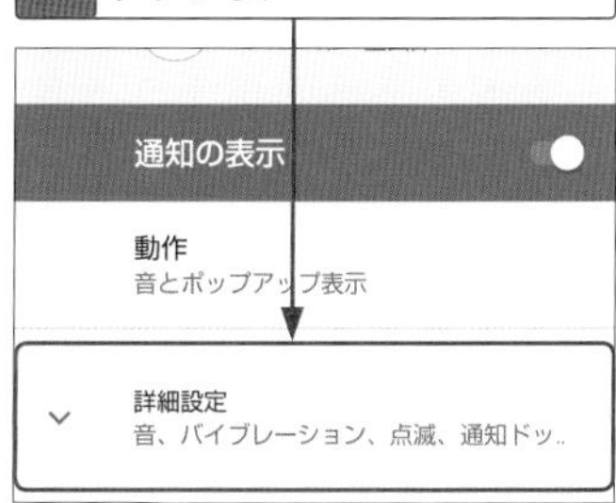

7 ＜なし＞をタップして、

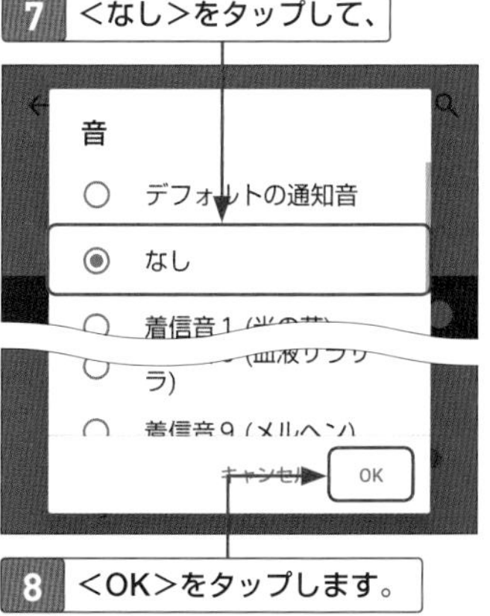

8 ＜OK＞をタップします。

Section 57 ワークスペースを追加する

ワークスペースを追加するには、ワークスペース画面から追加したいワークスペースを選択します。参加しているワークスペースを表示されることはもちろん、新たにワークスペースを作成することもできます。

1 ワークスペースを追加する

1 画面左上のワークスペース名のアイコンをタップし、

2 ＋をタップして、

3 追加したいワークスペース名の＜追加＞をタップします。

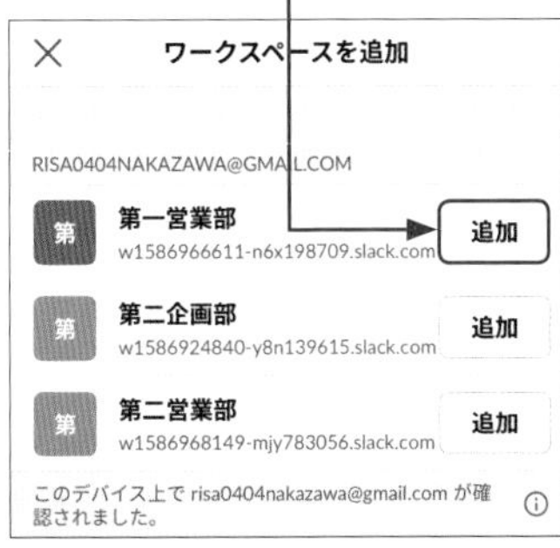

4 手順2の画面に戻ると、追加したワークスペースが表示されます。

ワークスペース名をタップすると、表示するワークスペースを切り替えることができます。

基本機能　はじめ方　基本操作　チャンネル　ワークスペース　応用　スマホ&タブレット

第3章

Chatworkではじめる チャット&タスク管理

Chatworkは、業務のあらゆるコミュニケーションを効率よくするためのビジネスツールです。メッセージやファイルのやり取り、音声通話やビデオ通話などが可能です。ほかにも、グループチャットやタスク管理など、ビジネスに役立つ機能が数多く備わっています。

Section 01 Chatworkとは

チャットやビデオ通話ができるChatworkを使えば、これまでの業務を効率的かつスピーディーにすることができます。ここでは、Chatworkの特徴や対応環境、Chatworkの用語を解説します。

1 Chatworkの特徴

Chatworkは、メールや電話、会議などのビジネスコミュニケーションを効率よくするためのビジネスチャットツールです。基本となるチャット画面では、メッセージのやり取りはもちろんのこと、ファイルのやり取りや音声通話・ビデオ通話が可能です。

また、ファイルの送信の際には1ファイル5GBまでアップロード可能なため、メールでは送ることができなかった大きなファイルを送ることができます。音声通話・ビデオ通話はインターネット回線を利用しているため、相手の電話番号がすぐにわからない場合でも、Chatworkのチャット画面から通話に切り替えることができます。

ほかにも、グループ機能で複数人とチャット会議をしたり、タスク管理機能を活用したりと、ビジネスに役立つ機能が数多くあります。

https://go.chatwork.com/ja/

2 Chatworkが利用できる環境

Chatworkには、Webブラウザ版、デスクトップ版、アプリ版（iPhone／Androidスマートフォン／iPad）の3種類があります。本書では、Webブラウザ版Chatworkを中心に、iPhoneアプリ版Chatwork、Androidスマートフォンアプリ版Chatworkの使い方を紹介します。
なお、アプリ版では、ログインメールアドレスの変更やパスワードの変更、解約（退会）などの手続きが行えませんが、ほとんどの機能をWebブラウザ版と同じように利用できます。

3 Chatworkの構成

Chatworkでは、特定のユーザーとスピーディーにメッセージやファイルのやり取りをすることができます。また、「グループ」を作成すると、複数のユーザーともメッセージやファイルのやり取りができるようになります。

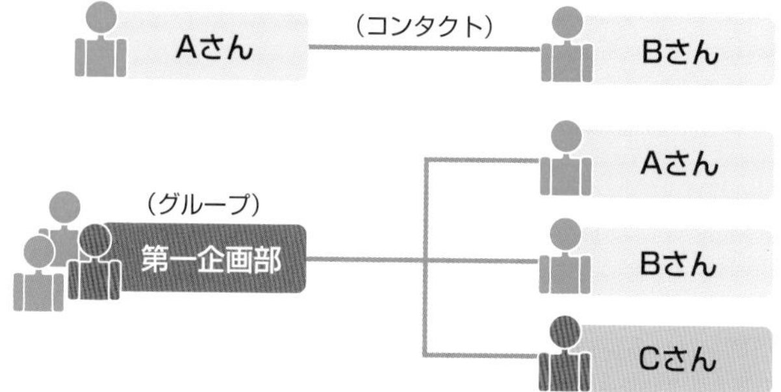

Chatworkのおもな用語

用語	説明
コンタクト	Chatworkでの連絡帳のようなものです。登録することでチャットの送受信などができます。
チャット	参加しているメンバーとメッセージやファイルのやり取りができる場所です。自分だけが閲覧できる専用チャットもあります。
グループ	複数人でチャットをしたいときに作ります。なお、グループで複数人（自分を含めて最大14人まで）とChatwork Liveをするときは、有料プランへの加入が必要です。
メッセージリンク	過去に送ったメッセージを読んでもらいたいときに、そのメッセージへのリンクを作る機能です。＜メッセージリンク＞をクリックすると、メッセージがプレビューされます。
タスク	やるべき業務のリストのようなものです。チャットごとに担当者と期限を設定してタスクを登録することができます。

Chatworkの画面構成

ここでは、Chatworkの画面構成とログアウト方法を解説します。Chatworkの画面は、相手とのやり取りをすばやく確認できるような画面構成になっています。

1 Chatworkの画面構成

名称	機能
❶チャット一覧	参加しているチャットの一覧が表示されます。
❷検索欄	チャットや、やり取りしたメッセージを検索できます。
❸タスク管理	クリックすると、すべてのタスクを確認できます。
❹ファイル管理	クリックすると、送受信したファイルを一覧で確認できます。
❺コンタクト管理	クリックすると、コンタクトの検索や確認ができます。
❻プロフィールアイコン／利用者名	プロフィールの編集やログアウトを行います。
❼メッセージ	やり取りしたメッセージの表示や、新しいメッセージの入力・送信ができます。
❽チャット詳細	チャットの概要などが表示されます。
❾タスク	開いているチャットで追加したタスクが表示されます。

2 Chatworkの主な機能

コンタクト

新たにやり取りをしたいユーザーは、「コンタクト管理」画面でコンタクトに追加します。

ファイル

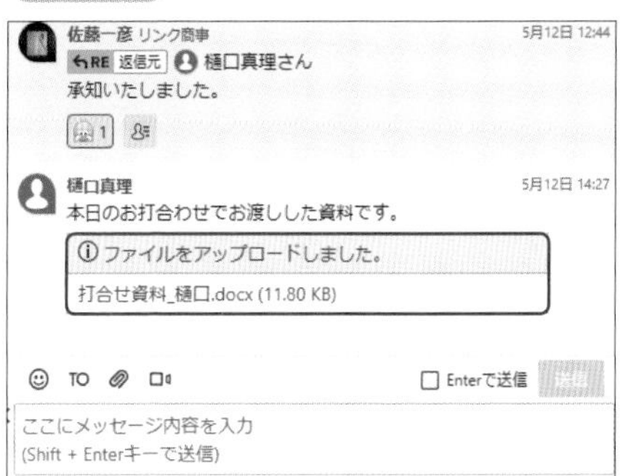

個人やグループにファイルを送信することができます。1ファイル5GBまで、最大20個を同時に送信できます。

タスク

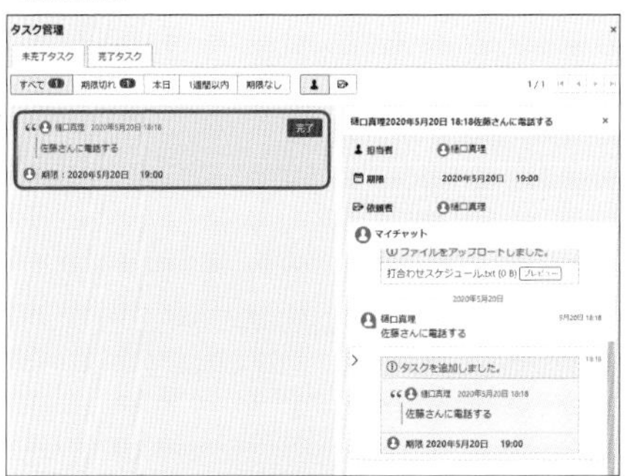

タスク（やるべきこと）はチャットと連携させて作成することができます。また「タスク管理」画面では完了／未完了のタスクを管理することができます。

Section 03 アカウントを作成する

Chatworkのアカウントは、メールアドレスがあればすぐに作成することができます。一度作成したアカウントは、Webブラウザ版、デスクトップ版、アプリ版のすべてで利用できます。

1 アカウントを作成する

1 WebブラウザでChatworkのホームページ（ https://go.chatwork.com/ja/ ）にアクセスし、

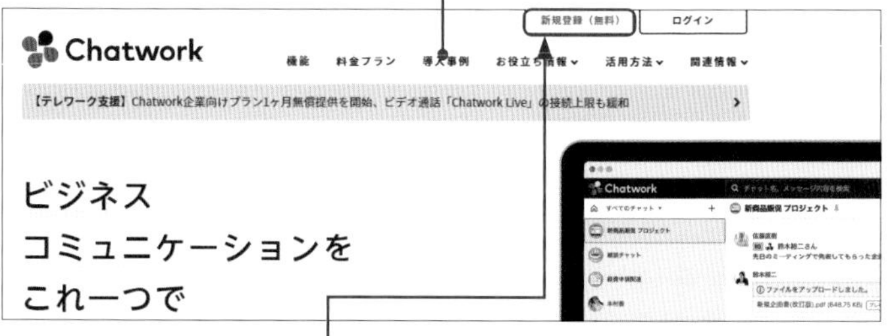

2 画面上部の<新規登録(無料)>をクリックします。

3 「新規登録」画面でメールアドレスを入力し、

4 <次へ進む>をクリックします。

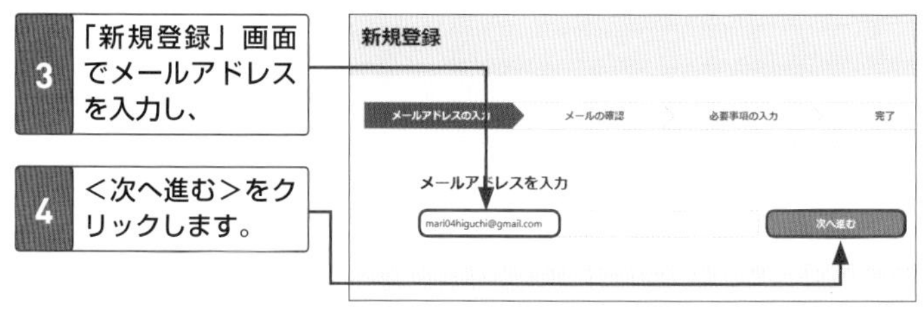

5 入力したメールアドレスに届いたメールを開き、

6 <アカウント登録>をクリックします。

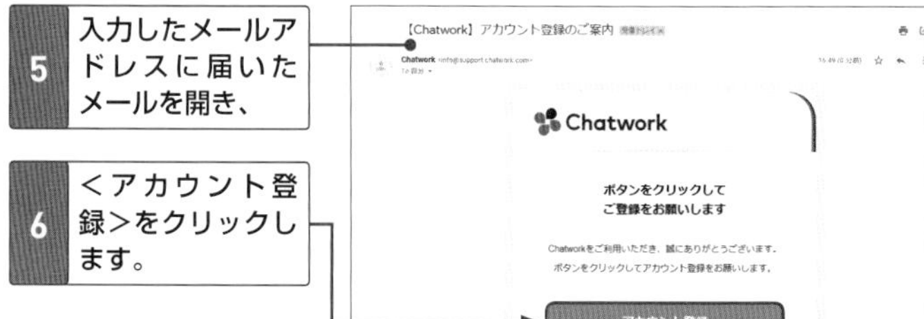

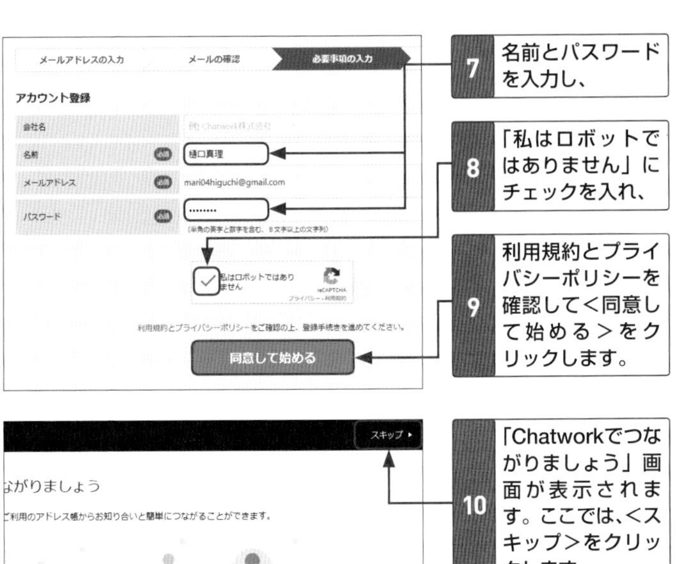

7 名前とパスワードを入力し、

8 「私はロボットではありません」にチェックを入れ、

9 利用規約とプライバシーポリシーを確認して<同意して始める>をクリックします。

10 「Chatworkでつながりましょう」画面が表示されます。ここでは、<スキップ>をクリックします。

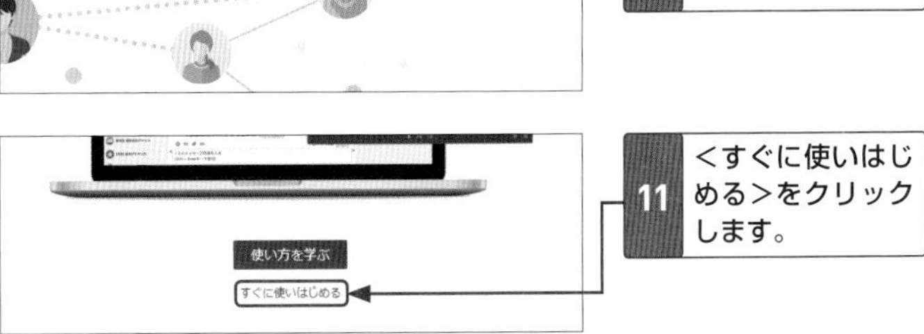

11 <すぐに使いはじめる>をクリックします。

12 新規登録が完了し、「マイチャット」画面が表示されます。

Section 04 招待を受けたコンタクトを承認する

チャットをするためには、コンタクトを承認する必要があります。コンタクトがあった場合は知り合いであることを確認してから承認しましょう。自分からコンタクトを追加することもできます（Sec.05参照）。

1 コンタクトを承認する

1 コンタクトの追加を受けると、画面右上の■に数字が表示されるので、クリックします。

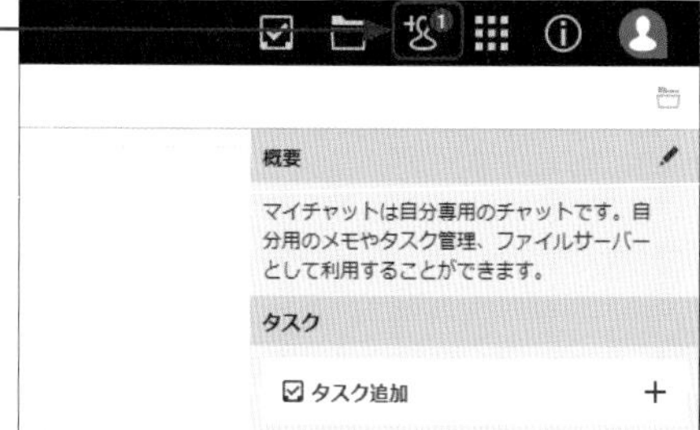

2 「コンタクト管理」画面が表示されたら、＜未承認＞をクリックします。

3 コンタクト相手のユーザー名をクリックします。

4 相手のプロフィールが表示されます。

5 知り合いだと確認できたら、<承認する>をクリックします。

6 <コンタクト一覧>をクリックすると、相手がコンタクトに追加されたことが確認できます。

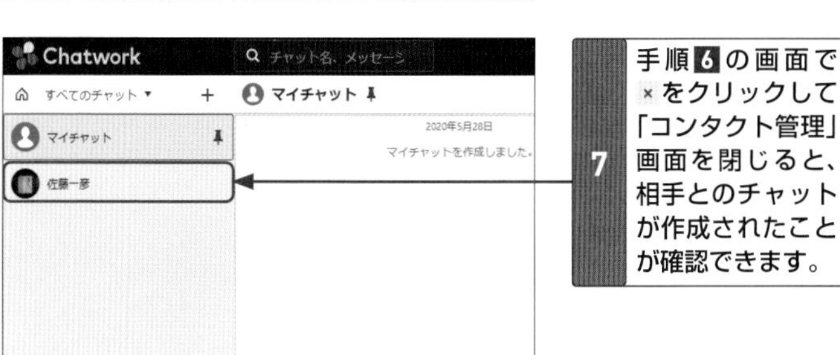

7 手順 **6** の画面で × をクリックして「コンタクト管理」画面を閉じると、相手とのチャットが作成されたことが確認できます。

Memo

コンタクトを拒否する

手順 **5** の画面で<拒否する>→<OK>の順にクリックすると、コンタクトを拒否することができます。心当たりのない相手からコンタクトがきたときは、拒否しましょう。

本当に「佐藤一彦」からの承認依頼を拒否しますか？
キャンセル
OK

Section 05 コンタクトを追加する

新たにチャットをしたいユーザーがいる場合は、「コンタクト管理」からコンタクト追加を行います。コンタクトを追加するには、相手をメールで招待するか、相手の名前やメールアドレスを検索します。

1 コンタクトを追加する

1 画面右上のをクリックします。

2 ＜ユーザーを検索＞をクリックし、

3 コンタクトに追加したいユーザーの名前やメールアドレスを入力して、

4 ＜検索＞をクリックします。

5 コンタクトに追加したい相手を見つけたら、名前をクリックして情報を確認し、＜コンタクトに追加＞をクリックします。

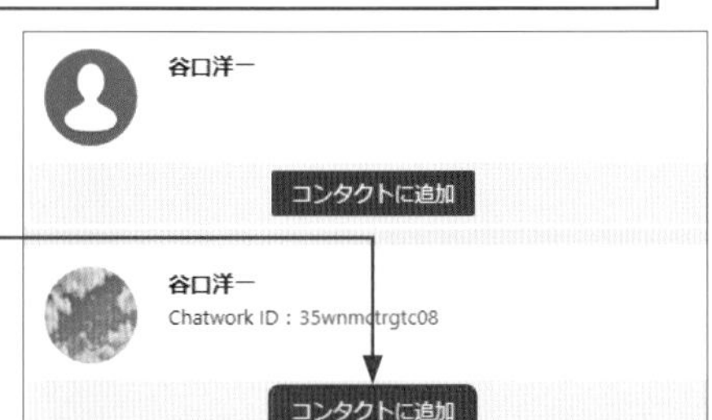

6 必要であれば承認依頼のメッセージを入力し、

7 ＜送信＞→＜OK＞の順にクリックします。

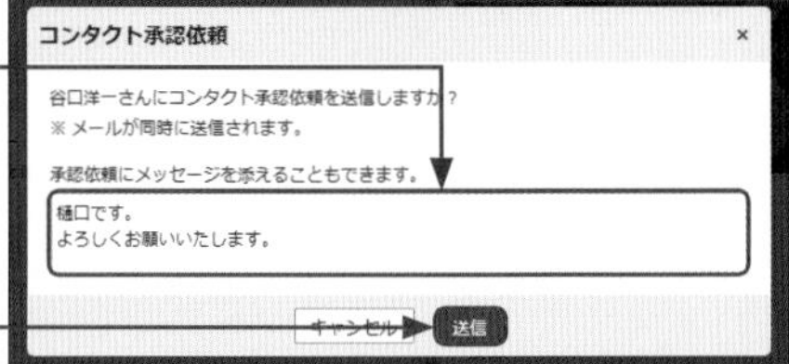

基本機能　はじめ方　基本操作　グループ　タスク管理　応用　スマホ&タブレット

メッセージを読む

相手からメッセージが届いたら、チャット画面で確認しましょう。未読メッセージはチャット一覧に数が表示されます。既読になると未読メッセージ数は自動で消えます。

1 メッセージを読む

メッセージが届くと、未読メッセージ数が表示されたチャットがチャット一覧の上部に表示されます。

1 メッセージを読みたいチャットをクリックします。

2 「未読メッセージ」の赤いバーより下にメッセージが表示されます。

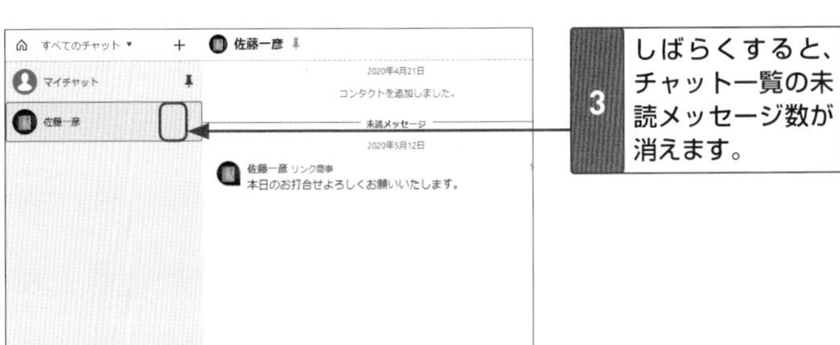

3 しばらくすると、チャット一覧の未読メッセージ数が消えます。

Section 07

メッセージを送信する

チャット画面では、相手にメッセージを送信することもできます。 チャット画面下部の入力欄にメッセージを入力し、 <送信>をクリックしてメッセージを送信しましょう。

1 メッセージを送信する

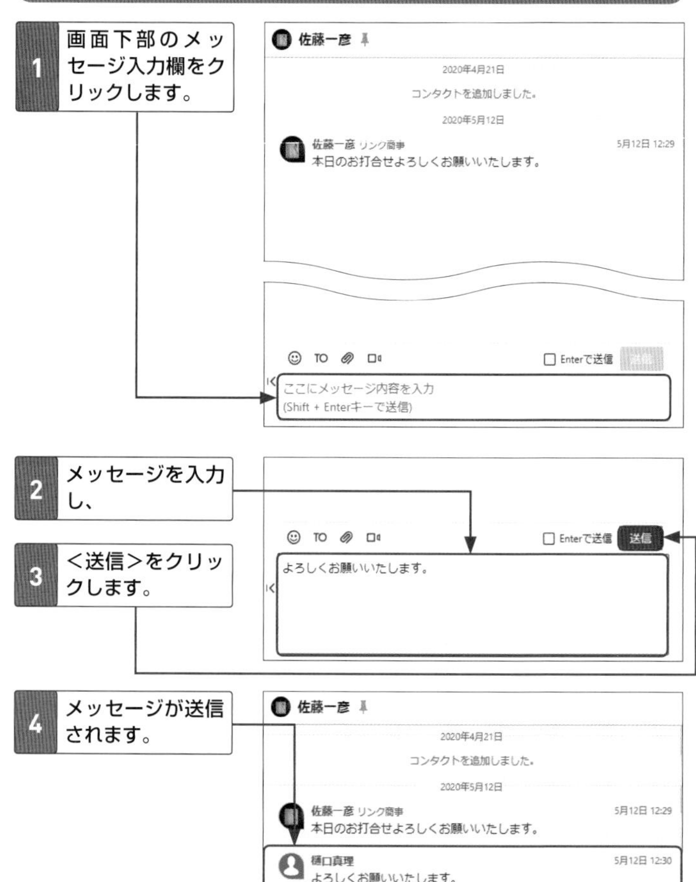

Section 08

メッセージに返信する

相手のメッセージに返信すると、送信したメッセージに「RE 返信元 ○○（相手のユーザー名）さん」と表示されます。グループチャットで特定の相手に返事をしたいときにも利用できます。

1 メッセージに返信する

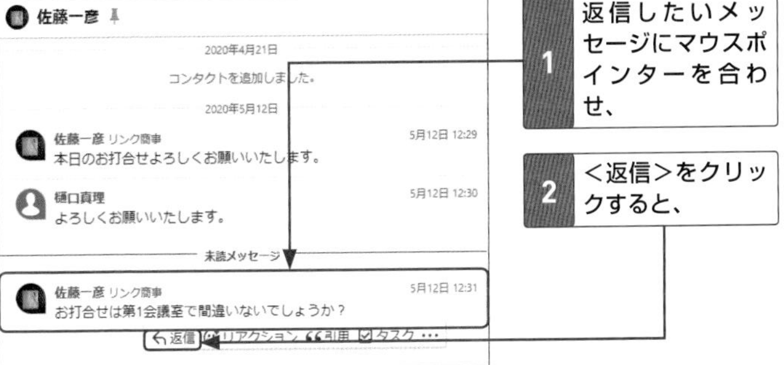

1 返信したいメッセージにマウスポインターを合わせ、

2 ＜返信＞をクリックすると、

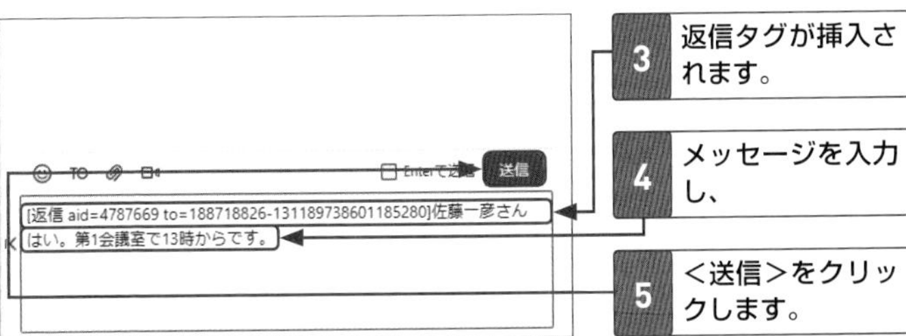

3 返信タグが挿入されます。

4 メッセージを入力し、

5 ＜送信＞をクリックします。

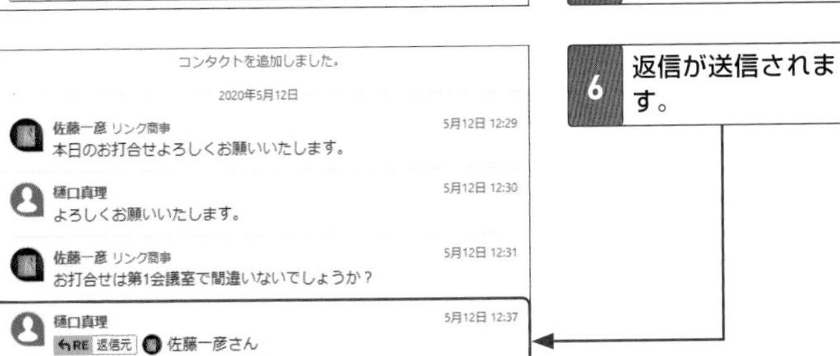

6 返信が送信されます。

Section 09 メッセージを引用する

メールのように、相手のメッセージの内容を引用することができます。引用するテキストは編集することができるので、メッセージ全体だけでなく、一部の引用も可能です。

1 メッセージを引用する

1 返信したいメッセージにマウスポインターを合わせ、

2 <引用>をクリックすると、

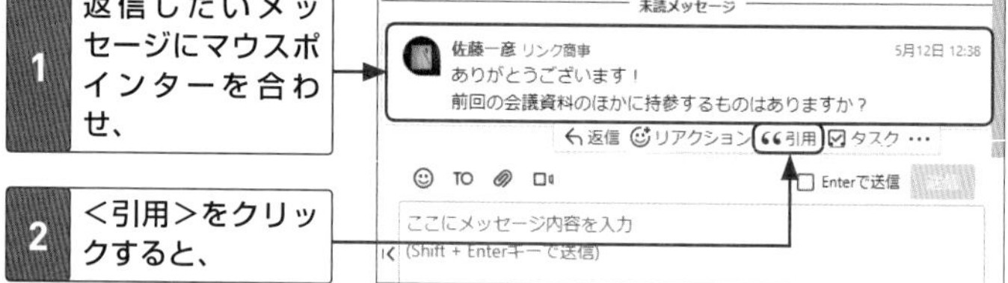

3 引用タグが挿入されます。必要に応じて引用の内容を編集し、

4 メッセージを入力して、

5 <送信>をクリックします。

6 メッセージが送信されます。

Hint 引用するメッセージ範囲を指定する

引用するメッセージの範囲は手順3のように編集することもできますが、マウスカーソルで引用したい範囲をドラッグし、表示される<メッセージに引用>をクリックすることでも引用ができます。

Section 10 メッセージにリアクションする

「リアクション」は、LINEのスタンプのように気軽に気持ちを伝えることができます。返信するほどでもないメッセージには、6種類のリアクションから適切なアイコンを選択して送ると便利です。

1 メッセージにリアクションする

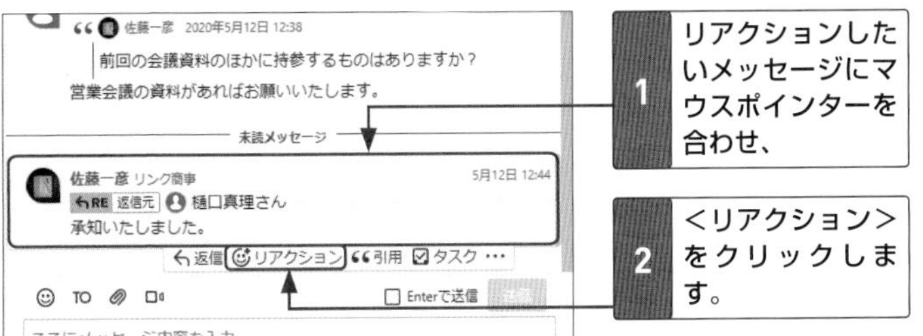

1 リアクションしたいメッセージにマウスポインターを合わせ、

2 <リアクション>をクリックします。

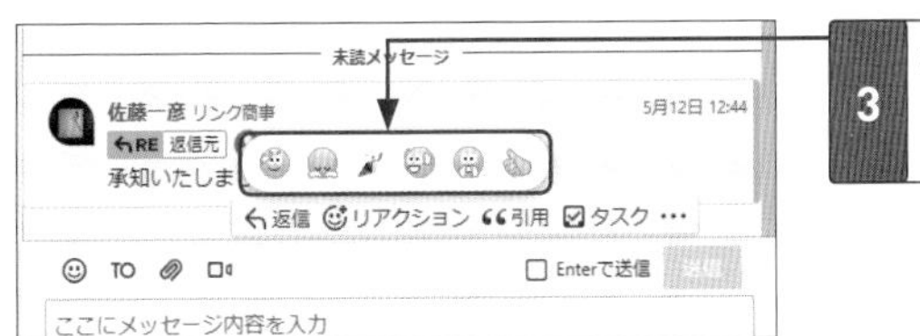

3 送りたいリアクションをクリックします。

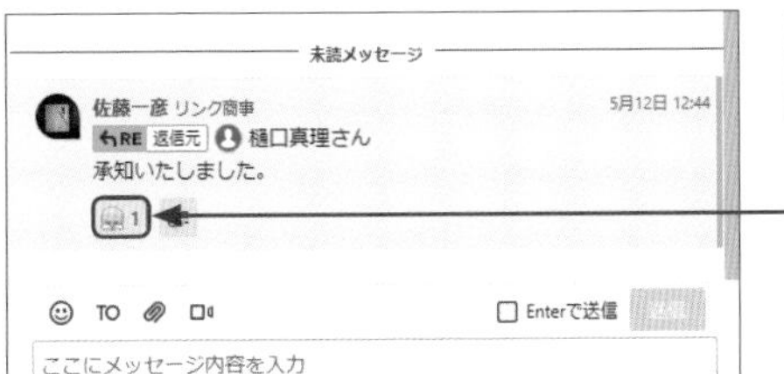

4 リアクションが送信されます。

Memo リアクションの種類

リアクションには、「了解（😊）」「ありがとう（🙇）」「おめでとう（🎉）」「わーい（😆）」「すごい（😲）」「いいね（👍）」の6種類があります。

Section 11

ファイルを送信する

事前に共有しておきたい資料など、相手にファイルを送信したいときもChatworkが活躍します。ファイル送信量が多くなり、ストレージが足りなくなったら、ファイル管理から削除ができます。

1 ファイルを送信する

1 📎をクリックします。

2 送信したいファイルを選択し、

3 ＜開く＞をクリックします。

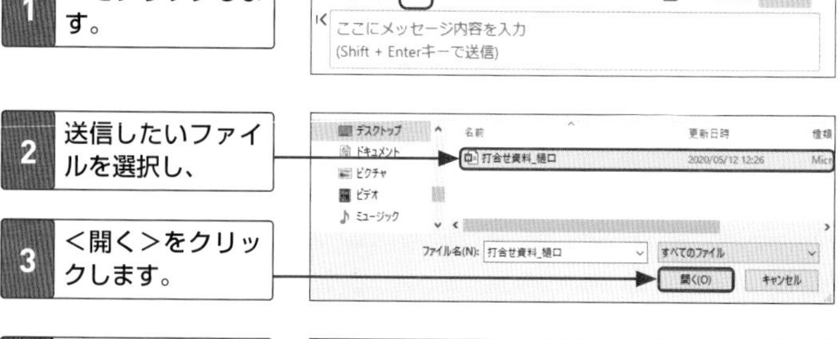

4 メッセージを入力し、

5 ＜送信＞をクリックすると、

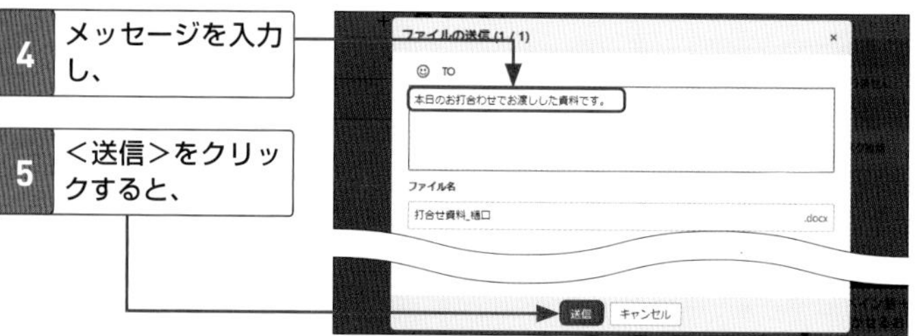

6 ファイルが送信されます。

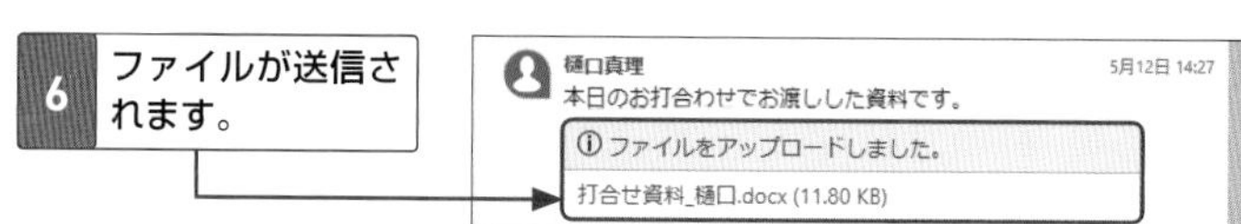

Memo 送信するファイルの制限

Chatworkでは、1ファイル5GBまで最大20個のファイルを同時に送信できます。複数ファイルを選択した場合も1ファイルごとに送信画面が表示されます。

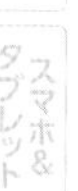

Section 12 メッセージを編集する

メッセージに誤字を見つけた場合は、編集して修正ができます。なお、メッセージを修正したことは相手に通知されませんが、チャットに修正のマークが表示されます。

1 メッセージを編集する

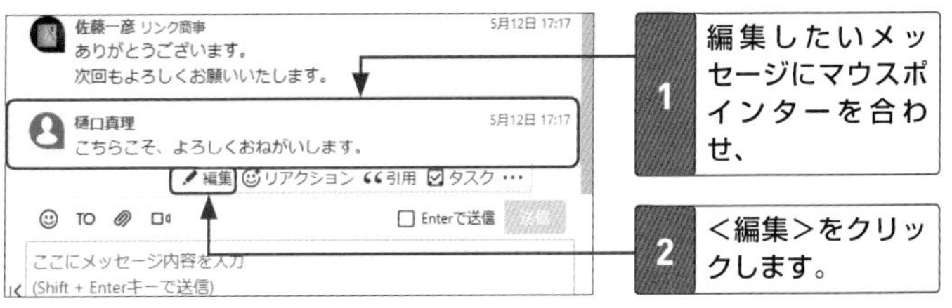

1 編集したいメッセージにマウスポインターを合わせ、

2 ＜編集＞をクリックします。

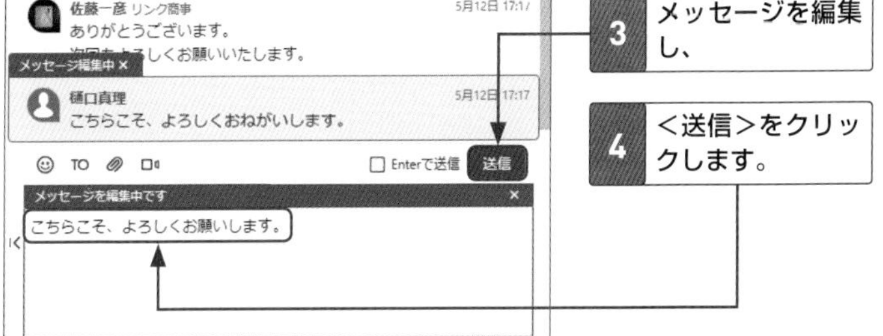

3 メッセージを編集し、

4 ＜送信＞をクリックします。

5 編集されたメッセージが送信されます。

Memo 編集したメッセージの修正マーク

編集したメッセージには、日時の右側に✏が表示され、カーソルを合わせると投稿日時と修正日時が表示されます。

Section 13

メッセージを削除する

間違えて送信したメッセージは、削除することができます。一度削除したメッセージは復元できないので注意しましょう。また、自分が送信したもの以外のメッセージは削除できません。

1 メッセージを削除する

1 削除したいメッセージにマウスポインターを合わせ、

2 …をクリックします。

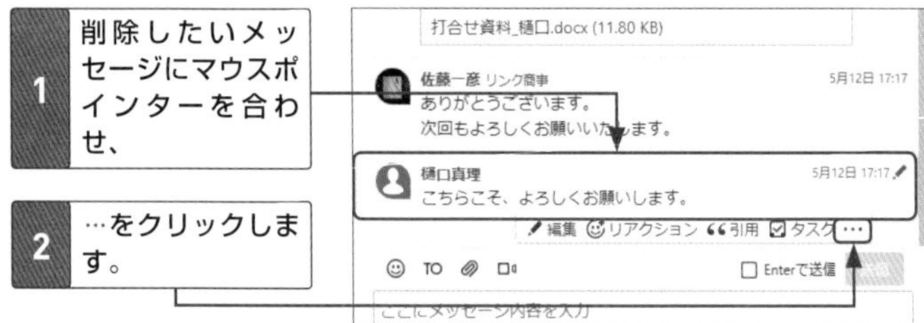

3 <削除>をクリックします。

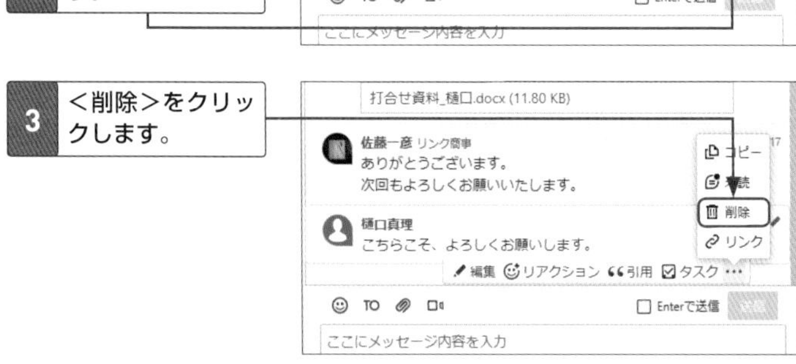

4 <削除>をクリックすると、

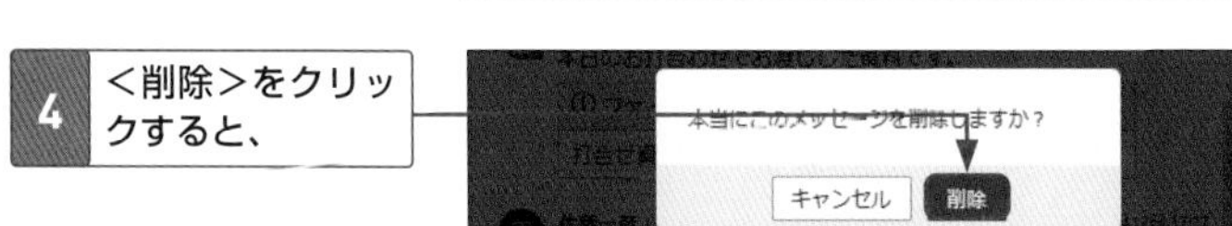

5 メッセージが削除されます。

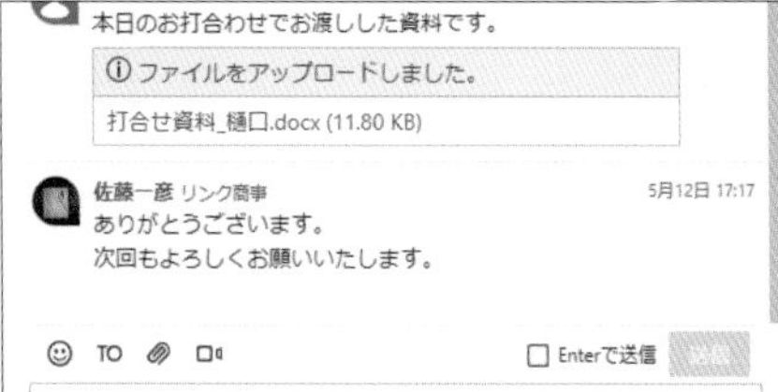

Section 14

メッセージリンクを挿入する

過去にやり取りしたメッセージを参照したいときは、「メッセージリンク」を使いましょう。メッセージの場所へ移動して一連のやり取りを確認したいときにも便利です。

1 メッセージリンクを挿入する

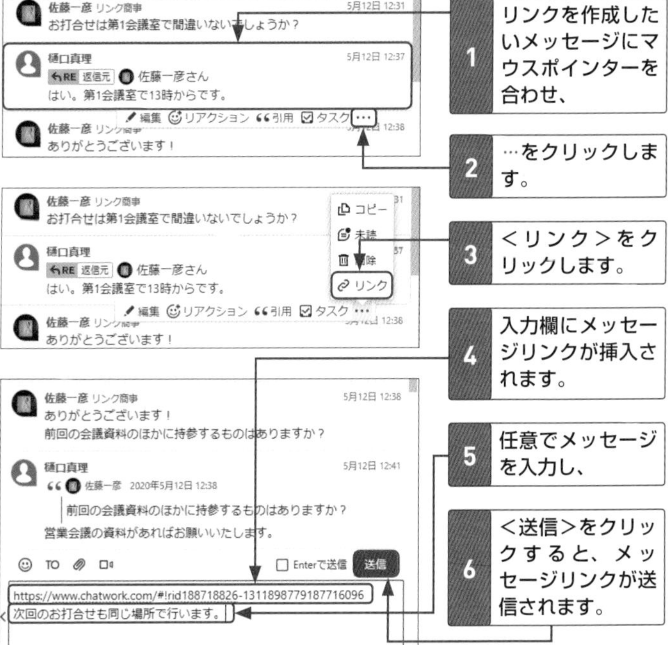

Memo メッセージリンクの見え方

送信したメッセージリンクの<メッセージリンク>をクリックすると、リンク先のメッセージがプレビューされます。プレビューの<このメッセージへ移動>をクリックすると、メッセージの送信位置まで画面が移動します。

Section 15 既読メッセージを未読にする

既読にしたメッセージにあとから対応しようとすると、つい忘れてしまうことがあるかもしれません。メッセージを未読の状態に戻せばチャット一覧に数字を表示できるので、対応忘れを防ぐことができます。

1 既読メッセージを未読にする

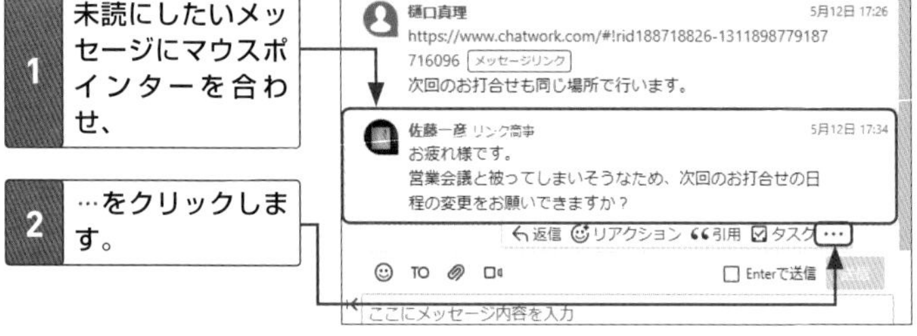

1 未読にしたいメッセージにマウスポインターを合わせ、

2 …をクリックします。

3 <未読>をクリックすると、

4 メッセージが未読になります。

Section 16

メッセージを検索する

メッセージのやり取りが続くと、以前にやり取りした内容を遡ることがだんだん難しくなります。過去にやり取りしたメッセージはキーワードで検索できるので、探す手間が省けます。

1 メッセージを検索する

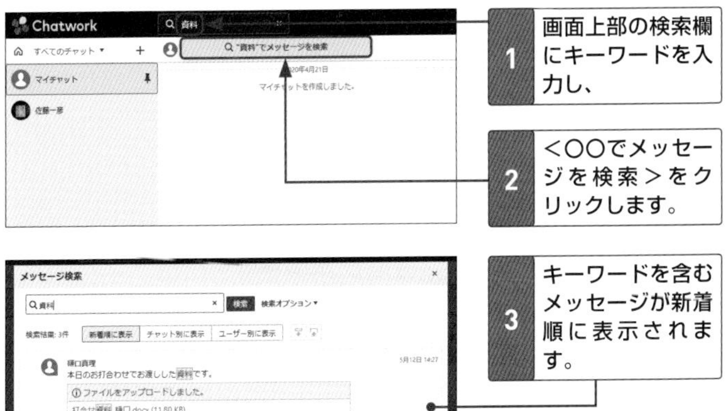

1 画面上部の検索欄にキーワードを入力し、

2 ＜○○でメッセージを検索＞をクリックします。

3 キーワードを含むメッセージが新着順に表示されます。

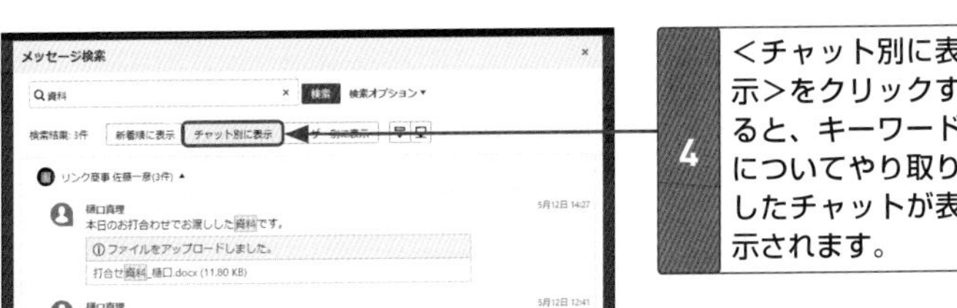

4 ＜チャット別に表示＞をクリックすると、キーワードについてやり取りしたチャットが表示されます。

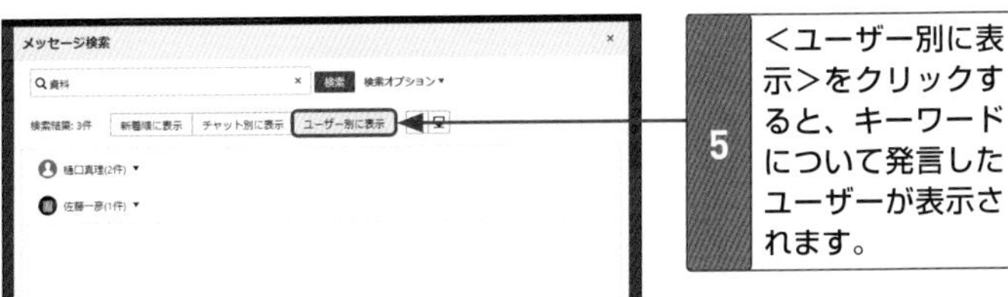

5 ＜ユーザー別に表示＞をクリックすると、キーワードについて発言したユーザーが表示されます。

Section 17 表示するチャットの属性を絞り込む

チャット一覧に表示させるチャットを変更することで、未読メッセージがあるチャットだけを表示したり、ダイレクトチャット（1対1のチャット）だけを表示したりと、使いやすいようにカスタマイズできます。

1 表示するチャットを絞り込む

1
＜すべてのチャット＞をクリックします。
Chatwork
すべてのチャット
マイチャット
2020年4月21日
マイチャットを作成しました。
第一企画部
中沢理沙
小林優子
谷口洋一
樋口真理
佐藤さんとの打合せは来週の木曜日の11時に変更
2020年5月13日
ファイルをアップロードしました。
打合わせスケジュール.txt (0 B)

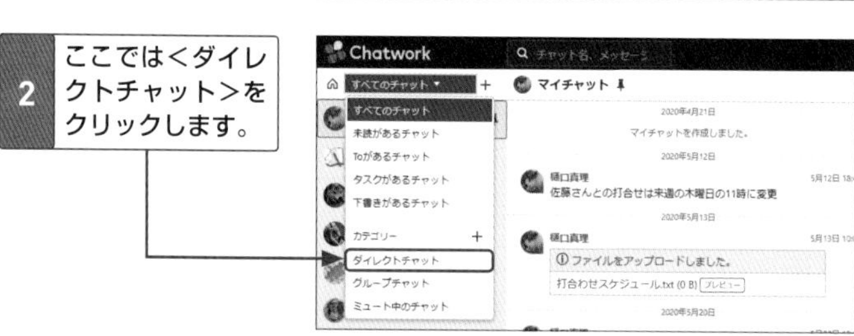
2
ここでは＜ダイレクトチャット＞をクリックします。
Chatwork
すべてのチャット
未読があるチャット
Toがあるチャット
タスクがあるチャット
下書きがあるチャット
カテゴリー
ダイレクトチャット
グループチャット
ミュート中のチャット
マイチャット

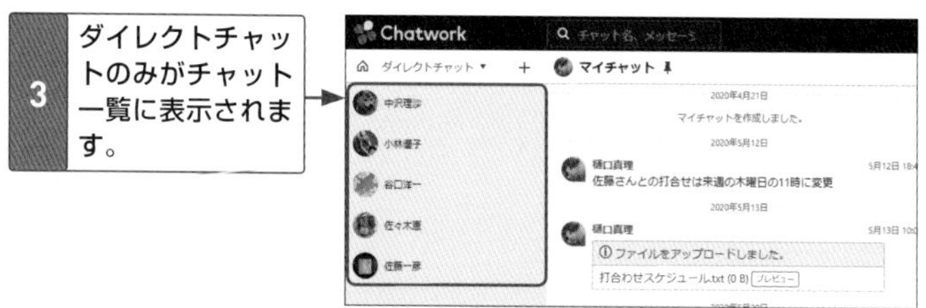
3
ダイレクトチャットのみがチャット一覧に表示されます。
Chatwork
ダイレクトチャット
マイチャット
中沢理沙
小林優子
谷口洋一
佐々木恵
佐藤一彦

Memo　カテゴリーを追加する

手順2の画面で「カテゴリー」の右側の＋をクリックすると、たとえば会社の同じ部署の人を表示させるなど、新たにカテゴリーを作ることができます。

Section 18 チャットルームの概要を入力する

1対1のチャットルームやグループの「概要」に、共有情報などを表示させておくと便利です。クラウドストレージの共有フォルダのURLや、ビデオ会議のIDやURLなどを載せるとよいでしょう。

1 概要を入力／編集する

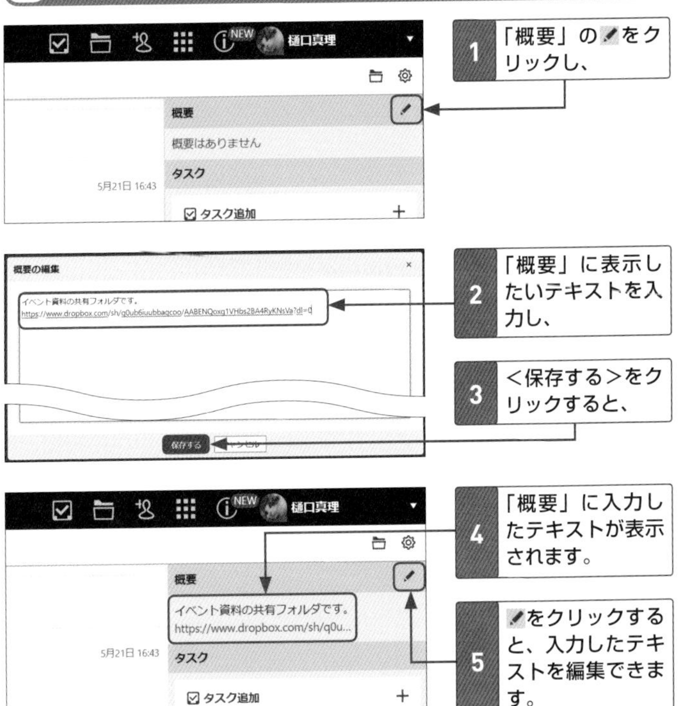

1 「概要」の✎をクリックし、

2 「概要」に表示したいテキストを入力し、

3 ＜保存する＞をクリックすると、

4 「概要」に入力したテキストが表示されます。

5 ✎をクリックすると、入力したテキストを編集できます。

Memo 概要は相手ユーザーにも表示される

「概要」に入力した内容は、チャットルームの相手ユーザーにも表示されます。また、相手ユーザー側から内容の編集をすることも可能です。

Section 19 マイチャットで自分用のメモを保存する

「マイチャット」は、自分専用のチャットルームです。自分のメモやタスク管理、ファイルの保管場所などとして利用できます。マイチャットに送信したメッセージやファイルは、他人には表示されません。

1 マイチャットにメモを保存する

1 <マイチャット>をクリックします。

2 メッセージを入力し、

3 <送信>をクリックします。

佐藤さんとの打合せは来週の木曜日の11時に変更

4 マイチャットにメッセージが送信されます。

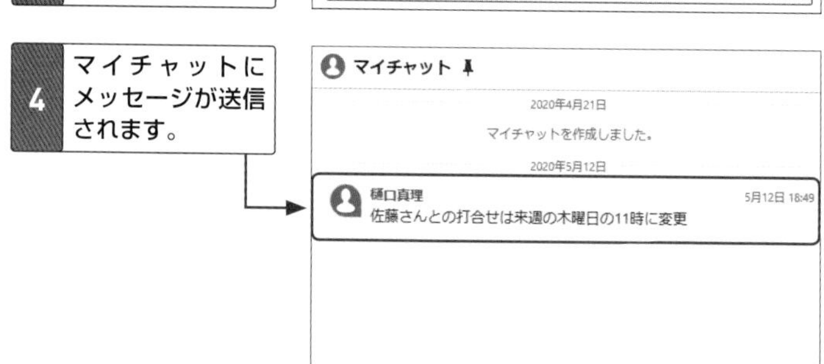

Hint マイチャットも通常のチャットと同じ操作ができる

マイチャットに送信したメッセージも、通常のチャットと同じように引用やリアクション、編集や削除、未読設定などの操作が行えます。

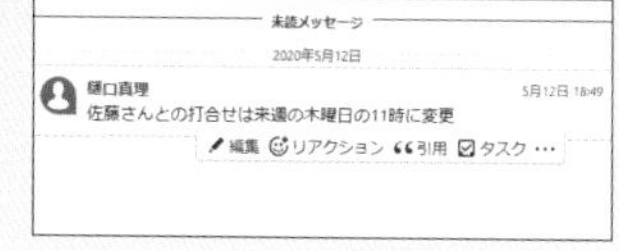

Section 20 ファイルを管理する

これまでに自分が送信したファイルや受信したファイルは、やり取りした時点のチャットを遡ることなく、ファイルの送受信日時を確認したりダウンロードしたりすることができます。

1 ファイルを管理する

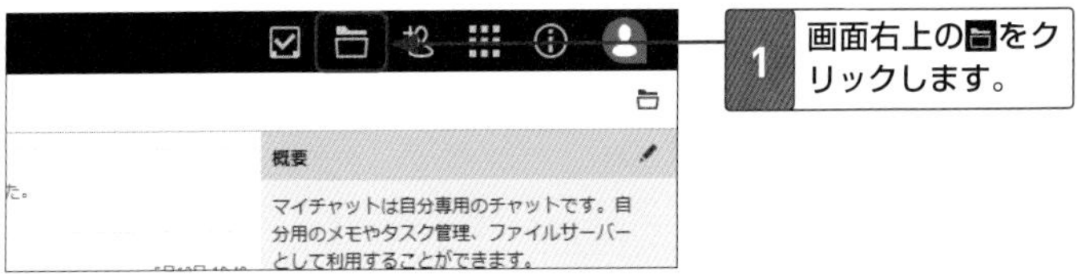

1 画面右上の■をクリックします。

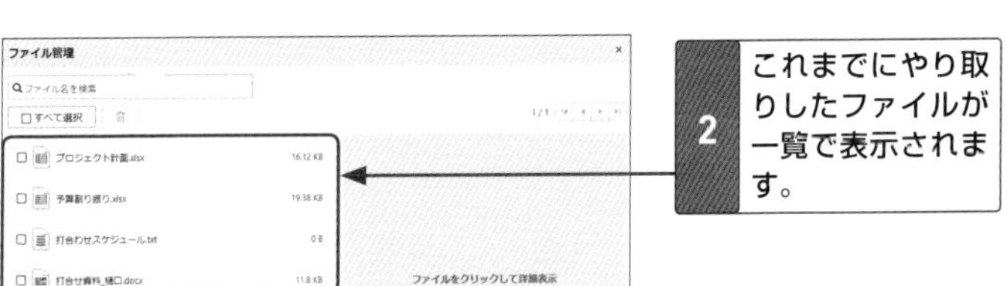

2 これまでにやり取りしたファイルが一覧で表示されます。

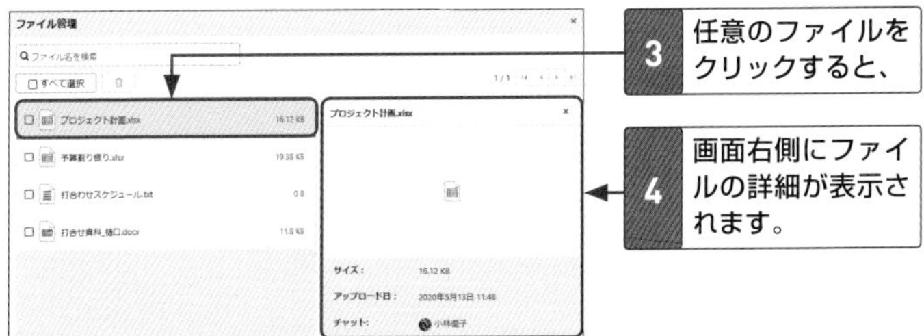

3 任意のファイルをクリックすると、

4 画面右側にファイルの詳細が表示されます。

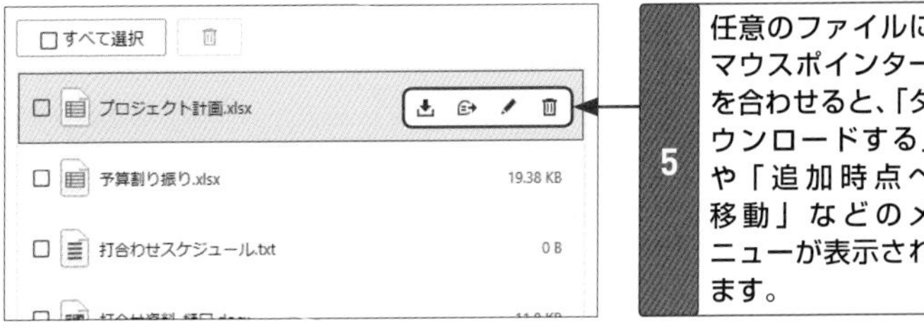

5 任意のファイルにマウスポインターを合わせると、「ダウンロードする」や「追加時点へ移動」などのメニューが表示されます。

Section 21

メンバーと音声で通話する

緊急の連絡がある場合は、メッセージではなく音声通話を利用しましょう。パソコンで音声通話を行うには、パソコンに内蔵されているマイクか、パソコンに接続できる外部マイクが必要です。

1 音声で通話する

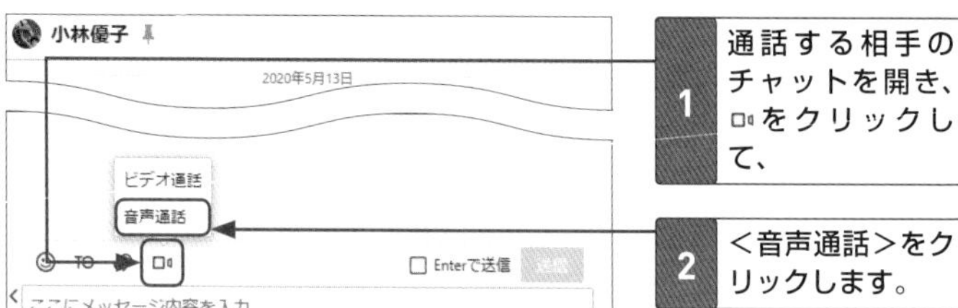

1 通話する相手のチャットを開き、□◁をクリックして、

2 <音声通話>をクリックします。

3 別ウィンドウで呼び出し画面が表示されます。

マイクへのアクセス許可が表示された場合は、<許可>をクリックします。

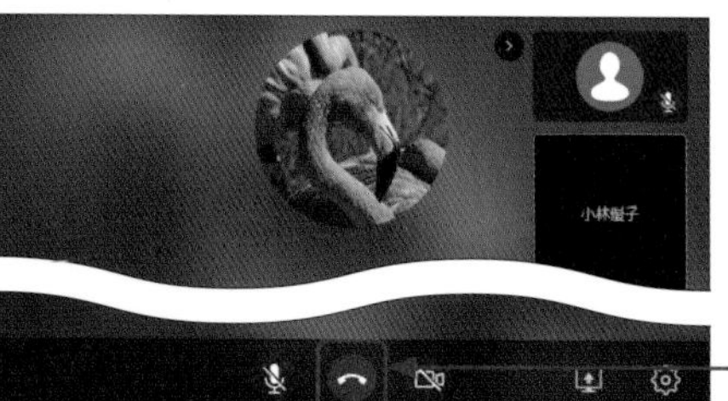

4 相手が応答すると、音声通話が開始されます。

5 通話を終了する場合は、■をクリックします。

Memo 音声通話を受ける

相手から音声通話がかかってきた場合は、<Chatwork Liveを開始>→<音声通話>の順にクリックすると、通話を受けることができます。

基本機能　はじめ方　基本操作　グループ　タスク管理　応用　スマホ&タブレット

Section 22

メンバーとビデオ通話をする

お互いの顔を見て通話したい場合は、ビデオ通話を利用しましょう。パソコンでビデオ通話を行うには、パソコンに内蔵されているカメラか、パソコンに接続できる外部カメラが必要です。

1 ビデオ通話をする

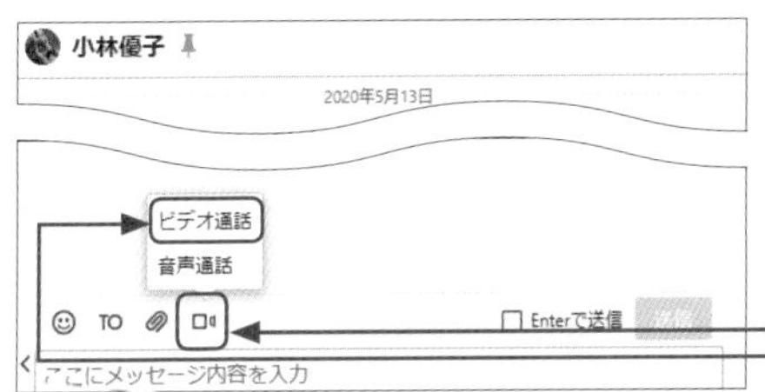

1 通話する相手のチャットを開き、□◁をクリックして、

2 <ビデオ通話>をクリックします。

3 別ウィンドウで呼び出し画面が表示されます。

カメラへのアクセス許可が表示された場合は、<許可>をクリックします。

4 相手が応答すると、ビデオ通話が開始されます。

5 通話を終了する場合は、■をクリックします。

Memo 音声通話をビデオ通話を切り替える

音声通話の画面で■をクリックするとビデオ通話に切り替わり、ビデオ通話の画面で■をクリックすると音声通話に切り替わります。

Section 23 Chatworkにメールで招待する

新たにチャットをしたいユーザーがChatworkを利用していない場合、招待メールを送信して利用してもらいましょう。招待メールは、複数のメールアドレスにまとめて送信することもできます。

1 招待メールを送信する

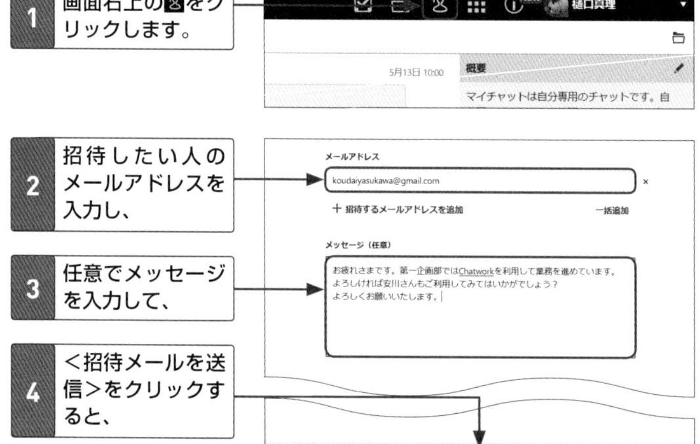

1 画面右上のをクリックします。

2 招待したい人のメールアドレスを入力し、

3 任意でメッセージを入力して、

4 ＜招待メールを送信＞をクリックすると、

5 招待メールが送信されます。

招待メールを送信しました

Memo 複数のメールアドレスに招待する

手順2の画面で、＜招待するメールアドレスを追加＞をクリックすると、メールアドレスの追加ができます。また、＜一括追加＞をクリックすると、改行で区切ることで複数のメールアドレスの入力ができます。なお、複数のメールアドレスに招待メールを送信する場合、すべての招待メールに「メッセージ」に入力した内容が送信されます。

Section 24 コンタクトを削除する

やり取りを行わなくなったユーザーや、間違えてコンタクトを承認してしまったユーザーは、コンタクトを削除しましょう。コンタクトを削除すると、相手とのチャットも自動的に削除されます。

1 コンタクトを削除する

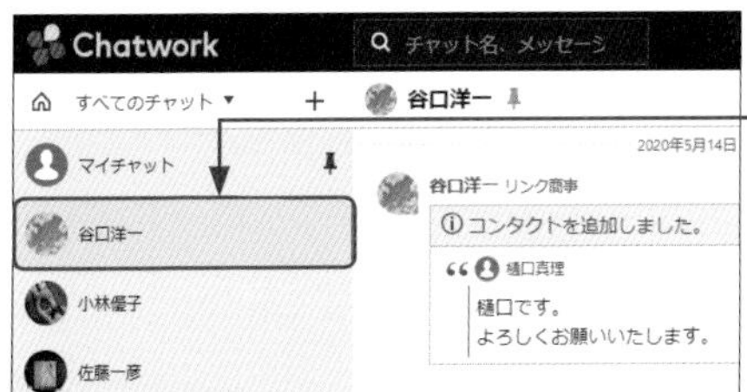

1 コンタクトを削除したい相手のチャットをクリックします。

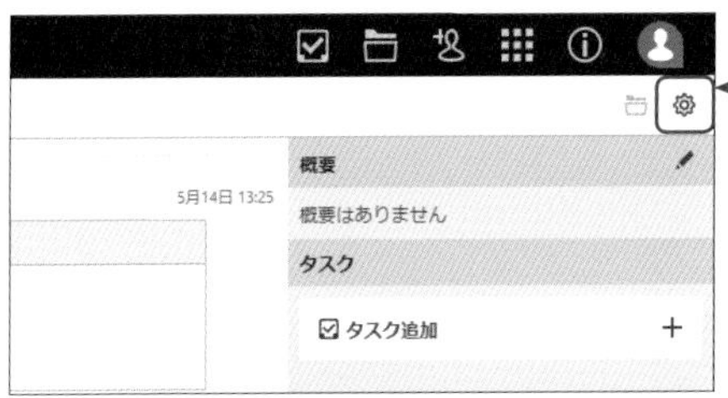

2 画面右上の⚙をクリックし、

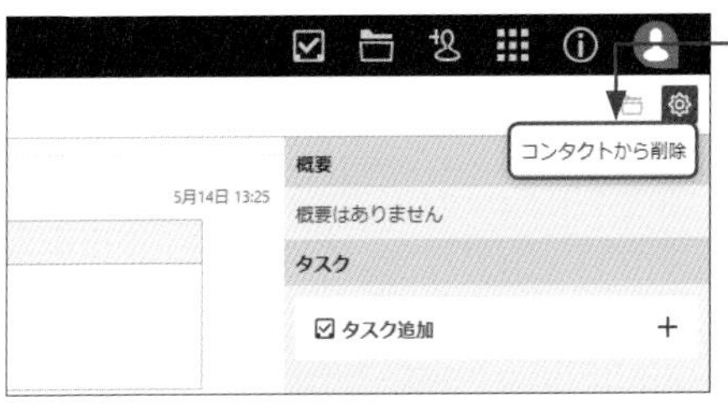

3 <コンタクトから削除>をクリックします。

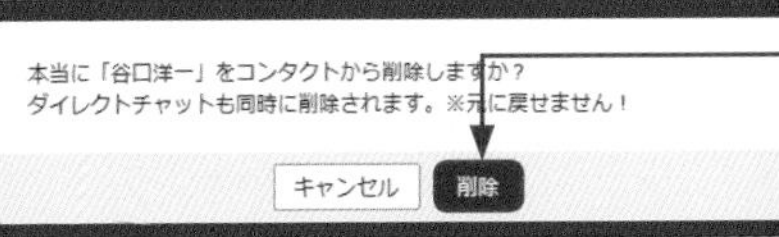

4 <削除>をクリックすると、相手がコンタクトから削除されます。

Section 25 グループを作成する

複数のユーザーとチャットを開始したい場合は、グループチャットを作成しましょう。グループチャットの作成者は、自動的にそのグループチャットの管理者になります。

1 グループを作成する

1 画面左上の＋をクリックし、

2 ＜グループチャットを新規作成＞をクリックします。

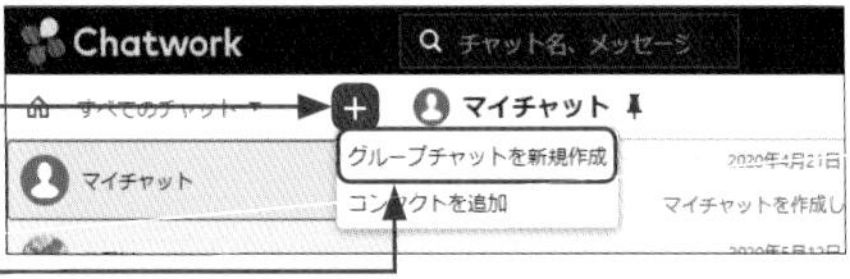

3 グループのチャット名を入力し、

4 グループに招待したいメンバーにチェックを付けて、

5 ＜作成する＞をクリックします。

6 グループが作成されます。

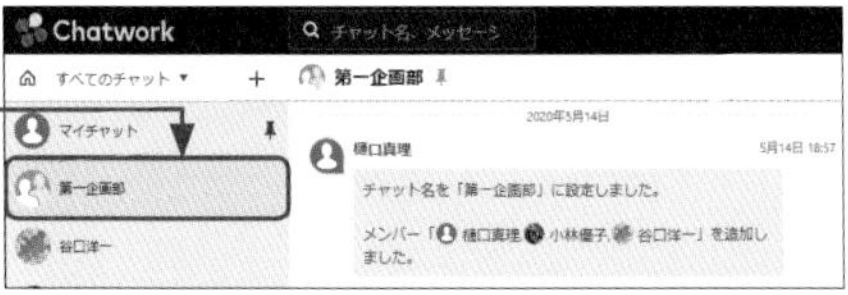

Memo メンバーの権限を変更する

手順4でメンバーを選択すると、右側に「メンバー」と表示されます。メンバーを「管理者」や「閲覧のみ」にしたい場合は、＜メンバー＞をクリックして権限を変更します。

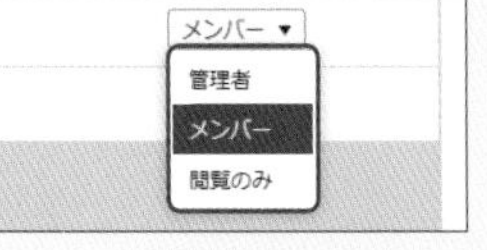

Section 26 グループにメンバーを招待する

グループに新たにメンバーを追加したいときは、コンタクトからメンバーを選択して追加します。また、招待リンクを使用すれば、グループへの参加を管理者による承認制にすることもできます。

1 グループにメンバーを招待する

1 グループチャットを開き、

2 画面右上の + をクリックします。

3 グループに追加したいメンバーにチェックを付けて、

4 <保存する>をクリックします。

5 メンバーが追加されます。

3 Chatworkではじめるチャット&タスク管理

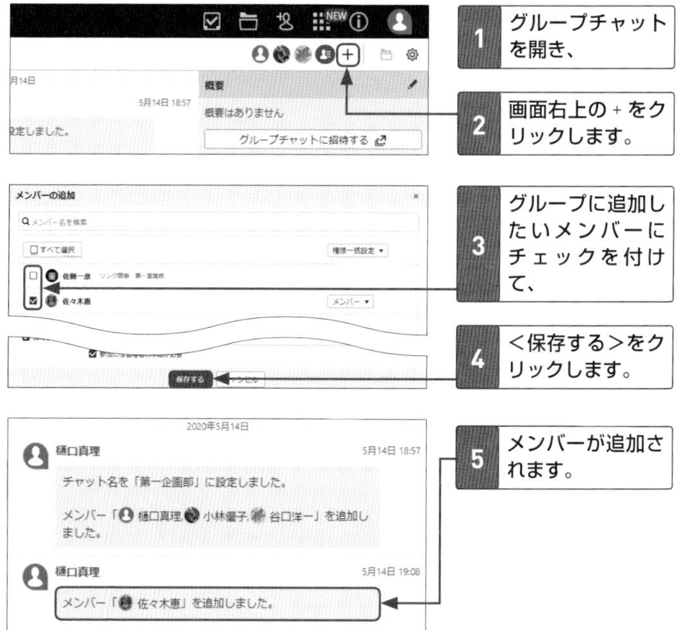

StepUp グループチャットへの参加を承認制にする

グループへの参加を承認制にしたい場合は、手順3の画面の「招待リンク」をグループに招待したいメンバーにチャットやメールで送信します。管理者の画面にメンバーからの参加リクエストが表示されたら、＜参加承認待ちのメンバーがいます＞をクリックし、＜承認＞をクリックします。

Section 27 グループに参加する

グループチャットへの招待が送られてきたら、参加依頼を送信して、管理者に承認をもらいましょう。なお、Sec.26の方法でグループチャットに追加された場合は、参加依頼の送信は必要ありません。

1 グループに参加する

1 チャットやメールで送られてきた招待リンクをクリックします。

佐々木恵 <megumi0901sasaki@gmail.com>　19:25 (0 分前)
To 自分
樋口さん
お疲れ様です。
下記からグループへの参加をお願いいたします。
https://www.chatwork.com/g/483ptw0z8xbbbk

2 <このグループチャットへ参加する>をクリックすると、

新企画グループ
このグループチャットへ参加する

3 グループの管理者に参加リクエストが送信されます。<OK>をクリックします。

グループチャットの管理者へ参加依頼を送りました。管理者が承認すると、そのグループチャットへ参加できます。
OK

4 グループの管理者に承認されると、グループのチャットが表示されます。

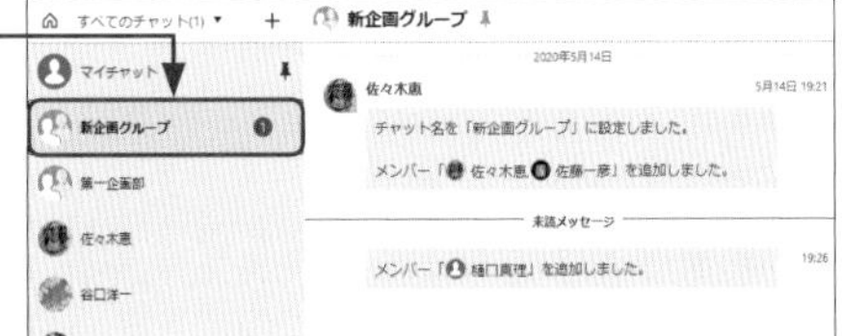

Memo グループから退席する

グループから退席したい場合は、グループチャットの画面右上の⚙をクリックし、<グループチャットから退席する>→<OK>の順にクリックします。

基本機能
はじめ方
基本操作
グループ
タスク管理
応用
スマホ&タブレット

Section 28 グループのメンバーを確認する

グループチャットのメンバーを知りたいときは、「メンバー詳細」から確認しましょう。「メンバー詳細」からは、メンバーの権限を変更したりメンバーを削除したりできます。

1 グループのメンバーを確認する

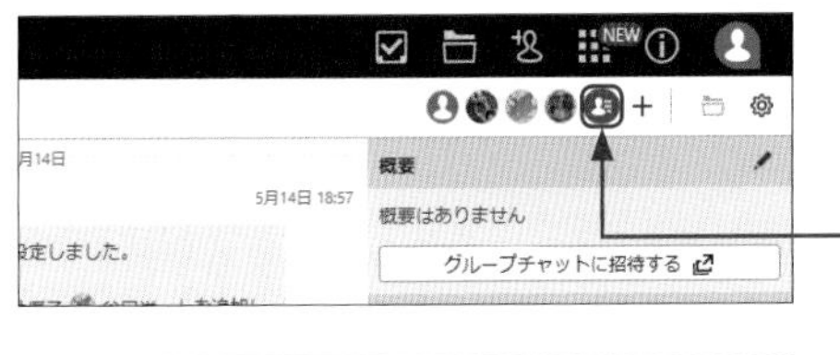

1 グループチャットを開き、

2 画面右上のをクリックします。

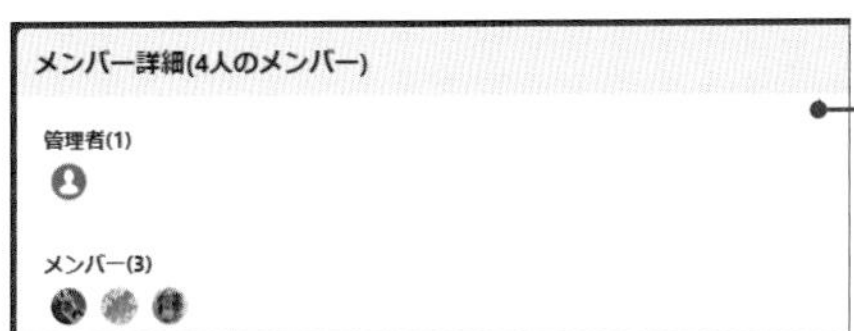

3 メンバーとそれぞれの権限を確認できます。

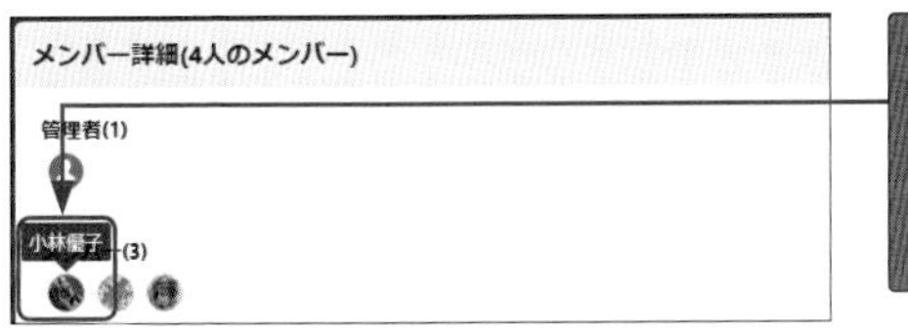

4 アイコンにマウスポインターを合わせると、メンバーの名前を確認できます。

Memo 5人以上のメンバーを確認する

グループチャットの画面右上には、5人までメンバーのアイコンが表示されるため、少人数のグループの場合はここからメンバーを確認することもできます。グループのメンバーが5人以上の場合は全員のアイコンは省略されないため、手順2で数字をクリックしてメンバーを確認しましょう。

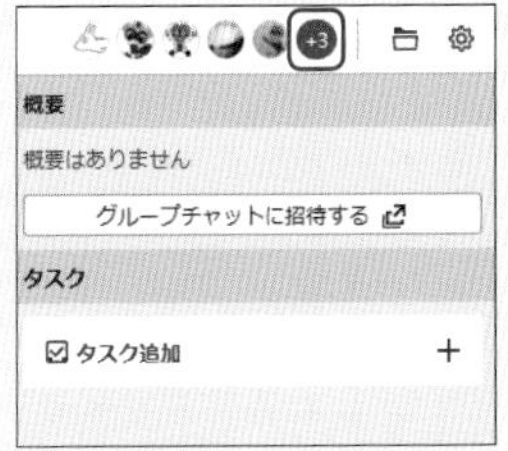

3 Chatworkではじめるチャット&タスク管理

Section 29 グループからメンバーを外す

間違えて追加してしまったメンバーや、退職してしまったメンバーは、グループチャットから削除しましょう。グループチャットから削除されたメンバーは、そのチャットの内容を閲覧できなくなります。

1 グループからメンバーを外す

1 グループチャットを開き、

2 画面右上の をクリックします。

3 ＜メンバーの編集＞をクリックします。

管理者(1)
メンバー(3)
メンバーの編集

4 削除したいメンバーの × をクリックします。

メンバーの編集
メンバー名を検索

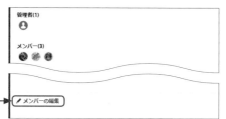

5 メンバー一覧から削除されたのを確認し、＜保存＞をクリックします。

メンバーの追加や削除を行ったことは、グループチャットに表示されます。

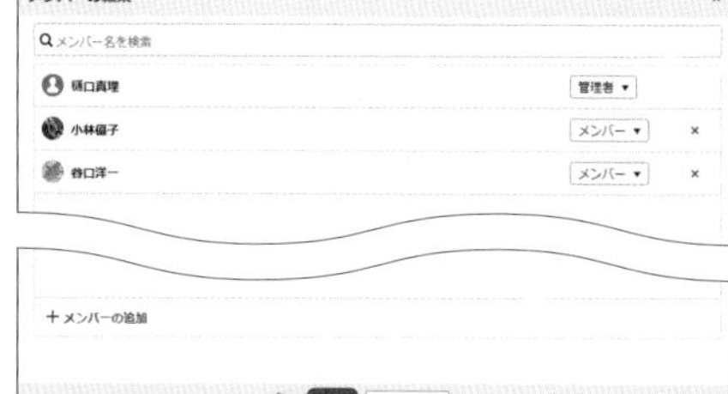

Section 30 グループをピン留めする

チャットの数が多くなり、重要なチャットを探しづらくなってしまった場合は、「ピン留め」を利用しましょう。ピン留めしたチャットは常に画面の最上部に固定されます。

1 グループをピン留めする

1 ピン留めしたいグループチャットにマウスポインターを合わせ、

2 をクリックします。

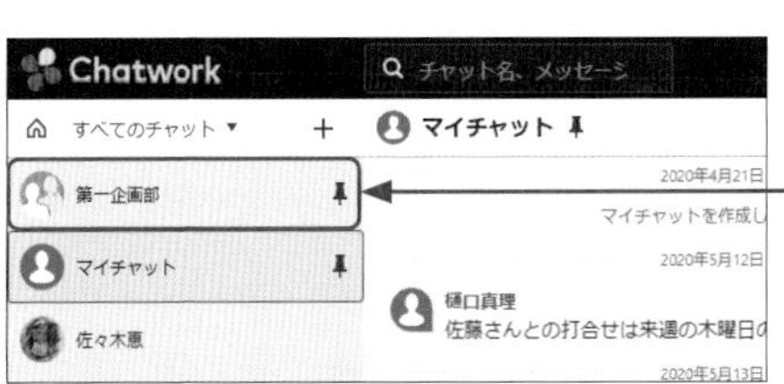

3 グループチャットがピン留めされ、最上部に固定されます。

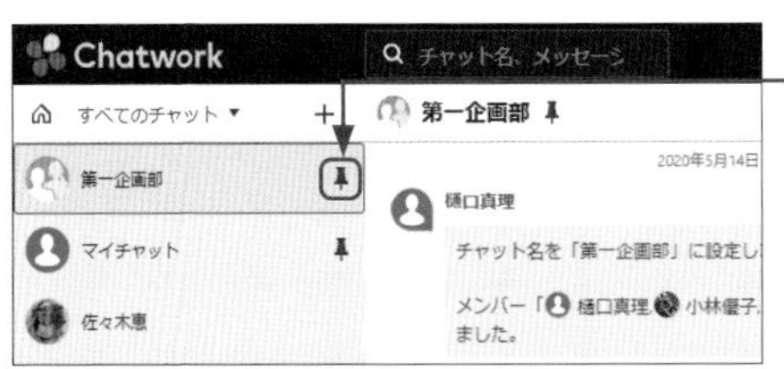

4 をクリックすると、ピン留めが解除されます。

Memo グループチャット画面からピン留めする

グループチャットを開き、チャット名の右側に表示されている をクリックすることでも、ピン留めができます。また、ピン留めの解除も同様に行えます。

Section 31 自分宛て以外のグループのメッセージをミュートする

グループチャットで通知が煩わしいと感じたときは、新しいメッセージを未読として表示しない「ミュート」機能を利用しましょう。なお、マイチャットとダイレクトチャットではミュート機能は利用できません。

1 グループチャットをミュートする

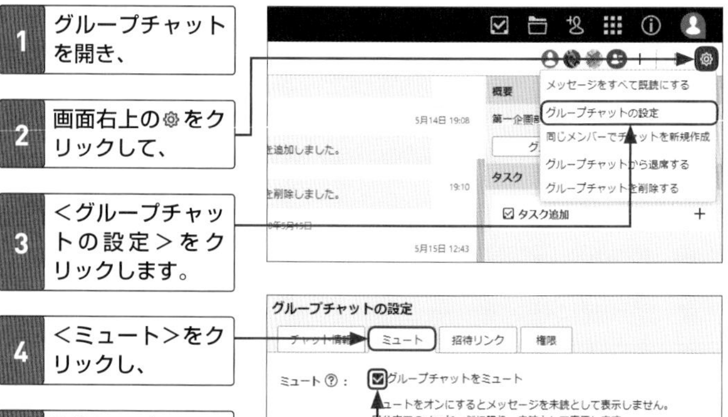

1. グループチャットを開き、
2. 画面右上の⚙をクリックして、
3. ＜グループチャットの設定＞をクリックします。
4. ＜ミュート＞をクリックし、
5. 「グループチャットをミュート」にチェックを付けて、
6. ＜保存する＞をクリックします。
7. 🔕が表示され、グループチャットがミュートされます。

Memo　ミュートを解除する

ミュートを解除するには、手順6の画面で「グループチャットをミュート」のチェックを外すか、チャット名の右側に表示されている🔕をクリックします。

Section 32 グループの内容を変更する

「グループチャットの設定」からは、チャット名や概要、アイコンなどを変更することができます。変更した内容はグループチャットに表示され、すべてのメンバーの画面に適用されます。

1 グループの内容を変更する

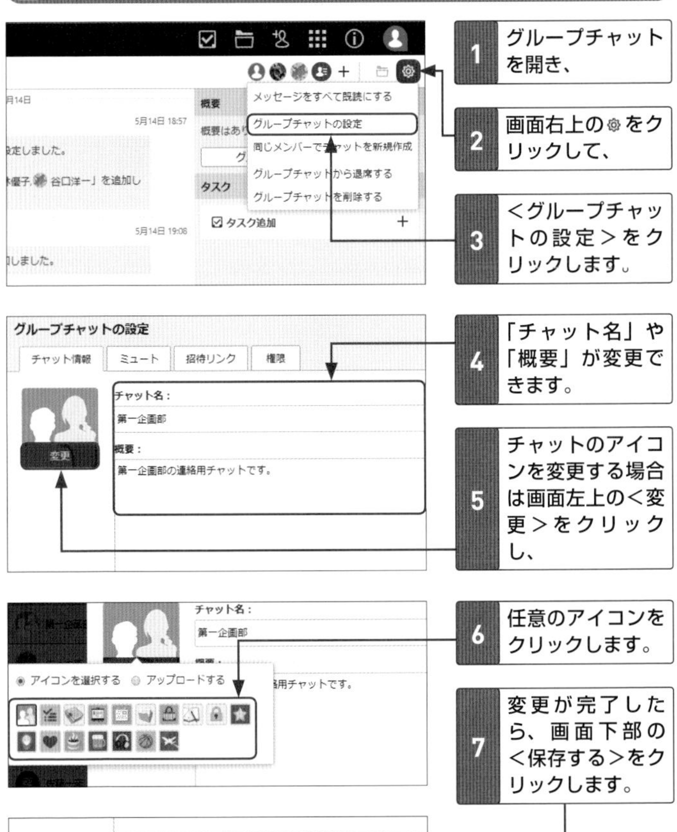
メッセージをすべて既読にする
グループチャットの設定
同じメンバーでチャットを新規作成
グループチャットから退席する
グループチャットを削除する
概要
タスク
タスク追加
5月14日 18:57
5月14日 19:06
1 グループチャットを開き、
2 画面右上の⚙をクリックして、
3 <グループチャットの設定>をクリックします。
グループチャットの設定
チャット情報
ミュート
招待リンク
権限
チャット名：
第一企画部
概要：
第一企画部の連絡用チャットです。
変更
4 「チャット名」や「概要」が変更できます。
5 チャットのアイコンを変更する場合は画面左上の<変更>をクリックし、
アイコンを選択する
アップロードする
6 任意のアイコンをクリックします。
ルームID：190522909
保存する
キャンセル
7 変更が完了したら、画面下部の<保存する>をクリックします。

Section 33 グループの特定メンバーにメッセージを送る

「TO」を利用すれば、グループチャットの特定のメンバー宛にメッセージを送ることができます。なお、宛先を指定したメッセージもチャット内に表示され、すべてのメンバーが内容を閲覧できます。

1 特定のメンバーにメッセージを送る

1 グループチャットのメッセージ入力欄上部の TO をクリックし、

2 宛先に指定したいメンバーをクリックします。

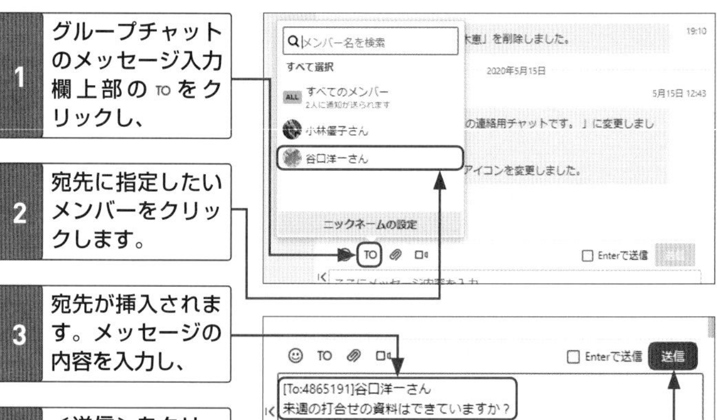

3 宛先が挿入されます。メッセージの内容を入力し、

4 <送信>をクリックします。

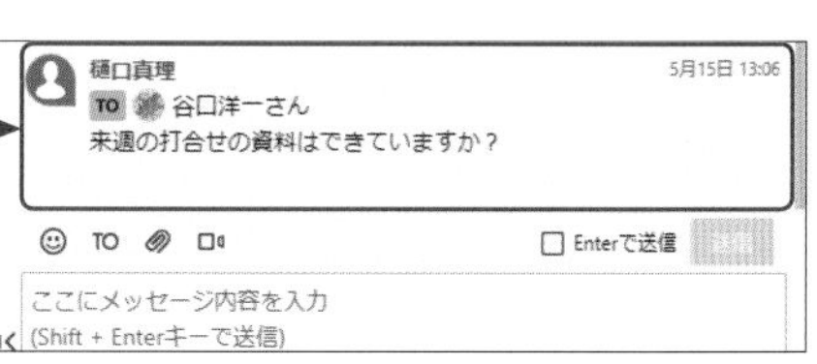

5 宛先が指定されたメッセージが送信されます。

Memo 宛先に指定したいメンバーを検索する

グループチャットのメンバーが多い場合は、手順1の画面の「メンバーを検索」欄にメンバーの名前を入力して検索することができます。

Section 34 グループを削除する

グループチャットが不要になった場合は削除しましょう。グループチャットを削除すると、これまでのメッセージやファイルはすべて削除され、もとに戻すことはできません。

1 グループを削除する

グループチャットを削除するときのポイント

グループチャットを削除すると、ほかのグループのメンバーの画面からもすべてのデータが削除されてしまいます。削除前に、重要なメッセージやファイルがないかをほかのメンバーに十分に確認しておきましょう。なお、グループチャットを削除できるのは、管理者権限を持つユーザーのみです。

をクリックします。

4 すべての注意事項を確認してチェックを付け、

5 <理解した上で削除する>をクリックすると、

6 グループチャットが削除されます。

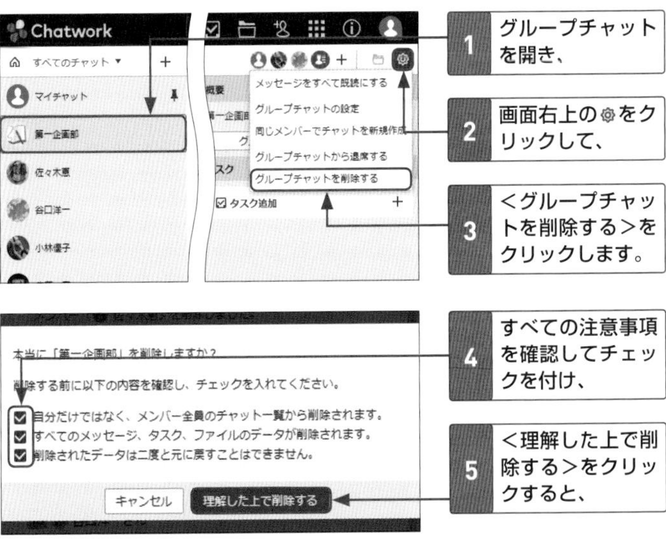

Section 35

タスクを追加する

各チャットでは、業務の進捗管理や情報共有のために、タスク（やるべきこと）を追加することができます。ここでは、ダイレクトチャットやグループチャットで自分のタスクを追加する方法を説明します。

1 タスクを追加する

1 ダイレクトチャットやグループチャットを開き、

2 画面右の<タスク追加>をクリックします。

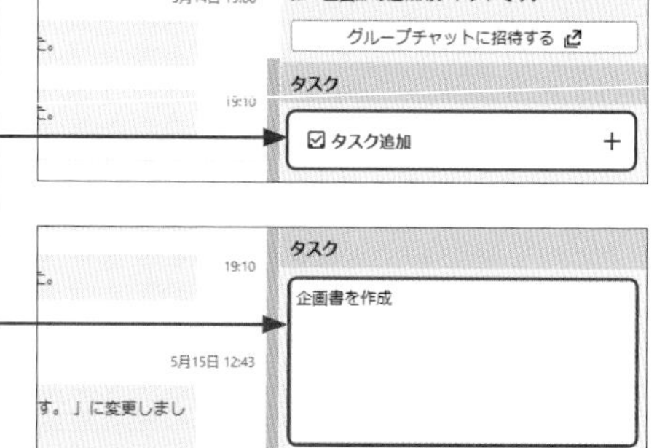

第一企画部の連絡用チャットです。
グループチャットに招待する
タスク
タスク追加
企画書を作成
担当者
＋ 選択

3 タスクの内容を入力し、

4 「担当者」の<選択>をクリックしたら、

5 自分の名前をクリックしてチェックを付けます。

すべて / はずす
樋口真理
小林優子
谷口洋一
担当者　樋口真理 ×　＋追加

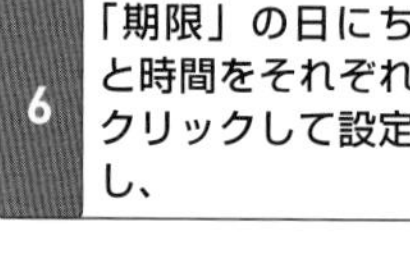

6 「期限」の日にちと時間をそれぞれクリックして設定し、

7 <タスクを追加>をクリックすると、タスクが追加されます。

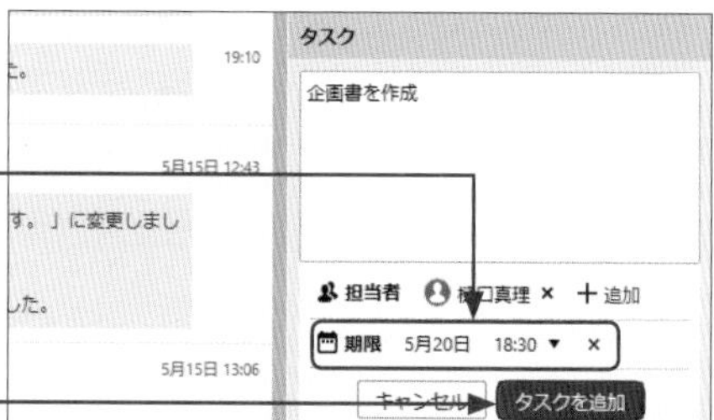

タスク
企画書を作成
担当者　樋口真理 ×　＋追加
期限　5月20日　18:30
キャンセル
タスクを追加

Section 36

メッセージの内容をタスクにする

Sec.35では1からタスクを作成する方法を説明しましたが、送られてきたメッセージをそのままタスクにすることもできます。メッセージをタスクに引用した場合、メッセージを送信した相手の名前も表示されます。

1 メッセージの内容をタスクにする

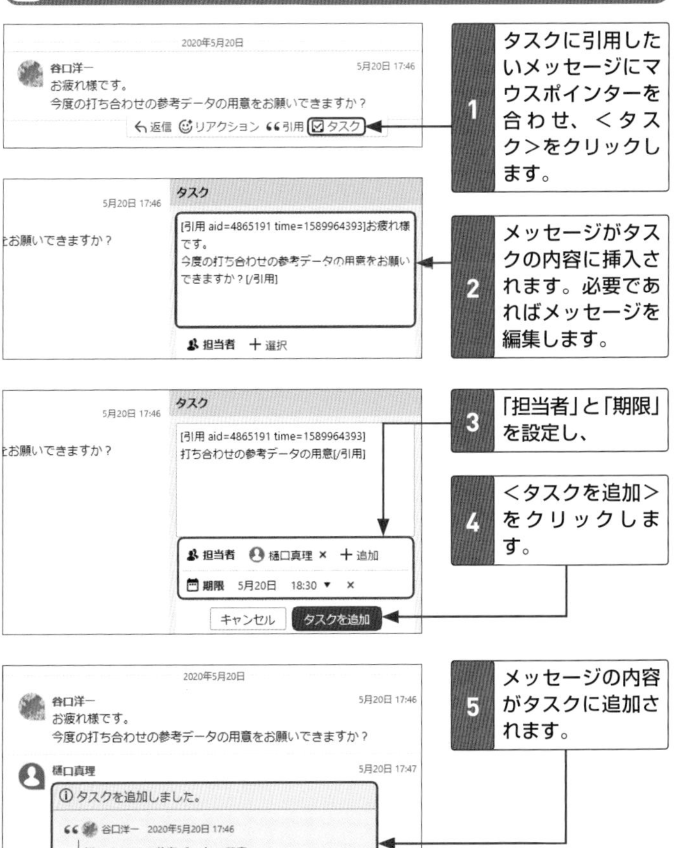

1 タスクに引用したいメッセージにマウスポインターを合わせ、<タスク>をクリックします。

2 メッセージがタスクの内容に挿入されます。必要であればメッセージを編集します。

3 「担当者」と「期限」を設定し、

4 <タスクを追加>をクリックします。

5 メッセージの内容がタスクに追加されます。

Section 37 メンバーにタスクを依頼する

Sec.35では自分が担当の業務をタスクにする方法を説明しましたが、チャットに参加しているメンバーにタスクを依頼することもできます。チャット内から担当者を指定して、タスクを依頼しましょう。

1 タスクを依頼する

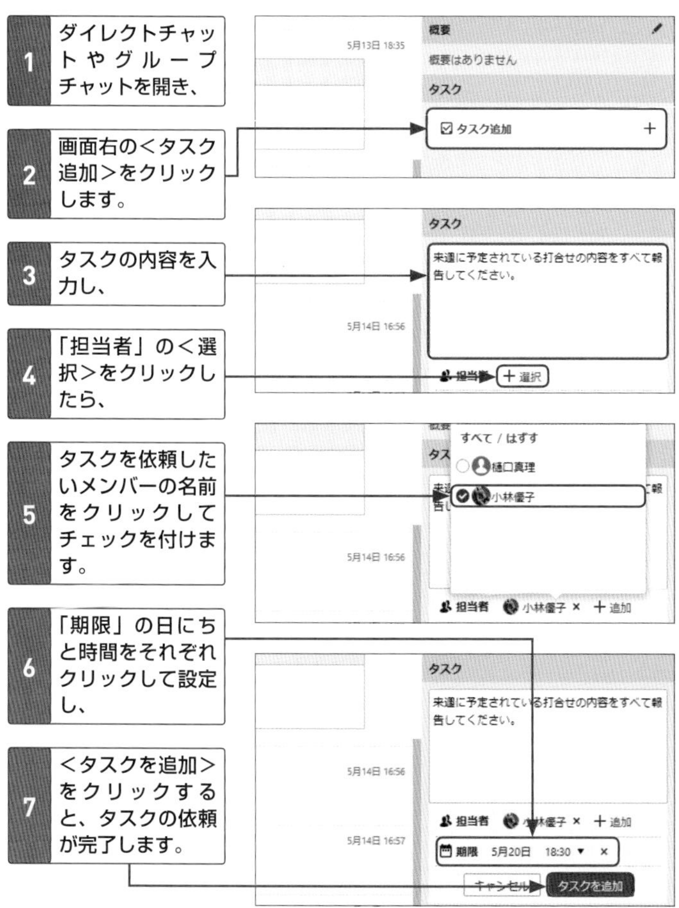

1 ダイレクトチャットやグループチャットを開き、
2 画面右の＜タスク追加＞をクリックします。
3 タスクの内容を入力し、
4 「担当者」の＜選択＞をクリックしたら、
5 タスクを依頼したいメンバーの名前をクリックしてチェックを付けます。
6 「期限」の日にちと時間をそれぞれクリックして設定し、
7 ＜タスクを追加＞をクリックすると、タスクの依頼が完了します。
5月13日 18:35
概要
概要はありません
タスク
タスク追加
5月14日 16:56
来週に予定されている打合せの内容をすべて報告してください。
担当者
選択
すべて / はずす
樋口真理
小林優子
担当者 小林優子 × 追加
5月14日 16:57
期限 5月20日 18:30
キャンセル
タスクを追加

Section 38 メンバーから依頼されたタスクを受ける

タスクを依頼されると、そのチャットからメッセージが通知され、自動的にタスクが設定されます。承認画面などはないため、タスクを依頼された際にはメッセージに返信やリアクションを送りましょう。

1 依頼されたタスクを受ける

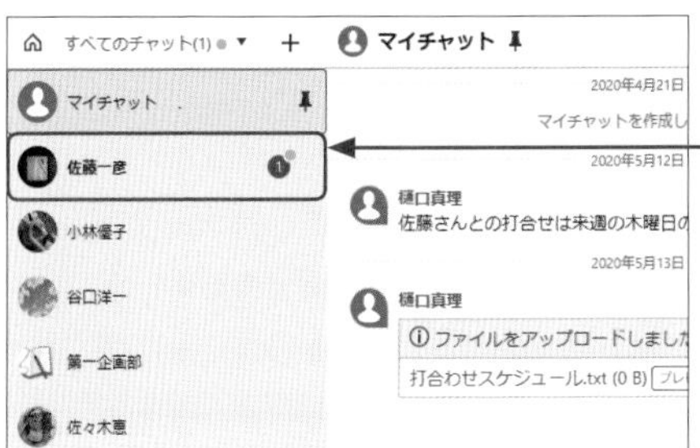

1 タスクを依頼されると、依頼主からメッセージが届きます。

未読メッセージ
2020年5月20日
佐藤一彦 リンク商事　5月20日 17:53
ⓘ タスクを追加しました。
先日いただいた予算案の最新版を本日中に送ってください。
期限 2020年5月20日　18:30
Enterで送信
ここにメッセージ内容を入力

2 チャットを開くと、依頼されたタスクの内容を確認できます。

タスクを依頼されたら、返信メッセージを送ったりリアクションを送ったりしましょう。

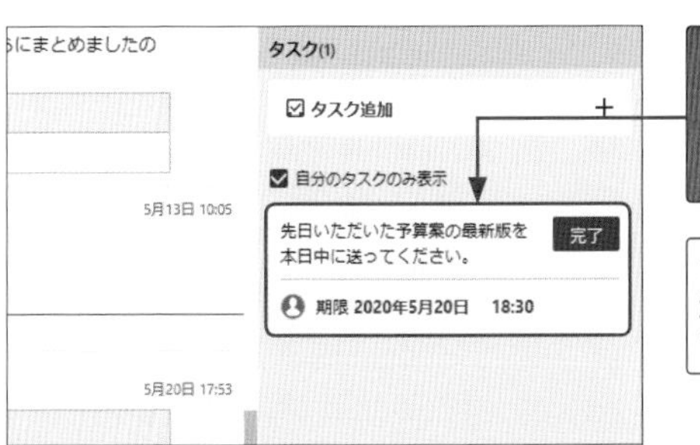

3 依頼されたタスクは、画面右の「タスク」に表示されます。

タスクを完了させる方法は、Sec.39を参照してください。

Section 39 タスクを完了する

完了したタスクは、チャット画面右に表示されている「タスク」から完了させましょう。タスクを完了させると、自動的にそのチャット内に完了のメッセージが通知されます。

1 タスクを完了する

1 タスクが追加されているチャットを開きます。

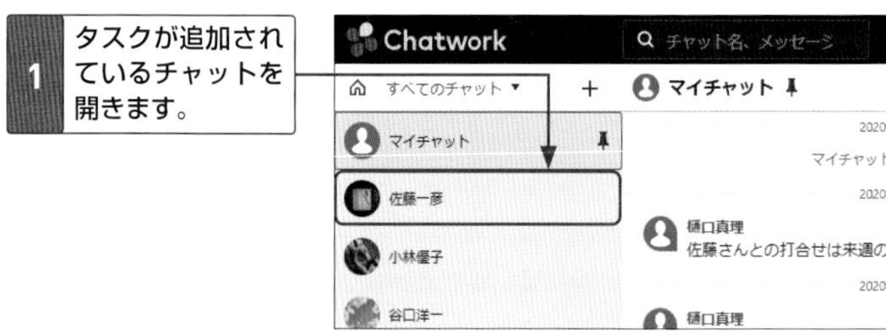

2 画面右の「タスク」から、完了したタスクの<完了>をクリックします。

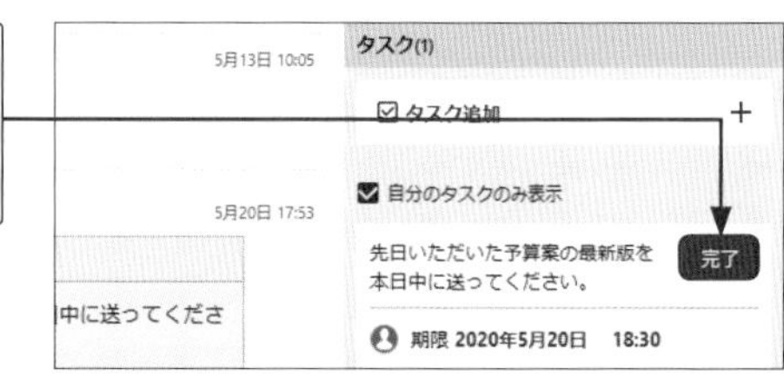

3 完了したタスクが「タスク」から表示されなくなり、

4 タスクの完了がチャットに通知されます。

基本機能
はじめ方
基本操作
グループ
タスク管理
応用
スマホ&タブレット

Section 40 タスクを削除する

不要になったタスクは削除することができます。なお、自分が作成したタスクだけでなく、ほかのメンバーから依頼されたタスクを削除することも可能です。

1 タスクを削除する

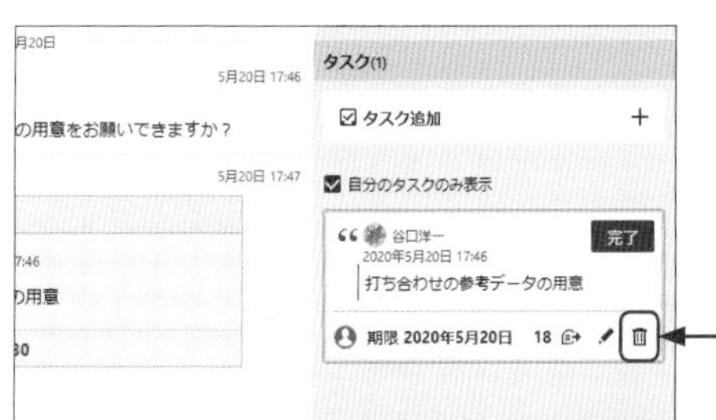

1 タスクを追加したチャットを開き、

2 画面右の「タスク」から削除したいタスクにマウスポインターを合わせ、🗑をクリックします。

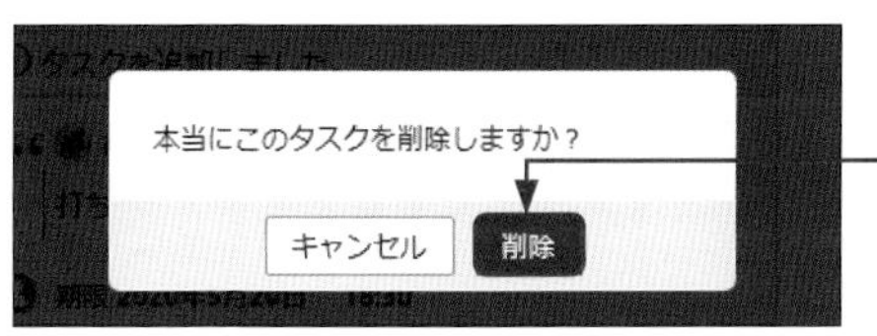

3 確認画面が確認されるので、<削除>をクリックします。

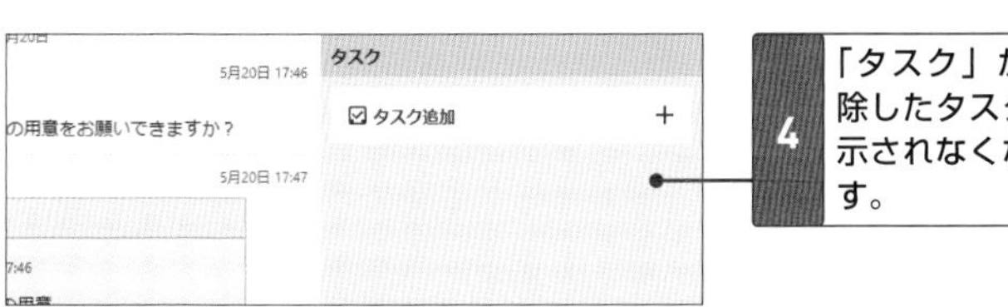

4 「タスク」から削除したタスクが表示されなくなります。

Memo タスクを削除してもチャットのメッセージは削除されない

タスクを削除しても、メッセージにはタスクの追加や編集についての通知メッセージは削除されません。タスクとメッセージを一緒に削除したい場合は、タスクの通知メッセージにマウスポインターを合わせ、<削除>→<タスクも一緒に削除>の順にクリックします。

Section 41

タスクを編集する

自分が依頼したタスクと自分が依頼されたタスクは、どちらも内容や期限を編集することができます。ここでは、自分が依頼したタスクの編集方法を説明します。

1 タスクを編集する

1 自分がタスクを依頼したチャットを開き、画面右の「自分のタスクのみ表示」のチェックをクリックします。

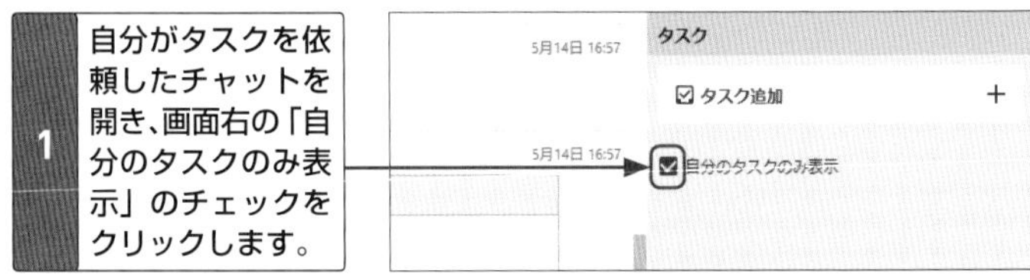

2 自分以外のタスクが表示されます。

3 編集したいタスクにマウスポインターを合わせ、✎をクリックします。

4 タスクの内容や期限を編集し、

5 ＜保存＞をクリックすると、

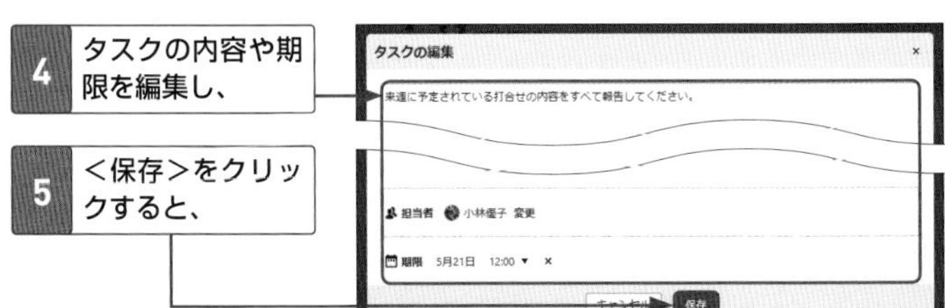

6 タスクの内容が変更されます。

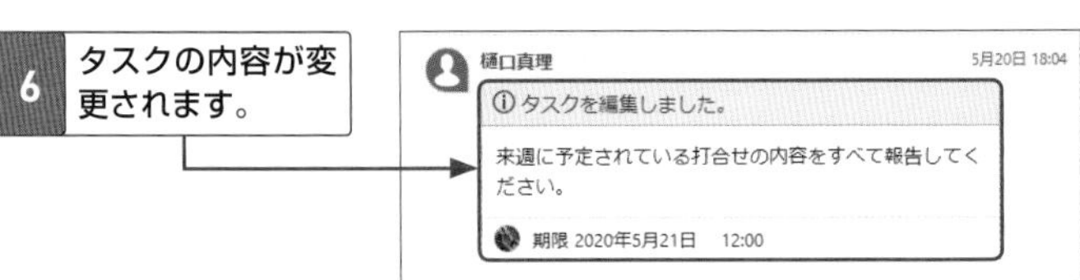

基本機能　はじめ方　基本操作　グループ　タスク管理　応用　スマホ&タブレット

マイチャットでタスクを管理する

グループのメンバーや社内のメンバーに関連のないタスクを追加したい場合は、自分専用のチャットルームであるマイチャットに「自分だけが見えるタスク」を作成することができます。

1 マイチャットでタスクを管理する

マイチャットにタスクを追加するときのポイント

ダイレクトチャットやグループチャットから追加するタスクは、チャットに参加しているメンバーにも表示されます。自分だけが確認できるタスクを作成して管理したい場合は、マイチャットを活用しましょう。

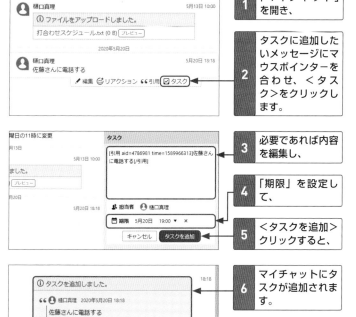

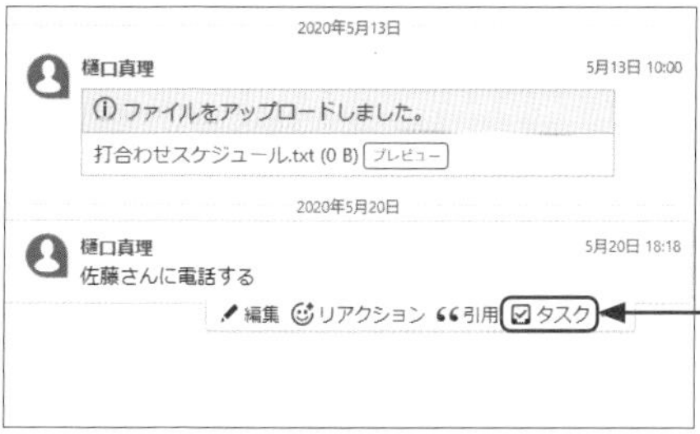

1 「マイチャット」を開き、

2 タスクに追加したいメッセージにマウスポインターを合わせ、<タスク>をクリックします。

3 必要であれば内容を編集し、

4 「期限」を設定して、

5 <タスクを追加>クリックすると、

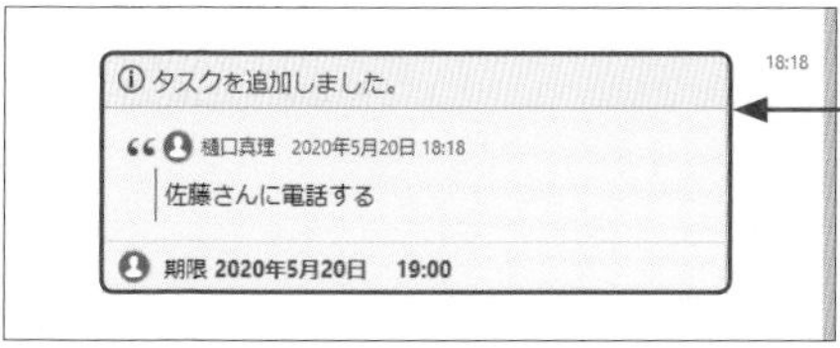

6 マイチャットにタスクが追加されます。

Section 43 未完了タスク／完了タスクを確認する

「タスク管理」画面では、自分のタスクの確認や編集、削除などを一括管理できます。この画面からすべてのタスクを完了／未完了にすることもできるので、それぞれのチャットを開かずに済みます。

1 未完了タスクを確認する

1 画面右上の☑をクリックします。

未完了のタスクがある場合、☑にタスクの数が表示されます。

2 未完了のすべてのタスクが確認できます。

「期限切れ」には未完了のまま期限が過ぎたタスク、「本日」にはその日のタスク、「1週間以内」には1週間以内のタスク、「期限なし」には期限を設けていないタスクが表示されます。

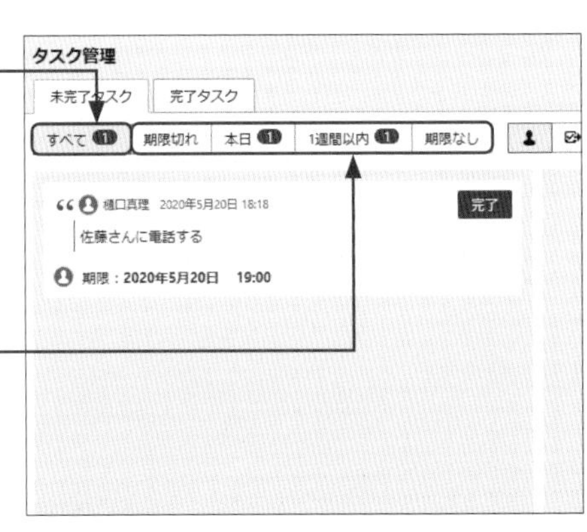

3 任意のタスクをクリックすると、

4 画面右にタスクの詳細が表示されます。

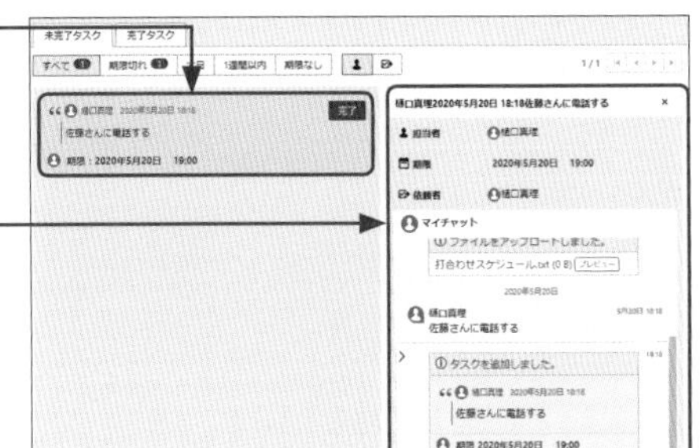

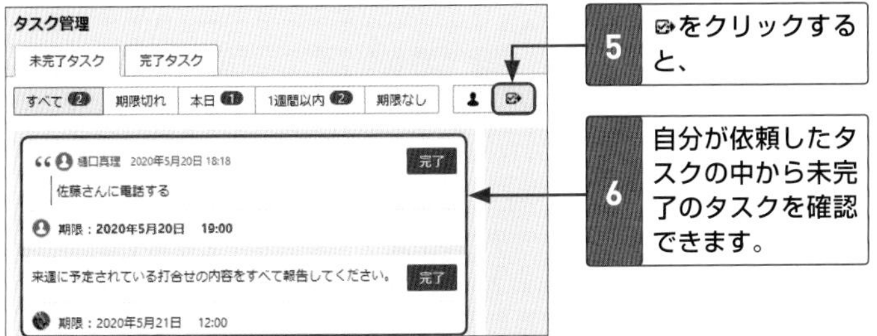

5 をクリックすると、

6 自分が依頼したタスクの中から未完了のタスクを確認できます。

2 完了タスクを確認する

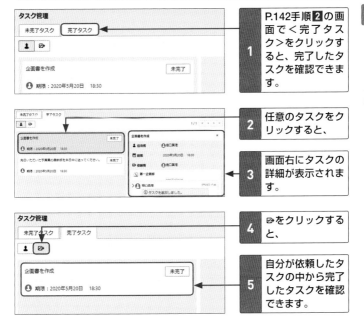

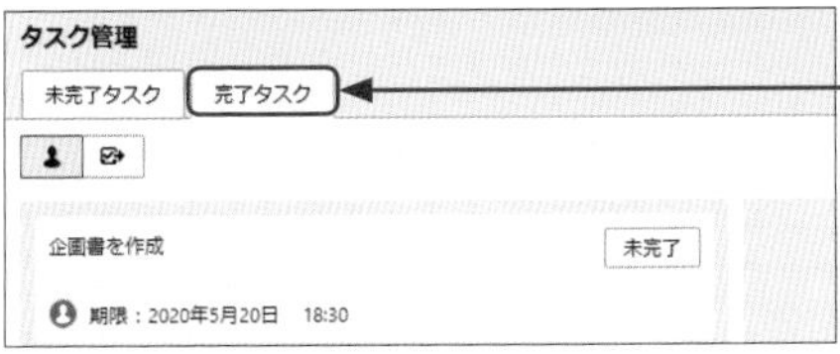

1 P.142手順**2**の画面で＜完了タスク＞をクリックすると、完了したタスクを確認できます。

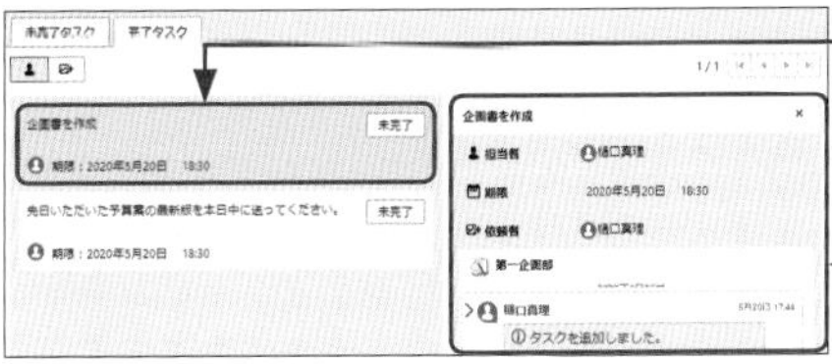

2 任意のタスクをクリックすると、

3 画面右にタスクの詳細が表示されます。

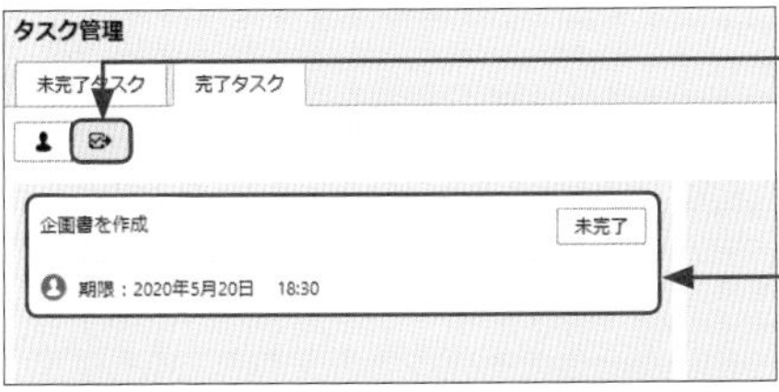

4 をクリックすると、

5 自分が依頼したタスクの中から完了したタスクを確認できます。

Memo タスクを完了／未完了にする

「未完了タスク」になっているタスクの右側に表示されている＜完了＞をクリックすると、タスクを完了させることができます。また、「完了タスク」になっているタスクの右側に表示されている＜未完了＞をクリックすると、一度完了させたタスクを未完了にして、チャットに再表示されます。

Section 44

通知を設定する

新着メッセージの通知を見逃したくない場合は、デスクトップに通知される「デスクトップ通知」のほか、通知音を鳴らす「サウンド」や、未読チャットを知らせてくれる「メール通知」も設定しましょう。

1 通知を設定する

1 画面右上のプロフィールアイコンまたは名前をクリックし、

2 <動作設定>をクリックします。

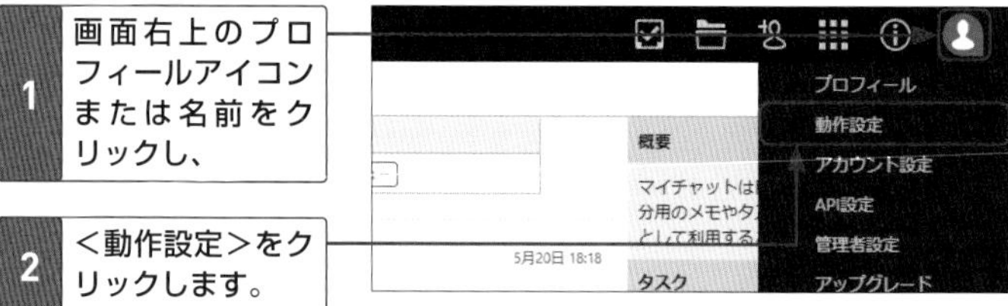

3 デスクトップ通知を受け取りたい場合は、「デスクトップ通知を表示する」にチェックを付けます。

4 「メッセージ内容をデスクトップ通知に表示する」にもチェックが付くので、不要であればチェックを外します。

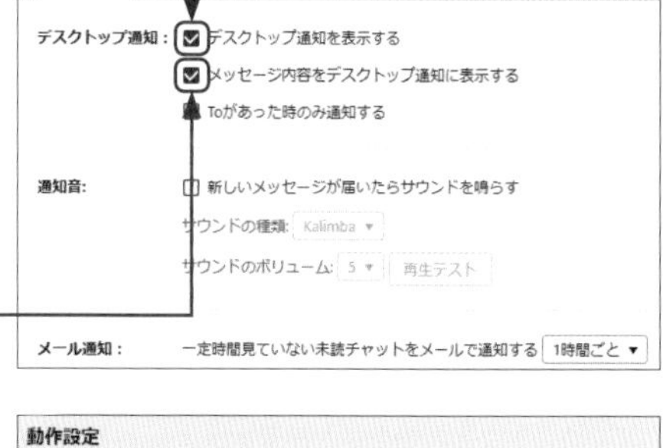

5 必要であれば「通知音」や「メール通知」を設定し、

6 <保存する>をクリックすると、通知が設定されます。

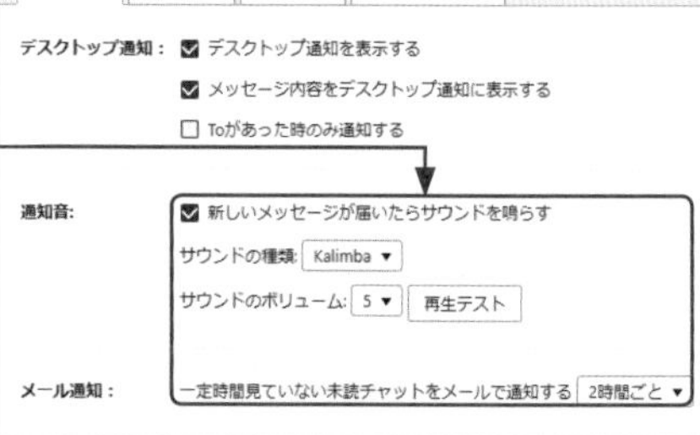

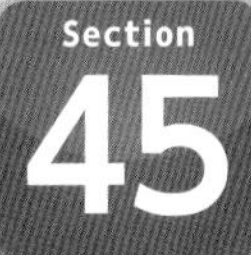

Section 45 アイコンを変更する

プロフィールアイコンは、写真を自由に設定することができます。また、プロフィールの背景となるカバー写真も同様の手順で変更できます。なお、使用できる写真サイズはどちらも最大700KBまでです。

1 アイコンを変更する

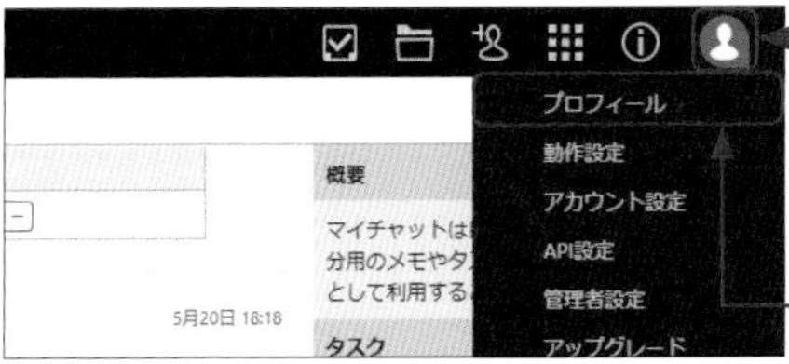

1 画面右上のプロフィールアイコンまたは名前をクリックし、

2 ＜プロフィール＞をクリックします。

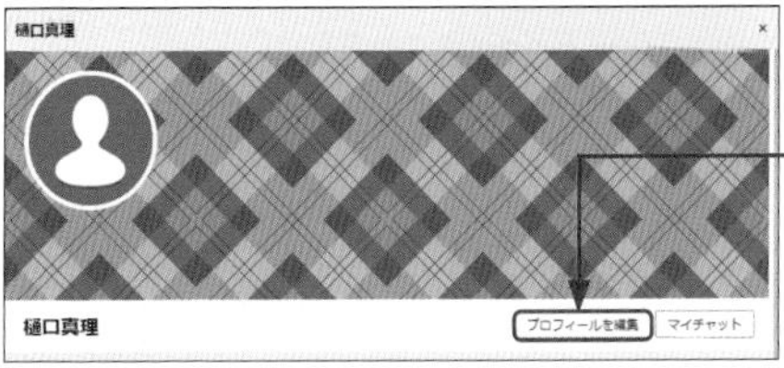

3 ＜プロフィールを編集＞をクリックします。

4 アイコンの＜写真を変更する＞をクリックし、

5 ＜ファイルを選択＞をクリックしたら、パソコンに保存されている写真を選択して、＜開く＞をクリックします。

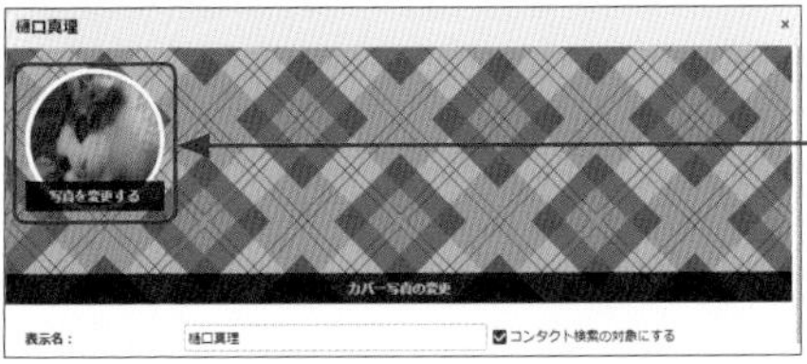

6 ＜保存する＞→＜保存する＞の順にクリックすると、アイコンが変更されます。

Section 46 2段階認証を設定してセキュリティを強化する

Chatworkのセキュリティを強化するには、ログインのたびに認証コードとパスワードを入力する必要がある2要素認証を設定しましょう。認証コードは自分だけが生成でき、一度しか使用できないので安心です。

1 2段階認証を設定する

2段階認証を設定するときのポイント

2段階認証を設定するには、あらかじめ「Google認証システム(Google Authenticator)」などのワンタイムパスワードを生成する認証アプリが必要です。事前にスマートフォンにインストールしておきましょう。

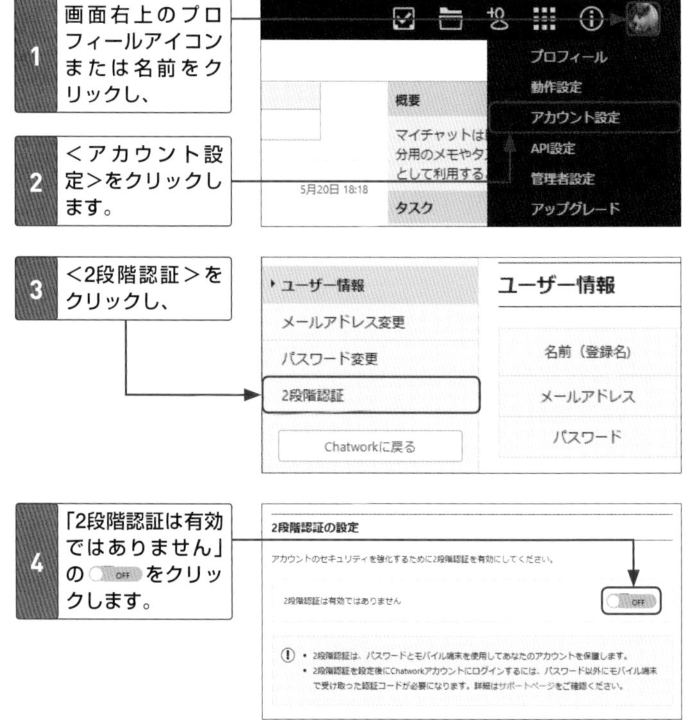
1 画面右上のプロフィールアイコンまたは名前をクリックし、
プロフィール
動作設定
概要
アカウント設定
マイチャットは
分用のメモやタ
として利用する
API設定
管理者設定
5月20日 18:18
タスク
アップグレード
2 ＜アカウント設定＞をクリックします。
3 ＜2段階認証＞をクリックし、
ユーザー情報
ユーザー情報
メールアドレス変更
名前（登録名）
パスワード変更
2段階認証
メールアドレス
Chatworkに戻る
パスワード
4 「2段階認証は有効ではありません」の OFF をクリックします。
2段階認証の設定
アカウントのセキュリティを強化するために2段階認証を有効にしてください。
2段階認証は有効ではありません
OFF
・2段階認証は、パスワードとモバイル端末を使用してあなたのアカウントを保護します。
・2段階認証を設定後にChatworkアカウントにログインするには、パスワード以外にモバイル端末で受け取った認証コードが必要になります。詳細はサポートページをご確認ください。

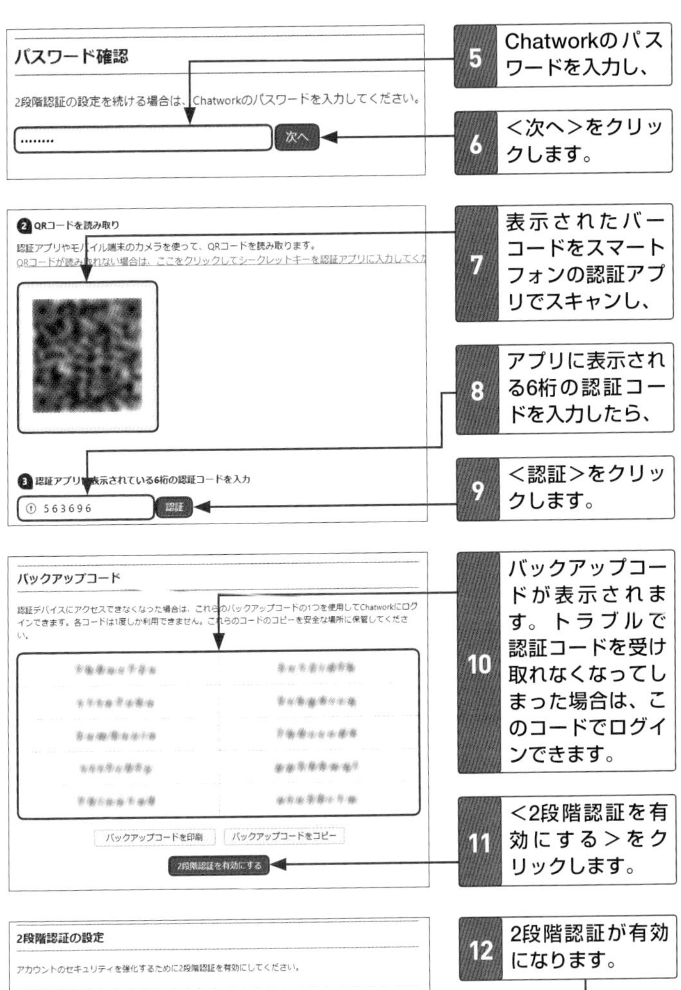

パスワード確認
2段階認証の設定を続ける場合は、Chatworkのパスワードを入力してください。
次へ
5 Chatworkのパスワードを入力し、
6 <次へ>をクリックします。
2 QRコードを読み取り
認証アプリやモバイル端末のカメラを使って、QRコードを読み取ります。
7 表示されたバーコードをスマートフォンの認証アプリでスキャンし、
8 アプリに表示される6桁の認証コードを入力したら、
3 認証アプリに表示されている6桁の認証コードを入力
563696
認証
9 <認証>をクリックします。
バックアップコード
認証デバイスにアクセスできなくなった場合は、これらのバックアップコードの1つを使用してChatworkにログインできます。各コードは1度しか利用できません。これらのコードのコピーを安全な場所に保管してください。
10 バックアップコードが表示されます。トラブルで認証コードを受け取れなくなってしまった場合は、このコードでログインできます。
バックアップコードを印刷
バックアップコードをコピー
2段階認証を有効にする
11 <2段階認証を有効にする>をクリックします。
2段階認証の設定
アカウントのセキュリティを強化するために2段階認証を有効にしてください。
2段階認証は有効です
ON
12 2段階認証が有効になります。

StepUp

予備の電話番号を設定する

手順12の画面で「予備の電話番号」の<設定>をクリックして電話番号を登録しておくと、その電話番号で認証コードを受け取ってログインできるようになります。

Section 47 スマートフォンやタブレットでChatworkを使う

Chatworkはパソコンだけでなく、スマートフォンやタブレットでも利用することができます。ここではスマートフォンの画面での操作方法を解説しますが、タブレットでも画面や操作はほとんど変わりません。

1 スマートフォンでChatworkをはじめる

1 「Chatwork」アプリをインストールして開き、<ログイン>をタップします。

2 Chatworkに登録しているメールアドレスとパスワードを入力し、

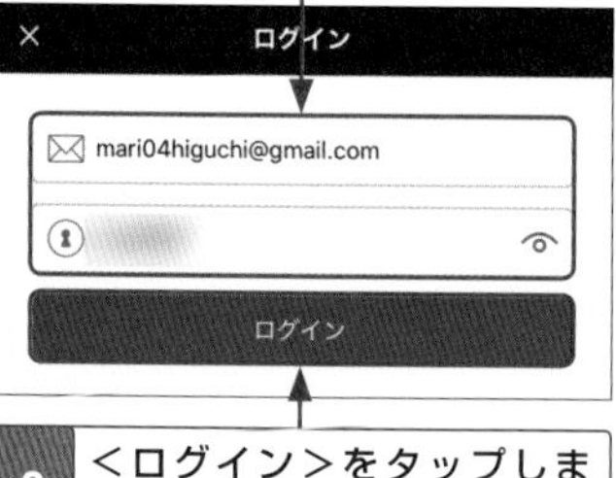

3 <ログイン>をタップします。

4 手順2で入力したメールアドレスに認証コードが届きます。

Chatworkをご利用いただき、誠にありがとうございます。
下記の認証コードを入力して、ログインしてください。
567037

5 手順4の画面の認証コードを入力し、

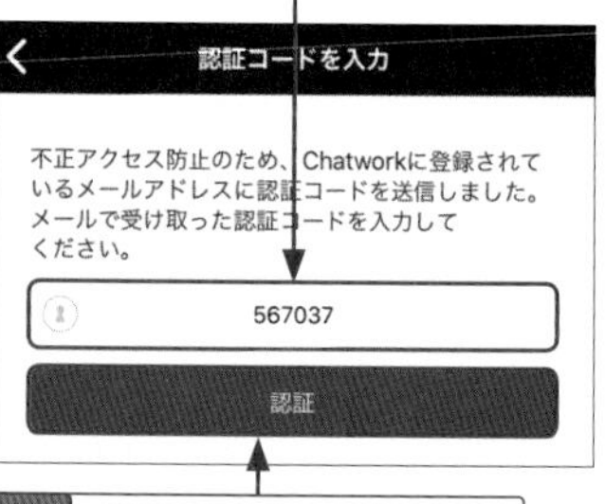

認証コードを入力
不正アクセス防止のため、Chatworkに登録されているメールアドレスに認証コードを送信しました。メールで受け取った認証コードを入力してください。
567037
認証

6 <認証>をタップします。

7 Chatworkへのログインが完了します。

基本機能　はじめ方　基本操作　グループ　タスク管理　応用　スマホ&タブレット

2 アプリ版の画面構成

iPhoneの場合

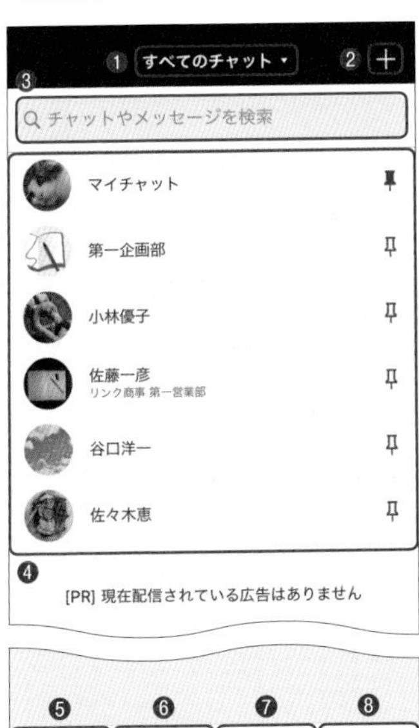

Androidスマートフォンの場合

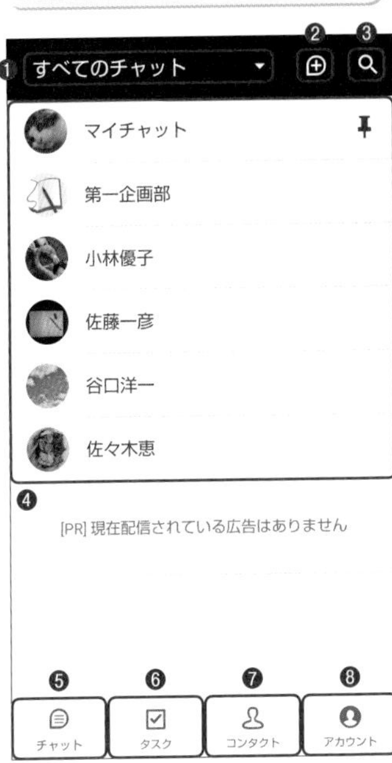

名称	機能
❶チャットの属性	チャットの属性を選択できます。
❷チャットを作成	新しくチャットを作成できます。
❸検索	キーワードを入力して、チャットややり取りしたメッセージを検索できます。
❹チャット一覧	参加しているチャットの一覧が表示されます。タップするとメッセージのやり取りができます。
❺チャット	チャット一覧が表示されます。
❻タスク	自分が追加したタスク、ほかのユーザーに依頼されたタスク、完了／未完了タスクが表示されます。
❼コンタクト	コンタクトの招待や検索、コンタクトの一覧が表示されます。
❽アカウント	プロフィールの確認や編集、通知設定の変更などができます。

Section 48 メッセージを読む

スマートフォンにChatworkの通知が届いたら、すぐに確認しましょう。アプリ版で未読メッセージのあるチャットを開いて既読にすると、パソコン版のほうでも既読状態になります。

1 メッセージを読む

1 「Chatwork」アプリを開き、未読メッセージがあるチャットをタップします。

2 メッセージを確認できます。

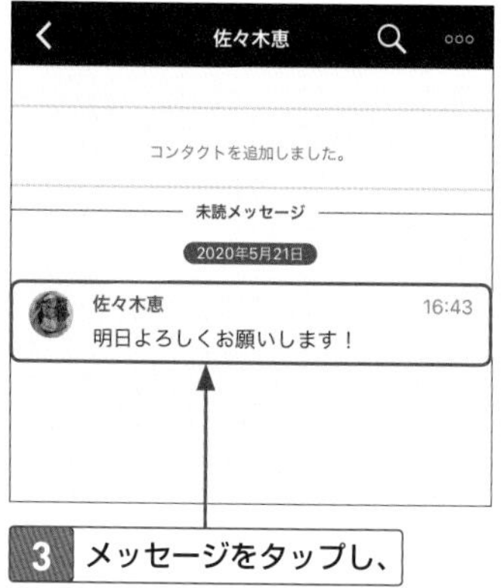

3 メッセージをタップし、

4 <リアクション>をタップして、

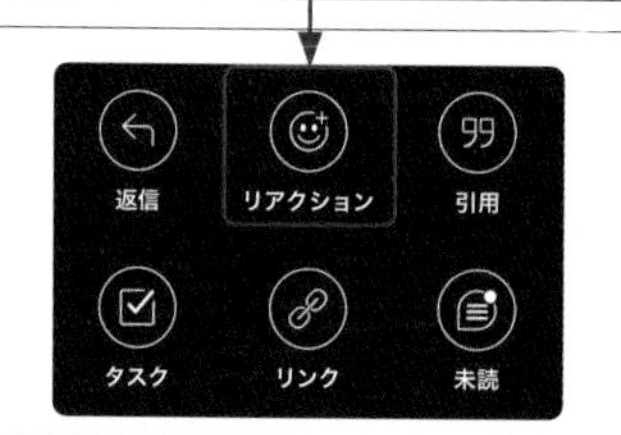

5 任意のリアクションをタップすると、

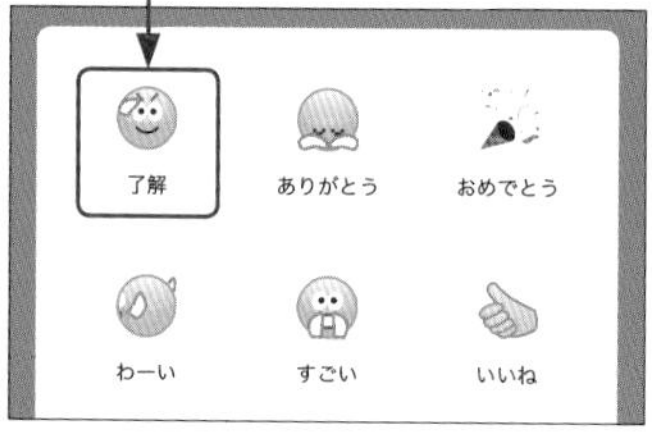

6 メッセージにリアクションが付けられます。

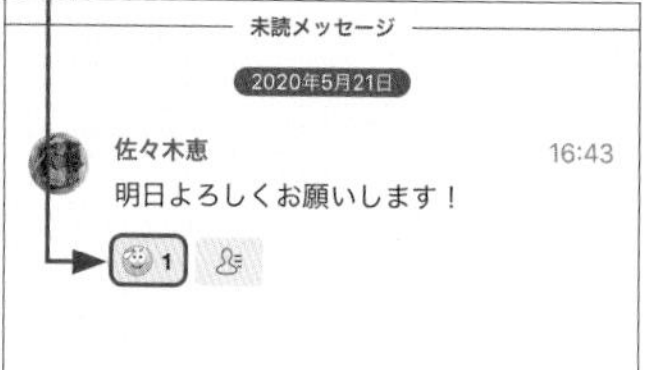

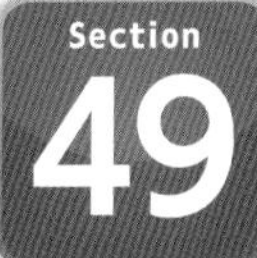

Section 49 メッセージを送信する

アプリ版では、LINEなどと同じように手軽にメッセージを送信できます。また、アプリ版でもパソコン版と同様に、特定のメッセージに返信することも可能です。

1 メッセージを送信する

メッセージを送信する

1 メッセージを送りたいチャットを開きます。

2 画面下部の入力欄をタップしてメッセージを入力し、

3 ＜送信＞（Androidスマートフォンの場合は➤）をタップします。

4 メッセージが送信されます。

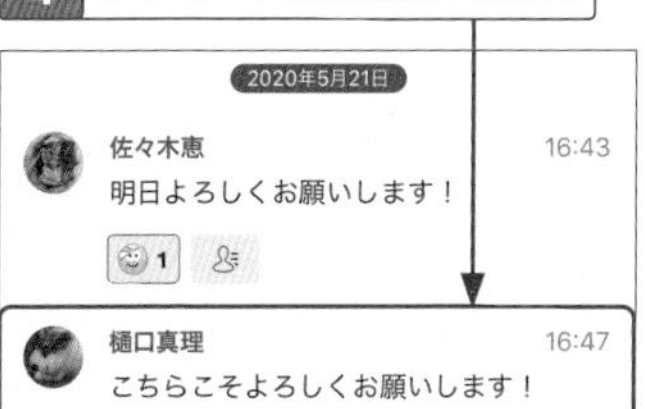

メッセージに返信する

1 返信したいメッセージをタップし、

2 ＜返信＞（Androidスマートフォンの場合は＜返信する＞）をタップします。

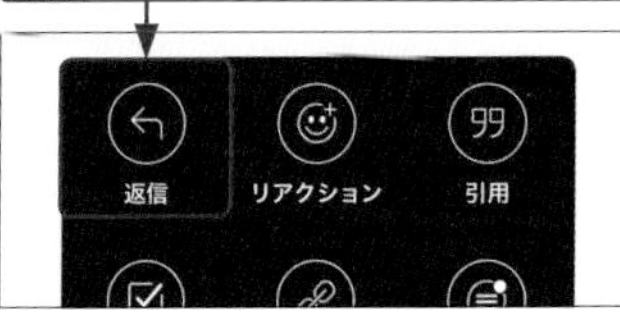

3 返信したい内容を入力し、

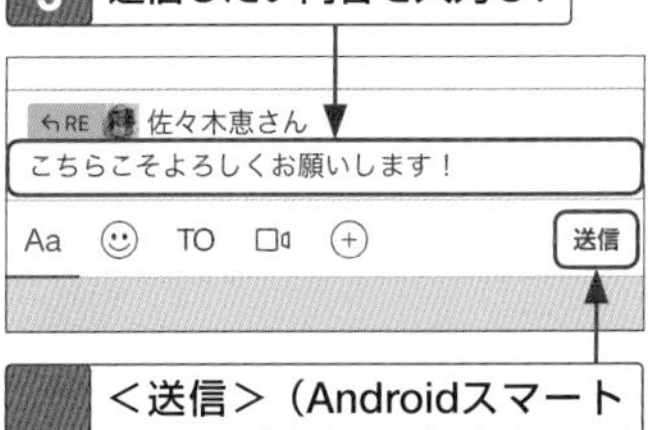

4 ＜送信＞（Androidスマートフォンの場合は➤）をタップします。

5 メッセージに返信されます。

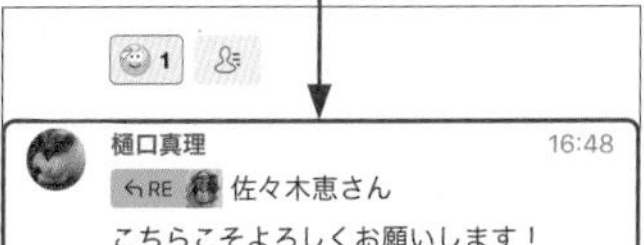

Section 50 ファイルを送信する

アプリ版からは、スマートフォンに保存されているファイルを送信することができます。また、カメラを起動させれば、その場で撮影した写真を送信することも可能です。

1 ファイルを送信する

1 ファイルを送りたいチャットを開きます。

2 画面下部の⊕をタップし、

3 <ファイルを選択>をタップします。

4 送信したいファイルをタップすると、

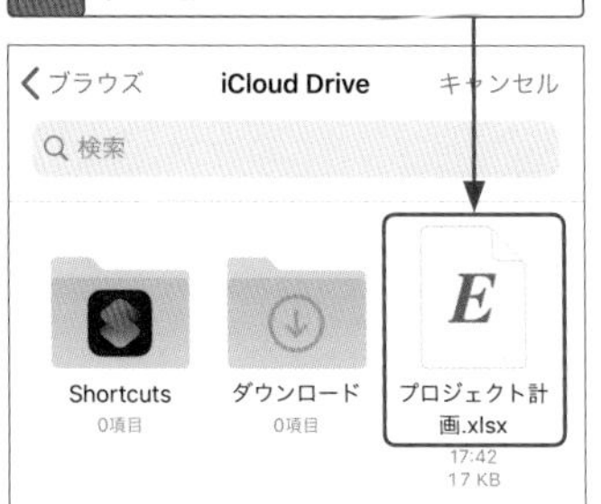

5 ファイルが送信されます。

Memo Androidスマートフォンの場合

Androidスマートフォンでファイルを送信する場合は、画面下部の⬆をタップし、送信したいファイルをタップして<アップロード>をタップします。

Section 51 メッセージを編集／削除する

メッセージを間違えて送信してしまった場合は、該当するメッセージをタップして、表示されるメニューから編集または削除を行います。編集または削除したメッセージは、パソコン版にも反映されます。

1 メッセージを編集／削除する

メッセージを編集する

1 編集したいメッセージをタップし、

2 <編集>（Androidスマートフォンでは<編集する>）をタップします。

3 メッセージを編集し、

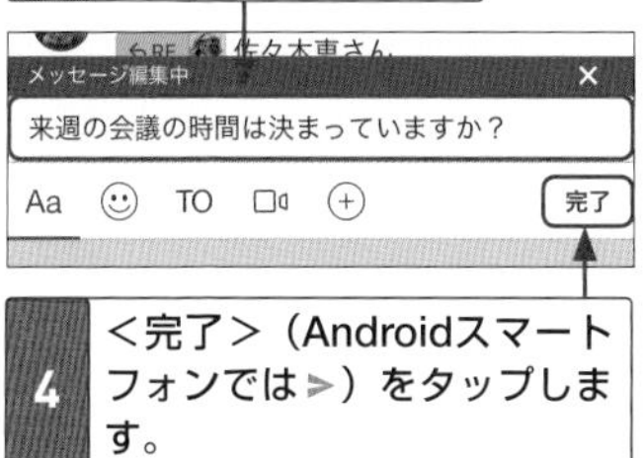

4 <完了>（Androidスマートフォンでは>）をタップします。

5 メッセージが編集されます。

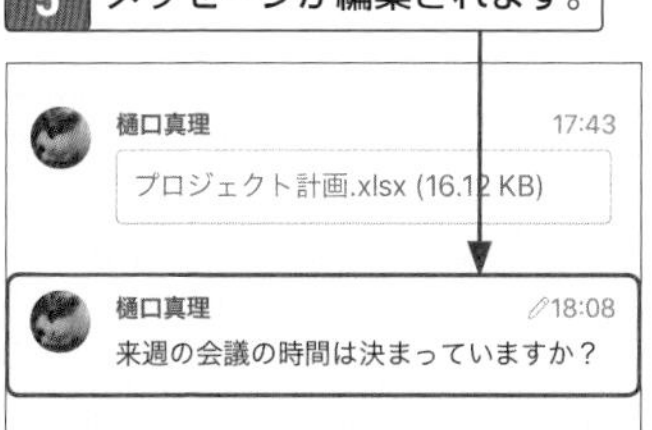

メッセージを削除する

1 削除したいメッセージをタップし、

2 <削除>（Androidスマートフォンの場合は<削除する>）をタップします。

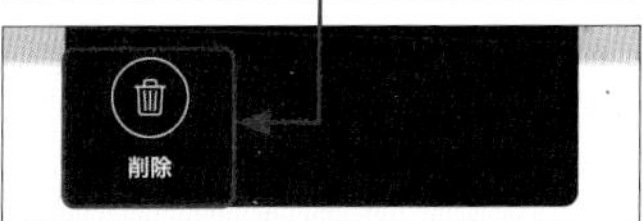

3 確認画面が表示されるので、<削除>をタップすると、

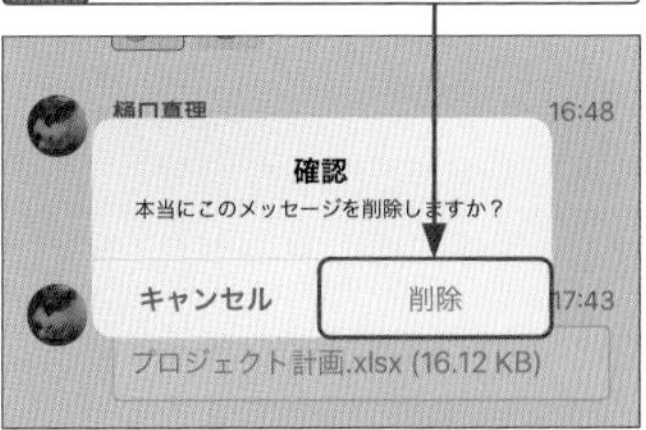

4 メッセージが削除されます。

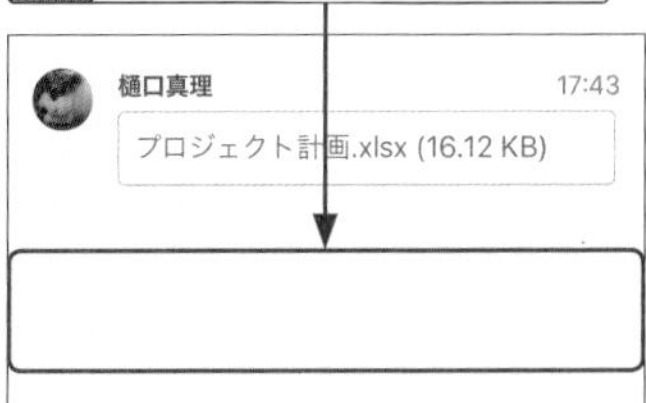

Section 52 グループを作成する

アプリ版からグループを作成することができます。メンバー権限の設定は、グループ作成時に行います。チャット名やプロフィール画像の変更、概要の入力などは作成後に設定することができます。

1 グループを作成する

1 ＋（Androidスマートフォンでは⊕）をタップし、

2 <チャット名>をタップしてグループのチャット名を入力したら、

3 グループに招待したいメンバーの○（Androidスマートフォンでは＋）をタップします。

4 メンバー権限（ここでは<メンバー>）をタップして選択し（Androidスマートフォンではさらに<決定>をタップ）、

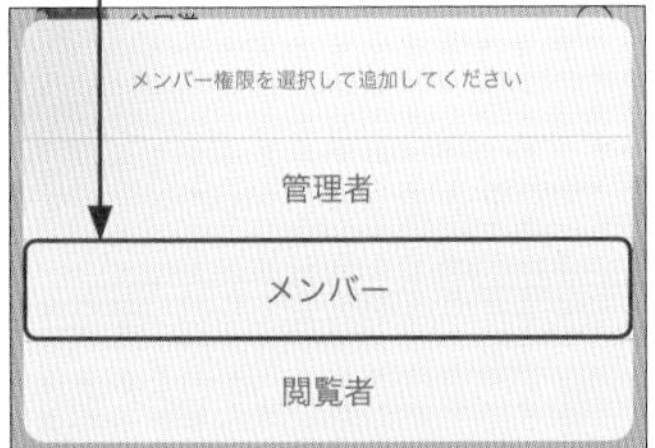

5 <完了>（Androidスマートフォンでは<チャットを作成>）をタップします。

StepUp グループチャットのチャット名やアイコンを変更する

グループのチャット画面の右上にある⋯（Androidスマートフォンでは⋮）をタップすると「チャット情報」画面が表示されます。✎（Androidスマートフォンでは✎）をタップすると、チャット名やアイコンの変更、概要の入力などが設定できます。

基本機能
はじめ方
基本操作
グループ
タスク管理
応用
スマホ&タブレット

Section 53 グループの特定メンバーにメッセージを送る

グループの特定のメンバーにメッセージを送るときは、パソコン版と同様に「TO」機能を使いましょう。宛先を指定しても、グループのほかのメンバーに通知される場合があります。

1 特定のメンバーにメッセージを送る

1 グループチャットを開き、

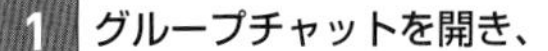

2 画面下部の TO（Androidスマートフォンでは TO）をタップします。

3 メッセージを送りたいメンバーをタップすると、

4 メッセージの入力欄に宛先が挿入されます。

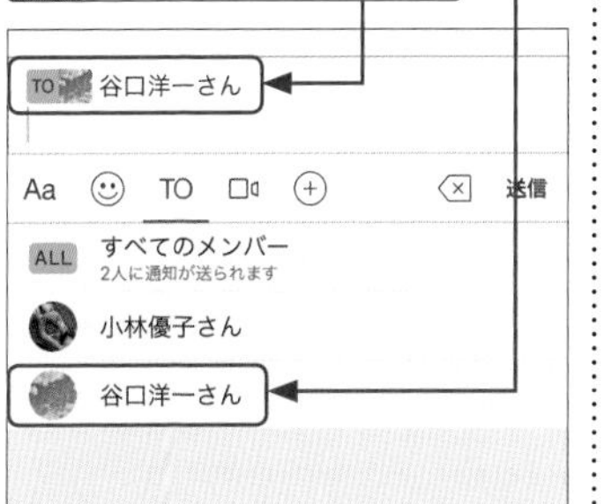

5 メッセージを入力し、

6 <送信>（Androidスマートフォンでは >）をタップすると、

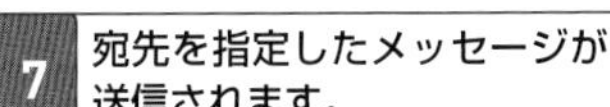

7 宛先を指定したメッセージが送信されます。

Section 54 マイチャットで自分用のメモを保存する

業務に関するちょっとしたメモは、マイチャットに書き込んでおきましょう。アプリ版からマイチャットに保存した内容を未読にしておけば、パソコン版を開いたときに気付きやすくなります。

1 マイチャットにメモを保存する

1 <マイチャット>をタップし、

2 メモとして保存しておきたいメッセージを入力し、

3 <送信>（Androidスマートフォンでは）をタップします。

4 マイチャットにメッセージが送信されます。

Memo

マイチャットも通常のチャットと同じ操作ができる

マイチャットに送信したメッセージをタップすると、通常のチャットと同じように編集や削除、リアクションなどの操作が行えます。

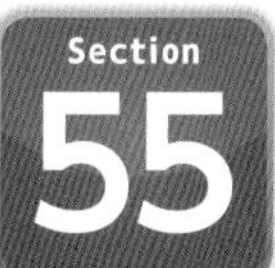

メンバーと音声・ビデオ通話をする

出先などですぐにチャットのメンバーと連絡を取りたいときは、スマートフォンで通話をするとよいでしょう。アプリ版の通話機能は、通常の電話アプリのように利用できます。

1 音声・ビデオ通話をする

1 通話をしたいメンバーのチャットを開き、

2 画面下部の（Androidスマートフォンでは）をタップします。

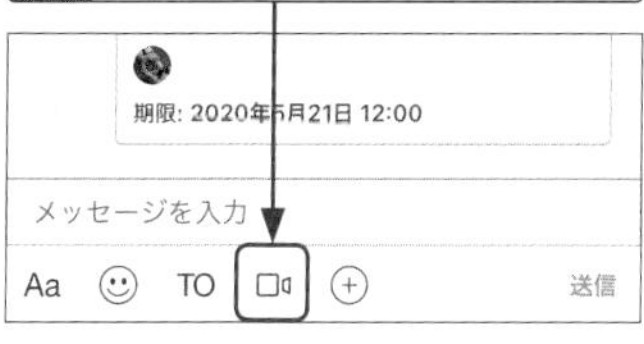

カメラやマイクへのアクセス許可が表示された場合は、<許可>をタップします。

3 通話したいメンバーにチェックを付け、

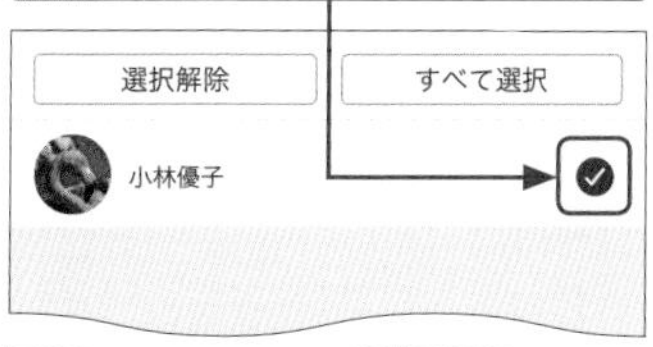

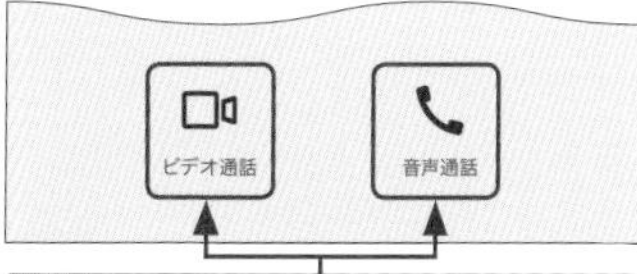

4 <ビデオ通話>または<音声通話>をタップしたら、

5 <開始>をタップします。

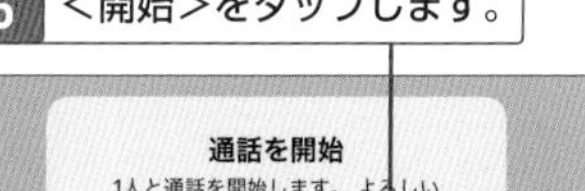

6 相手が応答すると、通話が開始されます。

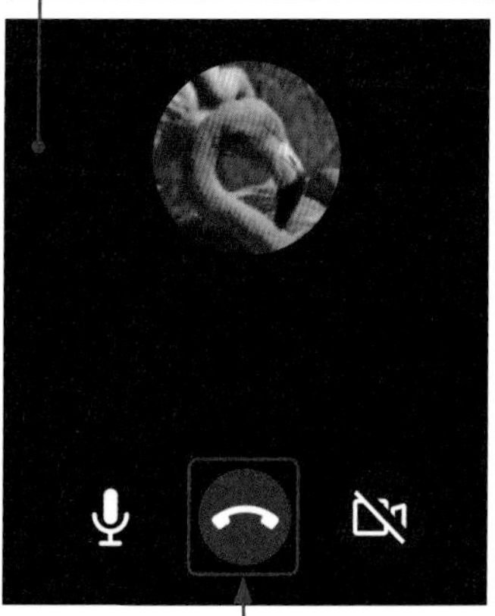

7 通話を終了するには、をタップします。

音声通話の画面でをタップするとビデオ通話に切り替わり、ビデオ通話の画面でをタップすると音声通話に切り替わります。

Section 56 タスクを追加する

重要な業務はタスクに追加しておきましょう。ここでは、担当者を自分に設定したタスクの追加方法を説明します。アプリ版から追加したタスクは、パソコン版にも反映されます。

1 タスクを追加する

1 タスクを追加したいチャットを開き、

2 画面下部の⊕（Androidスマートフォンでは☑）をタップして、

3 ＜タスク＞をタップします。

4 タスクの内容を入力し、

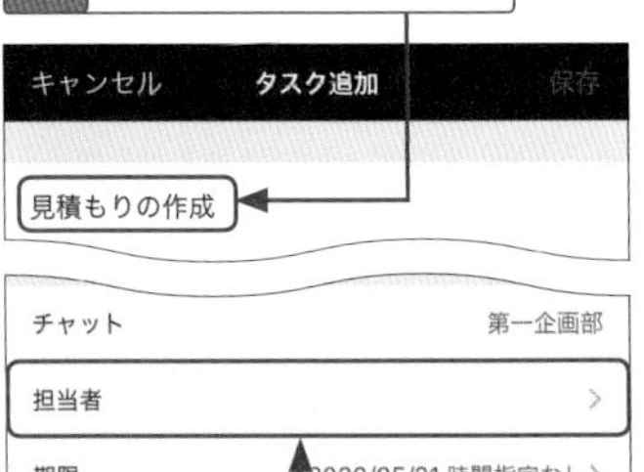

5 ＜担当者＞をタップします。

6 自分の名前をタップしてチェックを付けたら、

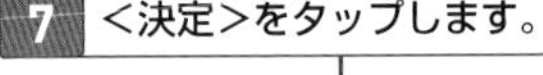

7 ＜決定＞をタップします。

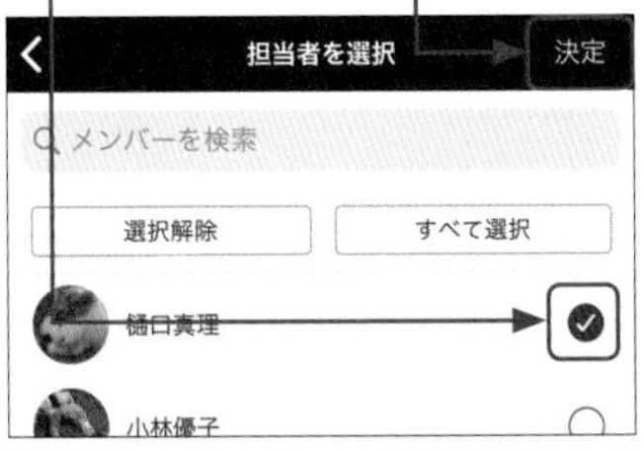

8 「期限」の日にちと時間をそれぞれタップして設定し、

9 ＜保存＞をタップします。

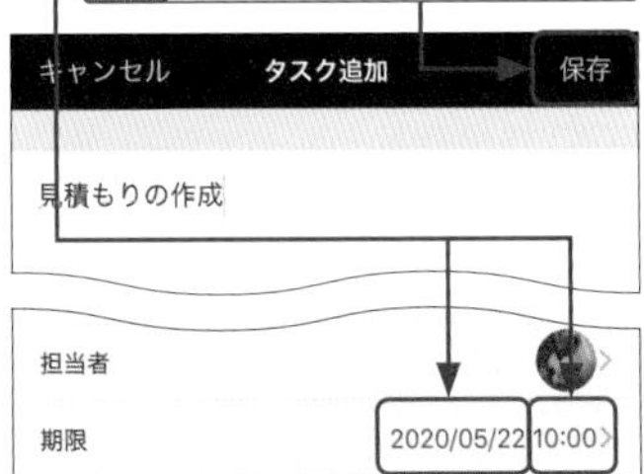

チャットのメッセージをタップし、＜タスク＞（Androidスマートフォンでは＜タスクを追加する＞）をタップすることでも、タスクを追加できます。

タスクを完了する

アプリ版でタスクを完了させるには、タスク管理画面からとチャット画面からの2つの方法があります。なお、パソコン版で追加したタスクも、アプリ版で完了させることができます。

1 タスクを完了する

タスク管理画面から完了する

1 画面下部の＜タスク＞をタップすると、

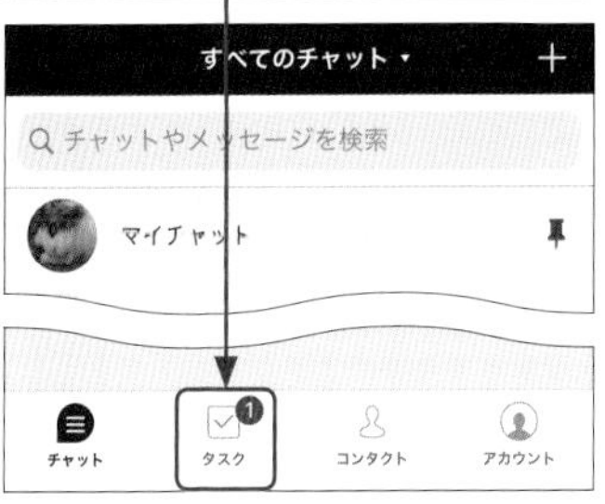

2 完了したタスクの□（Androidスマートフォンでは＜完了＞）をタップします。

3 タスクが完了します。

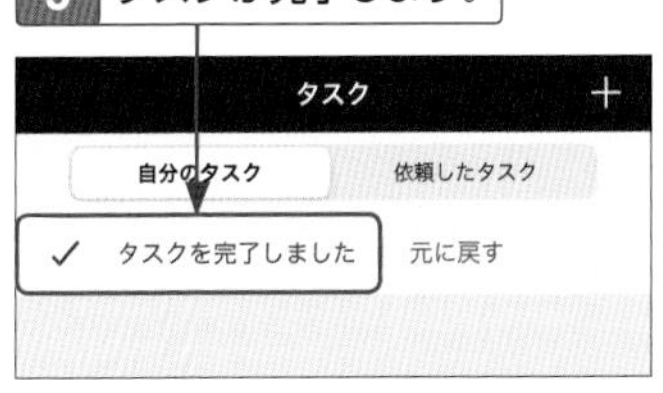

チャット画面から完了する

1 タスクを追加しているチャットの画面右上の■（Androidスマートフォンでは■）をタップし、

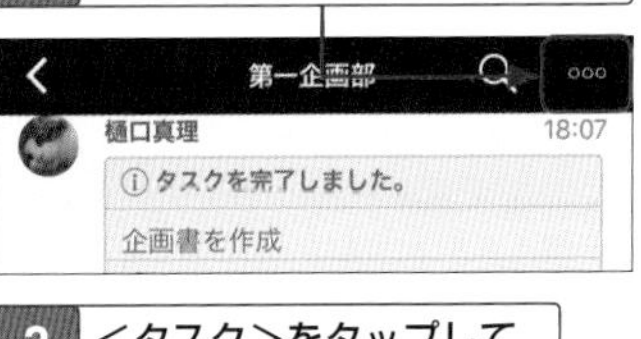

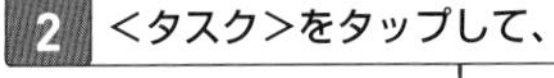

2 ＜タスク＞をタップして、

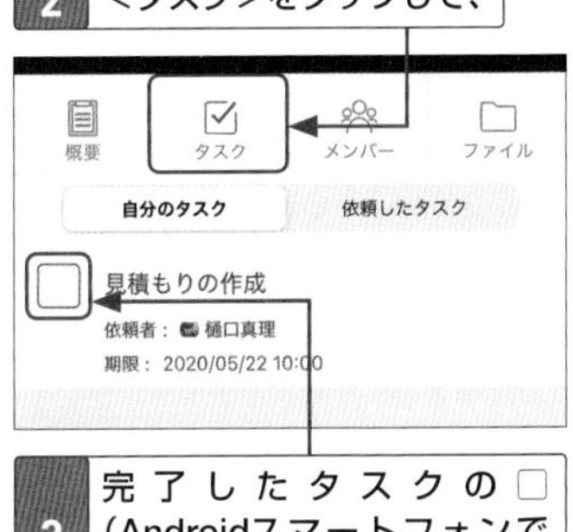

3 完了したタスクの□（Androidスマートフォンでは＜完了＞）をタップします。

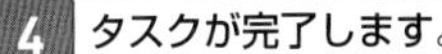

4 タスクが完了します。

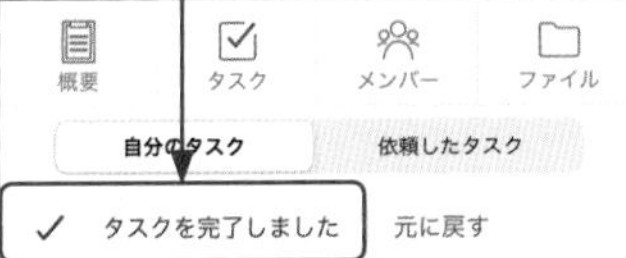

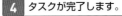

Section 58

通知の設定を変更する

アプリ版では初期状態で通知が届くようになっていますが、項目ごとにオン／オフを設定することもできます。なお、iPhoneとAndroidスマートフォンでは一部設定の操作方法が異なります。

1 iPhoneで通知の設定を変更する

1 画面下部の<アカウント>をタップし、

2 <設定>をタップしたら、

3 <プッシュ通知>をタップします。

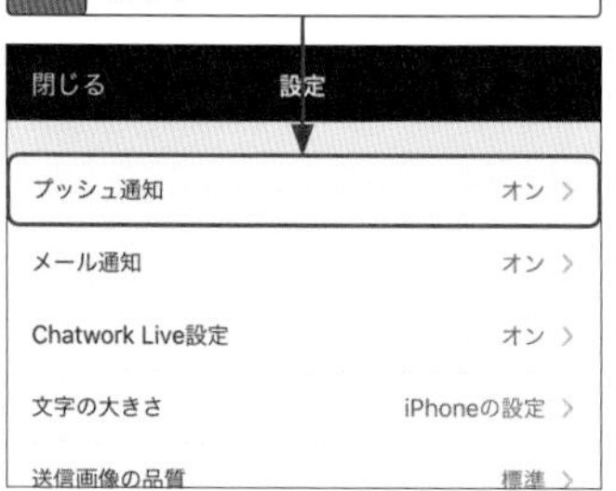

4 通知が不要の場合は、「プッシュ通知」の をタップして にします。

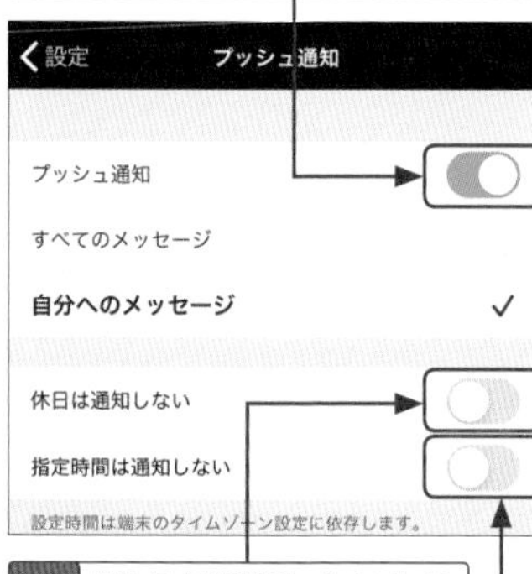

5 「休日は通知しない」の をタップすると、通知を受け取らない曜日を選択できます。

6 「指定時間は通知しない」の をタップすると、通知を受け取らない時間帯を指定できます。

7 <プッシュ通知音>をタップし、任意のサウンドをタップすると、通知音を変更できます。

プッシュ通知音　デフォルト

2 Androidスマートフォンで通知の設定を変更する

1 画面下部の＜アカウント＞をタップし、

2 ＜設定＞をタップしたら、

3 ＜プッシュ通知する項目＞をタップします。

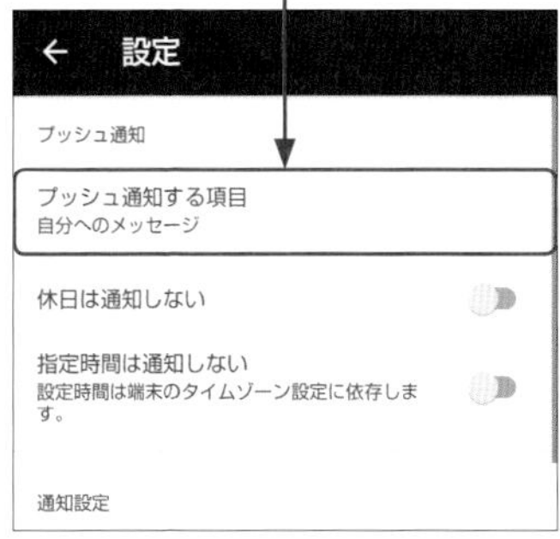

4 通知が不要の場合は、＜通知しない＞をタップします。

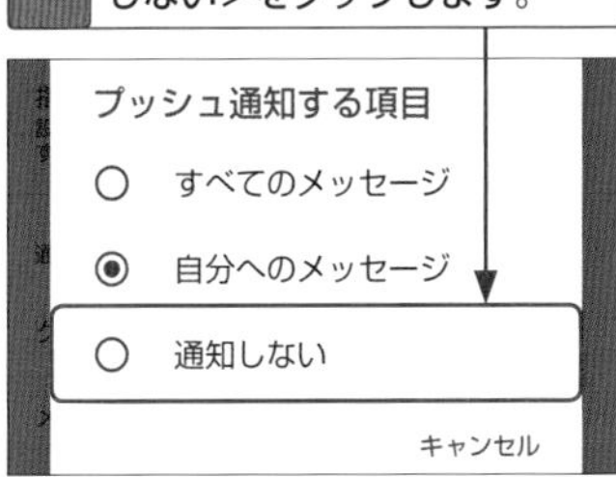

5 「休日は通知しない」のをタップすると、通知を受け取らない曜日を選択できます。

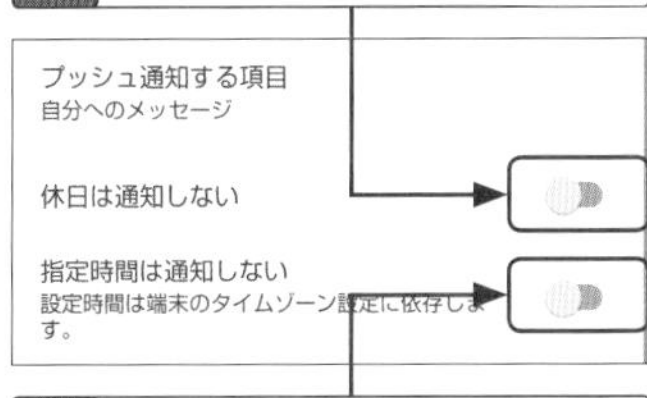

6 「指定時間は通知しない」のをタップすると、通知を受け取らない時間帯を指定できます。

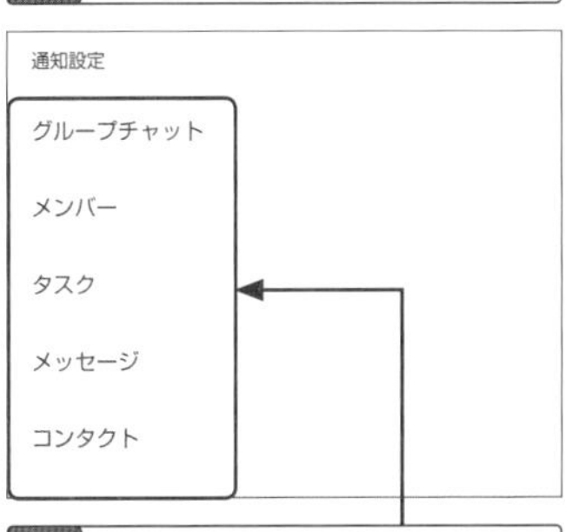

7 Androidスマートフォンでは、「グループチャット」や「メンバー」などの項目ごとに通知内容や通知音を設定できます。

Section 59 コンタクトを追加する

コンタクトの追加や削除は、アプリ版からでも行えます。また、メールでの招待もできるので、スマートフォンに登録してある連絡先に招待を送りたい場合は、手軽に操作できます。

1 コンタクトを追加する

1 画面下部の＜コンタクト＞をタップし、

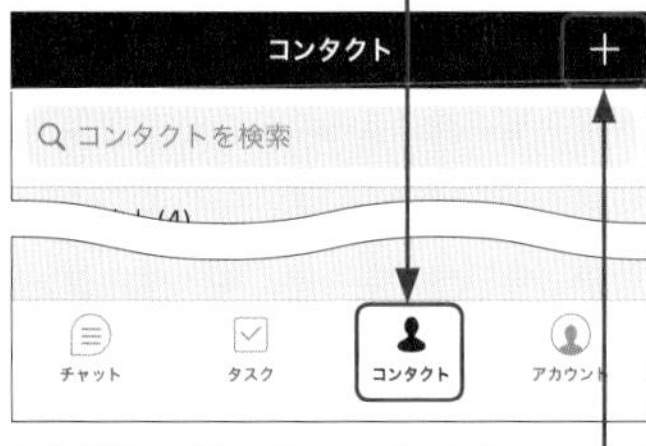

2 画面右上の＋（Androidスマートフォンでは）をタップします。

3 コンタクトに追加したいユーザーの名前やメールアドレスを入力し、キーボードの＜検索＞（Androidスマートフォンでは）をタップします。

4 検索結果からコンタクトに追加したい相手を見つけたら、＜追加＞（Androidスマートフォンでは＜追加する＞）をタップします。

5 コンタクトが承認されると、チャットにコンタクト追加のメッセージが届きます。

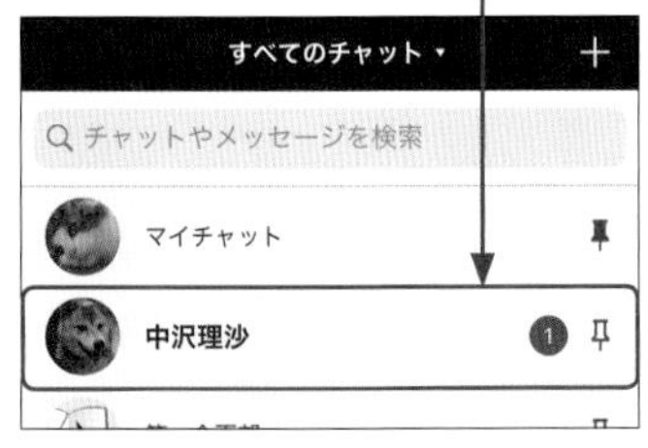

コンタクトを削除するには、手順1の画面でコンタクトを削除したいユーザーの名前をタップ（Androidスマートフォンでは長押し）し、＜削除＞→＜削除＞の順にタップします。

第4章

Zoomではじめるビデオ会議

Zoomは、近年とくに注目を集めているビデオ会議アプリです。パソコン、スマートフォン、タブレットを問わず使用することができ、複数人でのビデオ通話はもちろん、画面を共有してリアルタイムでコメントを付けたり、チャット機能でテキストのメッセージをやり取りしたりすることが可能です。

Section 01 Zoomとは

Zoomとは、複数人の同時参加が可能なビデオ会議ツールです。機能や操作がビジネス用途に最適化されている点も大きな特徴といえます。

1 Zoomの特徴

Zoomは、ビジネスシーンで広く活用されているビデオ会議ツールです。パソコンやスマートフォン、タブレットにインストールすることで、最大1,000人がオンライン上の会議に参加できます。主催者からの招待をクリックすればアカウントなしでも参加できるほか、参加者全員で画面を共有してコメントを付けたり、チャットを行ったりすることもできます。そのほか、拍手や賛成の意をアイコンによって示すことができたり、別の参加者の画面を操作したりと、円滑にビデオ会議を行うためのさまざまな機能を備えています。

https://zoom.us/jp-jp/meetings.html

2 Zoomが利用できる環境

Zoomには、Webブラウザ版、デスクトップ版、アプリ版（iPhone／Androidスマートフォン／iPad）の3種類があります。本書では、デスクトップ版Zoomを中心に、iPhoneアプリ版Zoom、Androidスマートフォンアプリ版Zoom、iPadアプリ版Zoomの使い方を紹介します。なお、Webブラウザ版は本書では紹介しませんが、デスクトップ版に比べてやや動作が遅かったり、通知を受け取ることができなかったりなどの制限があります。

3 Zoomの構成

Zoomの特徴として、会議やセミナーを主導する「ホスト」とそれ以外の「参加者」が分かれているという点が挙げられます。ビデオ会議の流れとしては、まずZoomのアカウントを取得しているホストがミーティングルームを立ち上げ、その招待URLを参加者に送ります。参加者はホストから送られてきた招待URLをクリックしてビデオ会議に参加します。ビデオ会議中は、誰でも自由に発言できますが、画面の録画など、ホストのみに権限がある操作もいくつかあります。また、ビデオ会議の終了もホストのみ行うことができます。

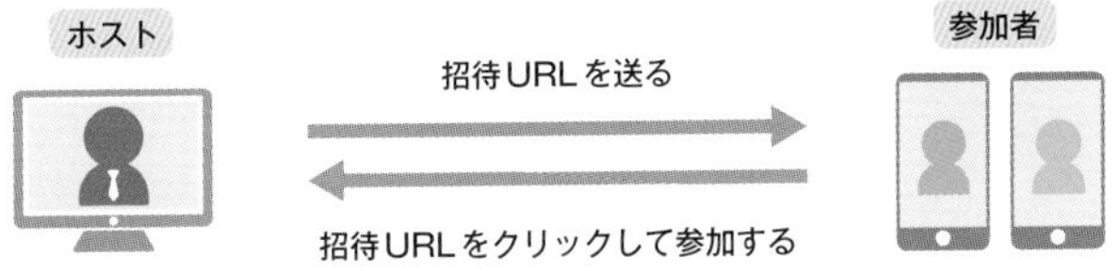

Zoomのおもな用語

用語	説明
ミーティング	Webカメラとマイクを利用して複数人で行うビデオ会議のことです。
ミーティングルーム	ビデオ会議はホストが作成するミーティングルームで行われます。ミーティングルームには、ミーティングID、パスワード、URLが設定されています。
パーソナルミーティングルーム	ミーティングルームを新規作成すると、毎回ミーティングIDが変わります。固定されたミーティングIDを使いたい場合はパーソナルミーティングを使用します。
招待	ミーティングを立ち上げた人（ホスト）が、ほかの人にURLを送信し、ミーティングへの参加を募ることです。
画面の共有	自身のパソコンの画面を、ほかの参加者の画面にも表示させる機能です。

Section 02

Zoomの画面構成

Zoomの画面構成はシンプルです。かんたんな操作ですぐにミーティングやチャット、スケジュール管理を行うことができます。ミーティング中の画面とあわせて確認していきましょう。

1 Zoomの画面構成

Zoomにサインインすると、最初に表示されるのがホーム画面です。もっともよく使用する機能はおおよそ4つで、自分がホストとなる場合に使用する「新規ミーティング」、参加者としてビデオ会議に加わる場合に使用する「参加」、定期的なビデオ会議がある場合に設定する「スケジュール」、誰かと同じ画面を見ながら作業したい場合に使用する「画面の共有」があります。

なお、Zoomはアカウントを作成せずに会議に参加することもできますが、その場合はホーム画面は表示されません。

ホーム画面

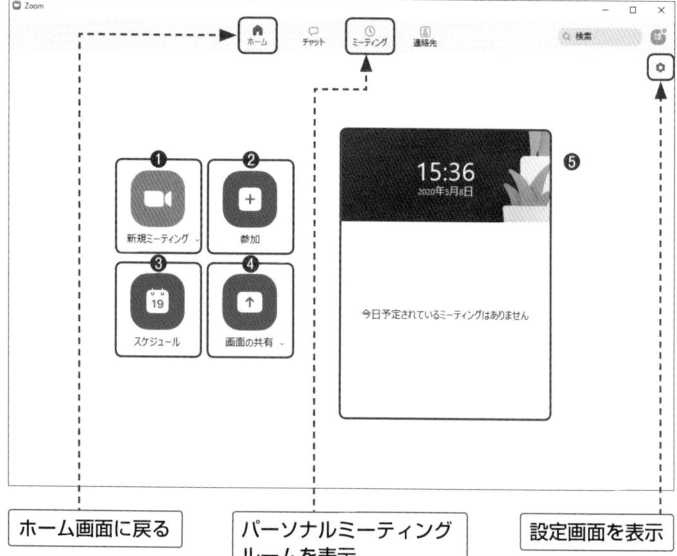

ミーティング画面

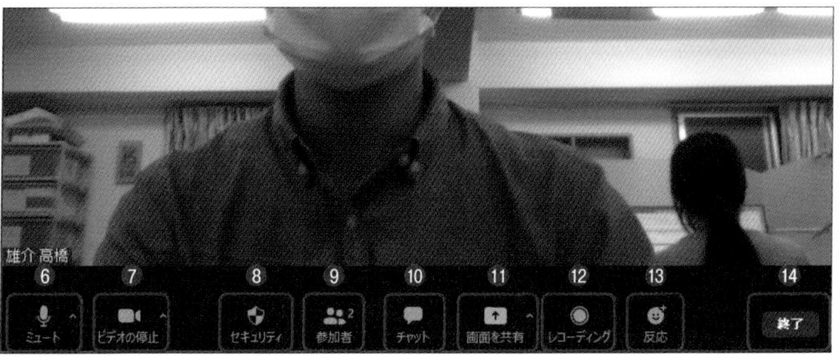

❶新規ミーティング	自分がホストとなってビデオ会議をスタートさせる場合にクリックします。
❷参加	ミーティングIDまたはURLを入力することで、ミーティングに参加できます。
❸スケジュール	ミーティングのスケジュールを入力できます。会議に招待したいメンバーとスケジュールを共有することも可能です。
❹画面の共有	自分のパソコンの画面をメンバーと共有できます。
❺予定	日付や時刻、その日予定されているミーティングなどが確認できます。
❻ミュート	自分の音声が相手側に聞こえなくなります。
❼ビデオの停止	自分のカメラがオフになり、相手の画面にはユーザー名のみが表示されます。
❽セキュリティ	ミーティング中に第三者が参加できないようにするなど、セキュリティ面の設定ができます。
❾参加者	参加者の一覧を確認できるほか、新しい参加者を招待することもできます。
❿チャット	チャットを利用できます。チャットは画面右側に表示されます。
⓫画面を共有	自分のパソコンに表示しているファイルやWebサイトなどの画面を相手の画面に表示できます。
⓬レコーディング	ミーティングを録画できます。
⓭反応	拍手や賛成のアイコンを表示できます。
⓮終了	ミーティングを終了／退出します。

※参加者の場合、ミーティング画面に表示されないボタンがあります。

Section 03 アカウントを作成する

まずは、アカウントを作成しましょう。メールアドレスの入力など、いくつかの手順を進めていくだけです。なお、アカウントがなくても招待されたミーティングには参加できますが、ホストにはなれません。

1 アカウントを作成する

1 Webブラウザで「https://zoom.us/jp-jp/meetings.html」にアクセスして、トップページの<サインアップは無料です>をクリックします。

2 生年月日を入力して、

3 <続ける>をクリックします。

検証のために、誕生日を確認してください。
年　月　日　続ける
このデータは保存されません

4 メールアドレスを入力し、

5 <サインアップ>をクリックします。

無料サインアップ

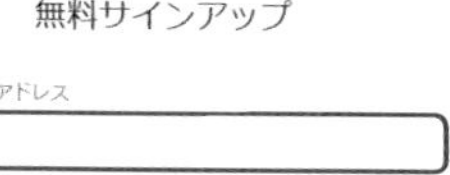

ZoomはreCAPTCHAで保護されています。また、プライバシーポリシーとサービス利用規約が適用されます。
サインアップ
すでにアカウントをお持ちですか？サインイン。
または
SSOでサインイン

こんにちは deguchi@linkup.jp

Zoomへのサインアップありがとうございます！
アカウントを開くには下記のボタンをクリックしてメールアドレスの認証をしてください：

アクティブなアカウント

上記のボタンが利用できなければ、こちらをブラウザに張り付けてください：
https://zoom.us/activate?code=C80IEkVxONoDMSKztmQYg9YU7P2Z2jeeWbnuRrPl1GI.BQ
gAAAFxlhXclwAnjQARZGVndWNoaUBsaW5rdXAuanABAGQAABZTSDdOVVV5NVJJV3dTTnV
aU3AzeGVRAAAAAAAAAAAA&fr=signup

お困りのことがございましたら、サポートセンターにご連絡ください

ご利用ありがとうございます！

6 入力したメールアドレス宛てに確認のメールが届きます。＜アクティブなアカウント＞をクリックします。

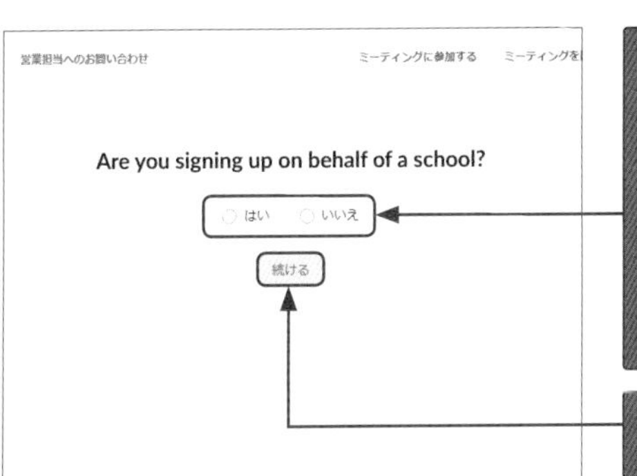

7 「Are you signing up on behalf of a school？」という確認画面が表示されるので、教育目的でなければ＜いいえ＞をクリックしてチェックを付け、

8 ＜続ける＞をクリックします。

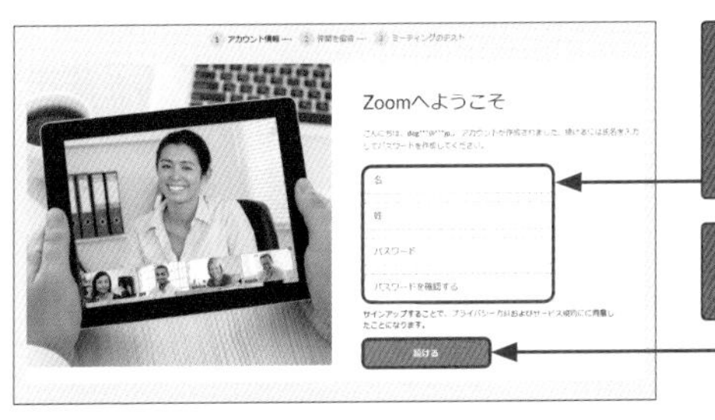

9 姓名とパスワードを入力してパスワードを再入力し、

10 ＜続ける＞をクリックします。

11 ＜手順をスキップする＞をクリックします。

12 「テストミーティングを開始。」画面が表示されたら、<Zoomミーティングを今すぐ開始>をクリックするとダウンロードがはじまります。

13 ダウンロードが完了したら、exeファイルをクリックします。

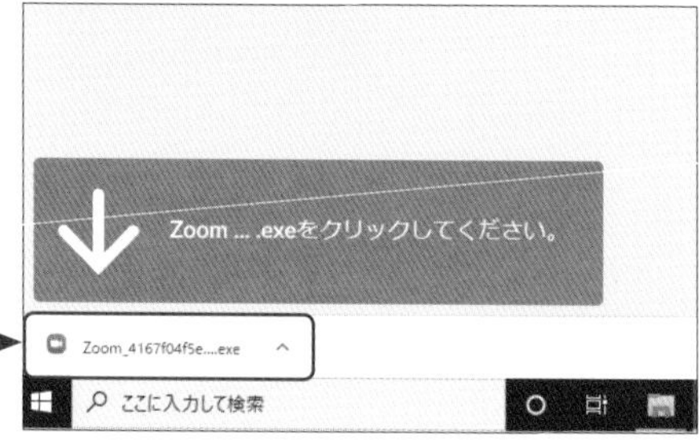

14 セットアップが開始されます。

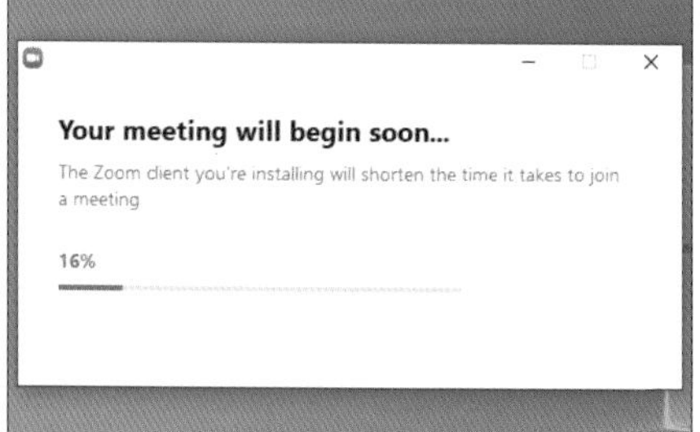

15 ホーム画面が表示され、Zoomを使用できるようになります。

Section 04 マイクやカメラをテストする

Zoomでビデオ会議をする前に、あらかじめマイクやカメラに問題がないか確認しておきましょう。ヘッドセットを使う場合は、パソコンに接続してからテストを行いましょう。

1 マイクやカメラの設定を確認する

1 Zoomのホーム画面で⚙をクリックします。

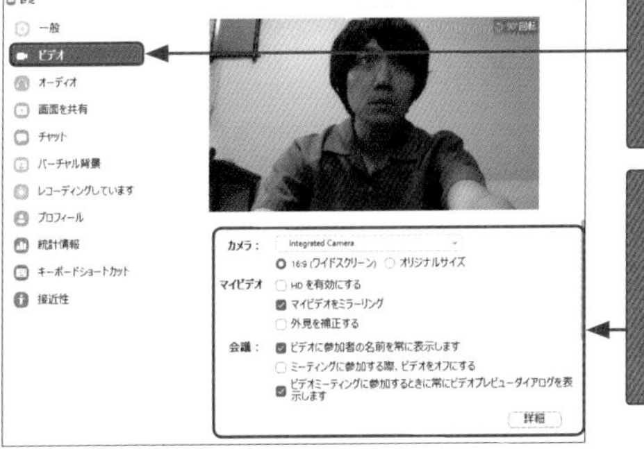

2 「設定」画面が表示されたら＜ビデオ＞をクリックして、

3 カメラの種類やビデオの画角、会議中の設定など、適用したいものをクリックしてチェックを付けます。

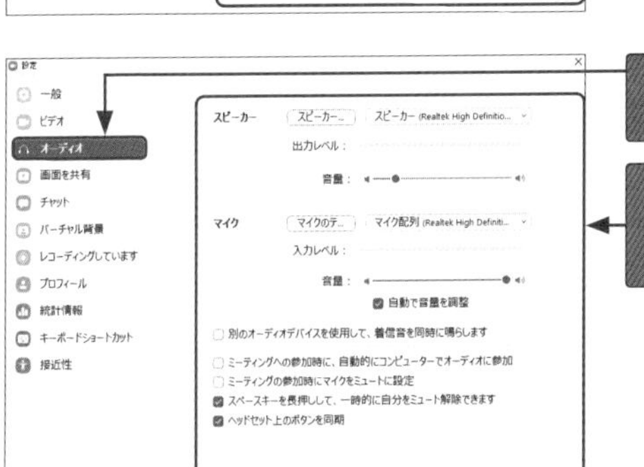

4 ＜オーディオ＞をクリックして、

5 スピーカーやマイクの音量を調節します。

Section 05 ビデオ会議に招待する

ビデオ会議をはじめるには、参加者を招待する必要があります。ここでは、自分がホストとなってビデオ会議を行う場合の手順を紹介していきます。

1 ビデオ会議に招待する

1 Zoomの「ホーム」画面で＜新規ミーティング＞をクリックします。

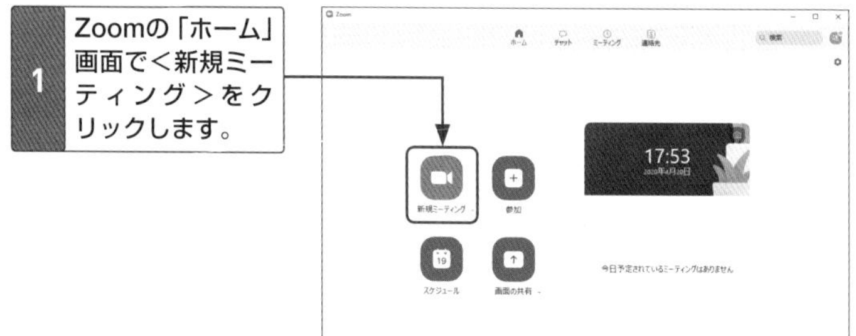

2 「オーディオに参加」画面が表示されるので、＜コンピューターでオーディオに参加＞をクリックします。

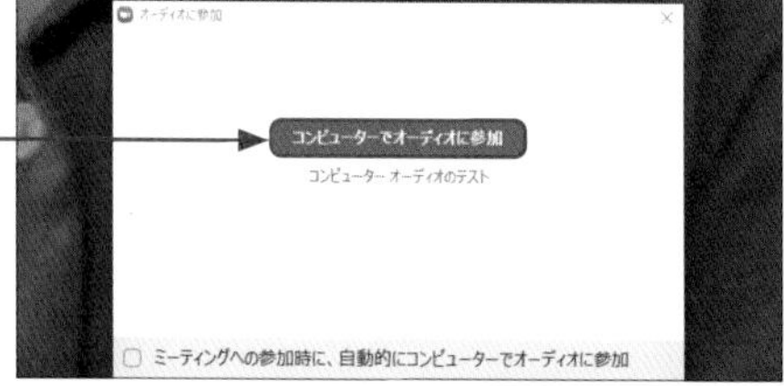

3 ＜参加者＞をクリックして、

4 ＜招待＞をクリックします。

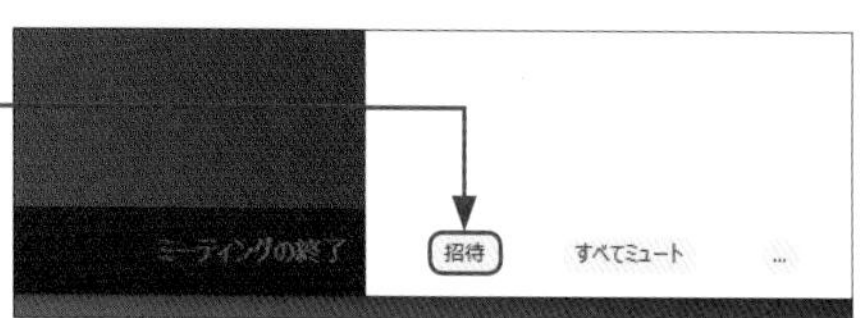

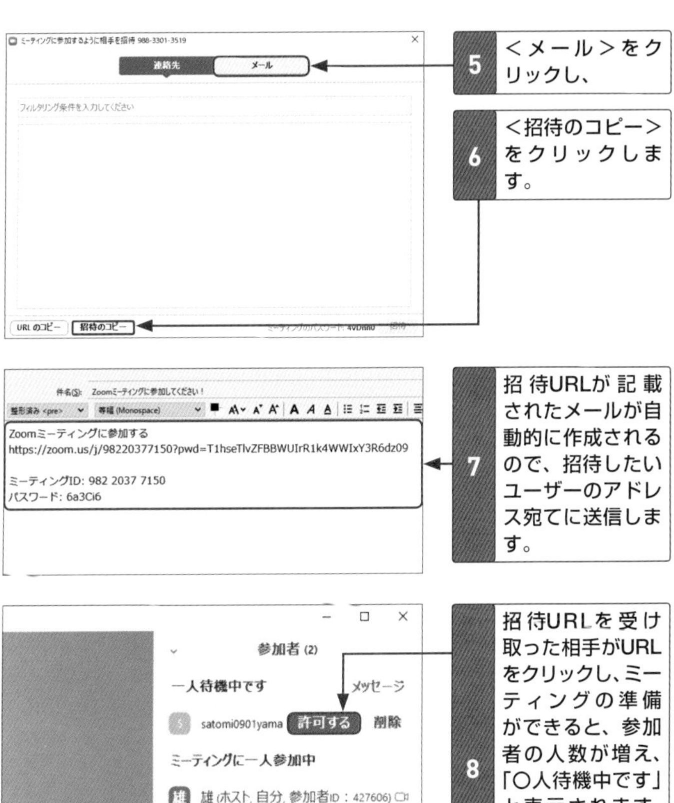

5 <メール>をクリックし、

6 <招待のコピー>をクリックします。

7 招待URLが記載されたメールが自動的に作成されるので、招待したいユーザーのアドレス宛てに送信します。

8 招待URLを受け取った相手がURL

Memo

さまざまな招待方法

上記はメールによる招待方法ですが、手順6の画面で<URLのコピー>をクリックする方法もあります。コピーしたURLをチャットなどで招待相手に共有することで、同様にビデオ会議に参加させられます。また、手順7の画面に表示された「ミーティングID」と「パスワード」を伝えて参加してもらう方法もあります。

Section 06 パーソナルミーティングルームでビデオ会議に招待する

社内の近しい人とひんぱんにビデオ会議を行うような場合は、パーソナルミーティングルームを利用するとよいでしょう。毎回招待URLを送る必要がなくなり、効率的です。

1 パーソナルミーティングルームでビデオ会議に招待する

パーソナルミーティングルームとは、アカウント個人に紐付いたIDに基づくミーティングルームです。通常のミーティングであれば新規に立ち上げるごとにIDが変更になりますが、パーソナルミーティングルームでは不変です。そのため、このIDを知っている人どうしであれば、毎回新規ミーティングルームを立ち上げて招待URLを教える手間が省けます。ただし無料の基本プランの場合、上記のIDは変更できないため、あまり知らない人などに教えるのは避け、定期的にビデオ会議を行う親しい人にのみ教えるようにしましょう。

1 「ホーム」画面で＜ミーティング＞をクリックします。

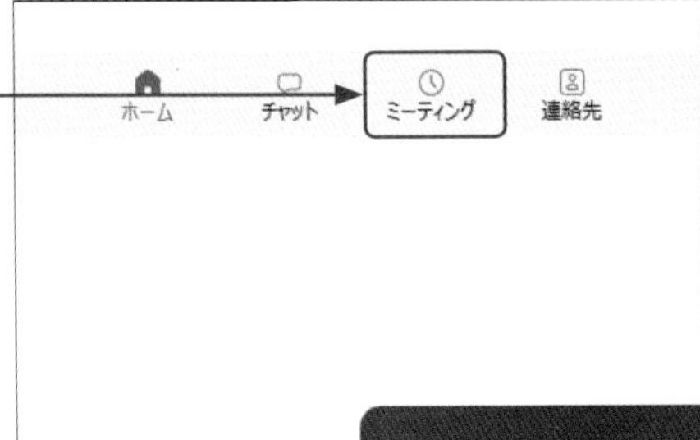

2 ＜招待をコピー＞をクリックし、メールなどにペーストして参加者に送信したら、

3 ＜開始＞をクリックします。

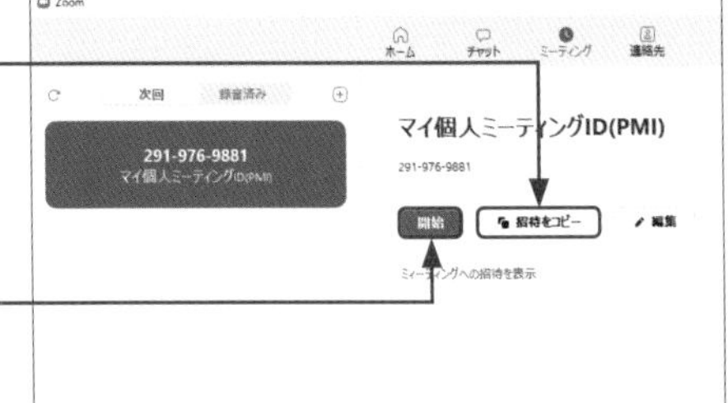

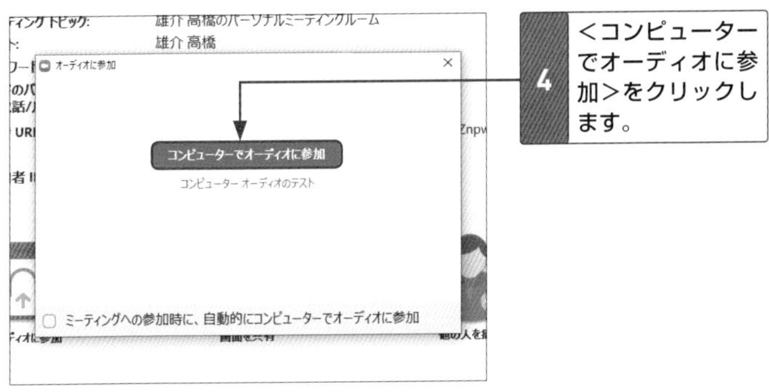

4 <コンピューターでオーディオに参加>をクリックします。

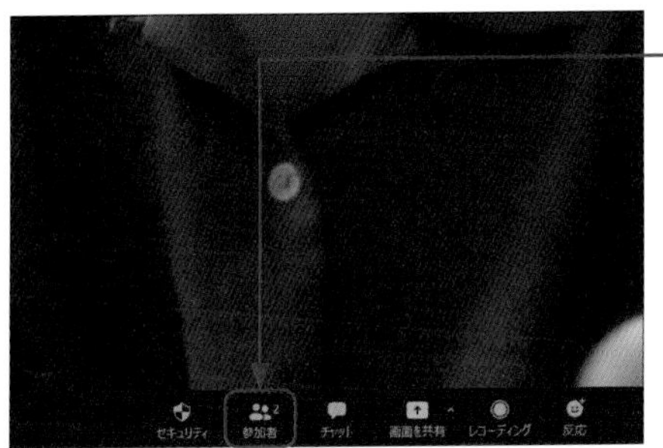

5 <参加者>をクリックします。

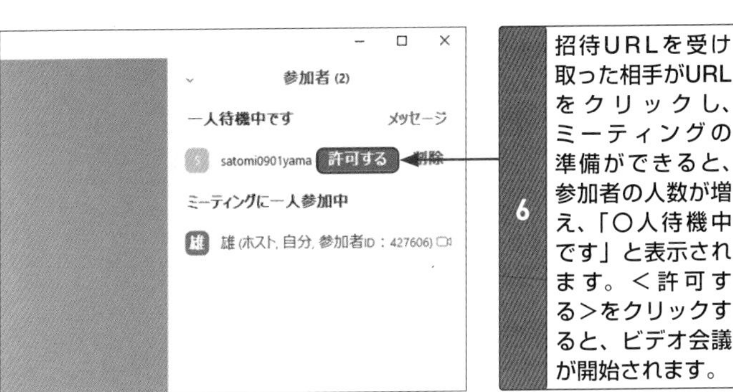

6 招待URLを受け取った相手がURLをクリックし、ミーティングの準備ができると、参加者の人数が増え、「○人待機中です」と表示されます。<許可する>をクリックすると、ビデオ会議が開始されます。

StepUp

さまざまな招待方法

パーソナルミーティングルームのIDとパスワードを伝えたい場合は、手順3の画面で<編集>をクリックすると表示されます。パスワードや設定の変更などもこの画面で行えます。

Section 07 ビデオ会議に参加する

ビデオ会議に参加するには、招待URLをクリックするか、ミーティングIDとパスワードを入力します。なお、アカウントを持っていなくても、ホストから招待を受ければビデオ会議に参加できます。

1 招待URLからビデオ会議に参加する

1 ホストからメールなどで会議への招待が届いたら、記載されている招待URLをクリックします。

件名 開催中のZoomミーティングに参加してください
宛先 (自分)✿
Zoomミーティングに参加する
https://zoom.us/j/97489114587?pwd=aUZqU2tyRXJUeGNlUE5BYVlIZ0ZnQT09
ミーティングID: 974 8911 4587
パスワード: 4MUrvz

2 確認画面が表示されます。<Zoom Meetingsを開く>をクリックします。

Zoom Meetings を開きますか？
https://us02web.zoom.us がこのアプリケーションを開く許可を求めています。
Zoom Meetings を開く　キャンセル

3 「ビデオプレビュー」画面が表示されたら、ビデオ付きで参加するかどうかを選択してクリックすると、

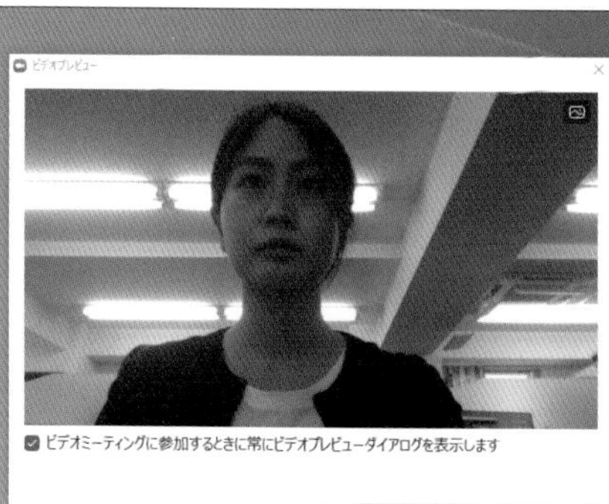

4 待機室の画面が表示されるので、ホストが参加を許可するのを待ちます。

参加者が待機室を無効にしている場合は、この画面が表示されないこともあります。

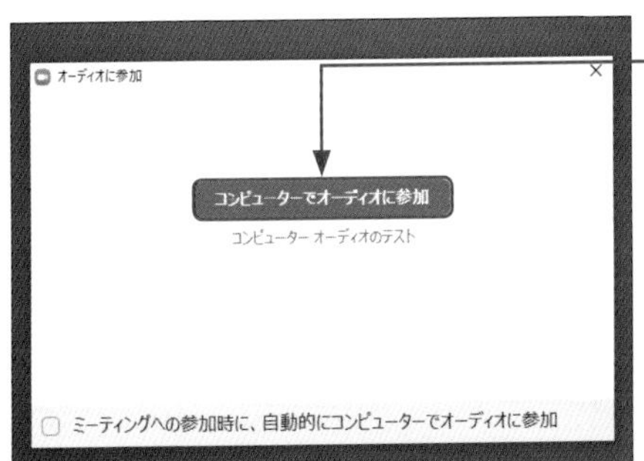

5 ホストが参加を許可したら、＜コンピューターでオーディオに参加＞をクリックすると、

6 ビデオ会議が開始されます。

Memo

ミーティングIDとパスワードで参加する

ミーティングIDとパスワードで参加する場合は、ホーム画面で＜参加＞をクリックします。ミーティングIDと名前を入力し、＜参加＞をクリックしてパスワードを入力します。

ミーティングに参加
ミーティングIDまたは個人リンク名を入力
高橋雄介

Section 08 ビューを変更する

Zoomの会議中の画面は「ギャラリービュー」と「スピーカービュー」という2種類の表示形式があります。利用目的に応じて自由に変更することができます。

1 ギャラリービューに切り替える

Zoomの画面には「ギャラリービュー」と「スピーカービュー」という2種類の表示形式があります。ギャラリービューでは、参加者の画面が全て同じ大きさで表示されるのに対し、スピーカービューではホストの画面が大きく、それ以外の参加者の画面が小さく表示されます。画面表示方法は参加者側で変更できます。なお、デフォルトではスピーカービューで表示されます。

1 ビデオ会議中の画面にマウスポインターを合わせ、右上に表示される<ギャラリービュー>をクリックします。

2 ギャラリービューに変更されます。

Memo 全画面表示

それぞれの手順1の画面で⛶をクリックすると、ビデオ会議の画面が全画面で表示されます。もとの状態に戻すには、同様の操作で⛶をクリックします。

2 スピーカービューに切り替える

1 ギャラリービューの状態で、ビデオ会議中の画面にマウスポインターを合わせ、右上に表示される<スピーカービュー>をクリックします。

2 スピーカービューに変更され、話している人の画面が大きく表示されます。

スピーカービューでは、話す人が変わるたびに画面も自動的に切り替わります。

Memo それぞれのメリット

参加者が3人以上いる場合など、ギャラリービューに切り替えることでそれぞれの表情が見やすいというメリットがあります。一方で、ホストの画面も同じ大きさになってしまうというデメリットもあります。そのため、ホストが重要な話をする場合などはあらかじめ参加者に対してスピーカービューに切り替えてもらうよう要請するなどの工夫をしましょう。なお、スピーカービューで全画面表示にしていると、ほかの参加者は画面右に縦一列で表示されます。また、表示する人を固定することもできます(Sec.09～10参照)。

Section 09 スポットライトで特定の人の画面を固定する

スピーカービューには、3人以上参加者がいるときにホスト側が特定の人を画面上で目立たせる「スポットライト」という機能があります。意図しない画面の切り替えを防ぐことができます。

1 「スポットライト」機能を使う

「スポットライト」は、ホストが1人の参加者のビデオにスポットライトを当て、その参加者のビデオをすべての参加者に対してメインのアクティブスピーカーとして表示する機能です。

1 画面上部で、スポットライトを当てる参加者の画像にマウスポインターを合わせ、右クリックします。

2 <スポットライトビデオ>をクリックします。

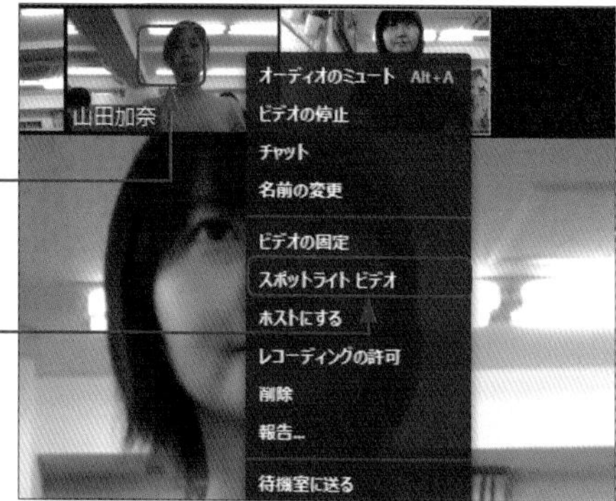

3 スポットライトが適用され、手順1で選択した参加者が大きく表示されます。

キャンセルする場合は<スポットライトビデオのキャンセル>をクリックします。

Section 10

ピン留めで特定の人の画面を固定する

「ピン留め」機能を使えば、それぞれのユーザーが好きなビデオ画面を選択して大きく表示することもできます。大勢の参加者がいる場合に、特定の参加者を大きく表示したいときなどに利用します。

1 「ピン留め」機能を使う

「ピン留め」は、参加者の中から1人の画面を大きく表示させる機能です。「スポットライト」と異なるのは、参加者が利用できる点とほかの参加者の画面には影響を与えない点です。

1 画面上部で、スポットライトを当てる参加者の画像にマウスポインターを合わせ、右クリックします。

2 ＜ビデオの固定＞をクリックします。

3 ピン留めが適用され、手順1で選択した参加者が大きく表示されます。

キャンセルする場合は＜ビデオのピン留めを解除＞をクリックします。

Section 11 拍手や賛成の反応をする

何らかのポジティブな反応を送るときに、毎回声を出さずともアイコンで相手に伝えることができます。大勢の参加者がいるビデオ会議での意思確認などに便利です。

1 拍手や賛成のアイコンを送る

ちょっとした賛成の意を伝える際、全員が声で返事をしてしまうと会話がスムーズに進まない場合があります。そこで活用したいのが、拍手や賛成のアイコンを送信する機能です。

1 画面下にマウスポインターを合わせ、＜反応＞をクリックします。

2 拍手（👏）もしくは賛成（👍）のアイコンをクリックします。

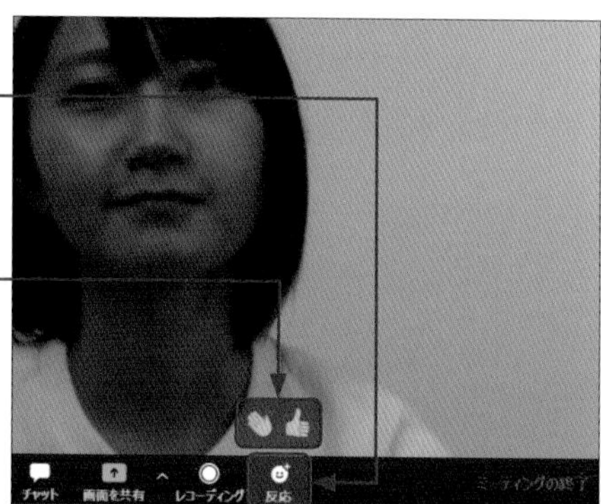

3 自分の画像の左上にクリックしたアイコンが表示されます。10秒ほどで自動で消えます。

Memo

ほかの参加者の画面

ほかの参加者が拍手や賛成のアイコンをクリックした場合は、その参加者の画像の左上にアイコンが表示されます。

Section 12 手を挙げる

Zoomのビデオ会議では、通常の会議と同様に手を挙げるアクションを相手に示すことができます。なお、手を挙げられるのは参加者のみで、ホストは手を挙げることはできません。

1 手を挙げる

参加者がホストに対して質問したいときなどは「手を挙げる」機能を活用すると便利です。拍手や賛成のアイコンと同様に、音声を使うことなく挙手することができます。

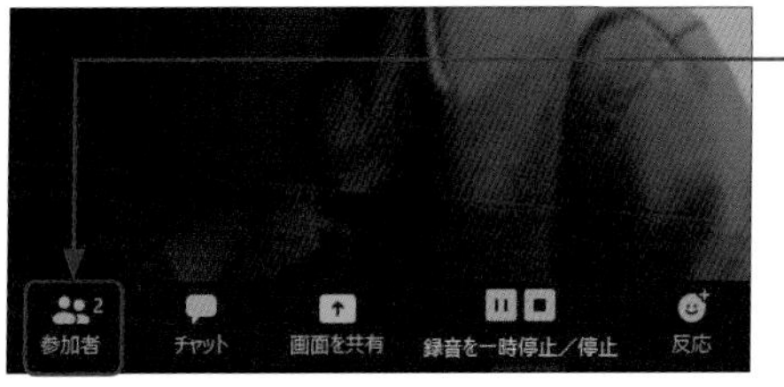

1 画面下にマウスポインターを合わせ、＜参加者＞をクリックします。

招待　ミュート　手を挙げる

2 参加者名一覧の右下にある＜手を挙げる＞をクリックします。

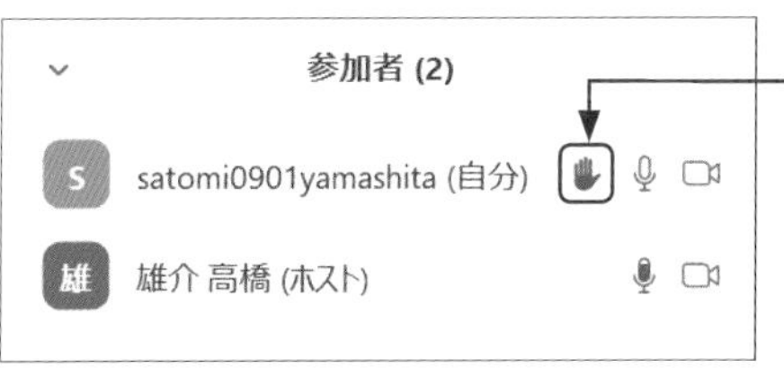

3 参加者名の右に手を挙げるアイコンが表示されます。ホストやほかの参加者にも同様に表示されます。

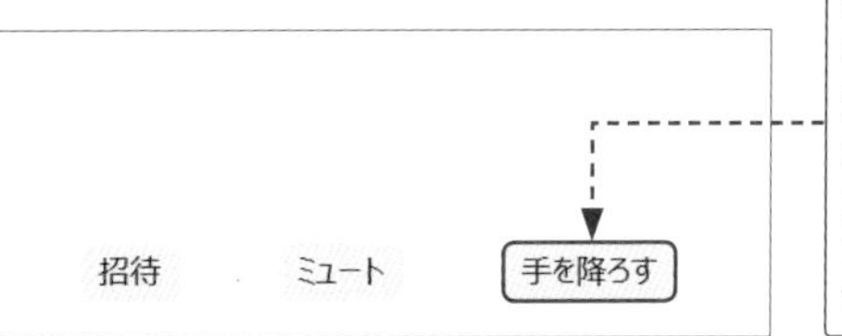

＜手を降ろす＞をクリックすると、アイコンが消えます。ホストが参加者の手を挙げるアイコンをクリックして、手を降ろすこともできます。

Section 13 マイクをオン／オフする

Zoomでは、話している人に自動的に画面が切り替わります。余計な音を出して画面を切り替えたくないときなどは、マイクをオフにしておくとよいでしょう。

1 マイクをオン／オフする

ホストが説明をしているときなど、咳払いや物音といった余計な音を出したくない場合があります。そのようなときは、あらかじめ「オーディオのミュート」機能をオンにするとよいでしょう。

1 画面下にマウスポインターを合わせ、<ミュート>をクリックします。

2 自分の画像の左下にミュートアイコンが表示されます。自分側のマイクがミュートされ、ほかの参加者に音が伝わらなくなります。

3 画面下にマウスポインターを合わせ、<ミュート解除>をクリックするとミュートが解除されます。

Section 14 カメラをオン／オフする

音声のみでビデオ会議に参加したときも、必要に応じてカメラをオンにできます。また、一時的に離席するときなどにカメラをオフすることも可能です。

1 カメラをオン／オフする

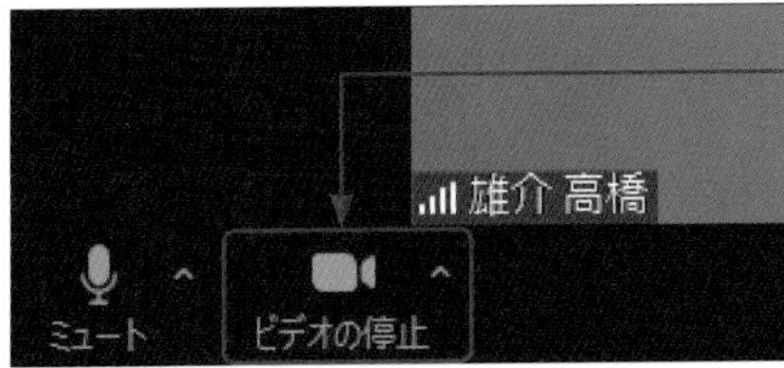

1 画面下にマウスポインターを合わせ、<ビデオの停止>をクリックします。

2 カメラがオフになり、自分の名前（アイコンを設定している場合は名前とアイコン）だけがほかの参加者に表示されるようになります。

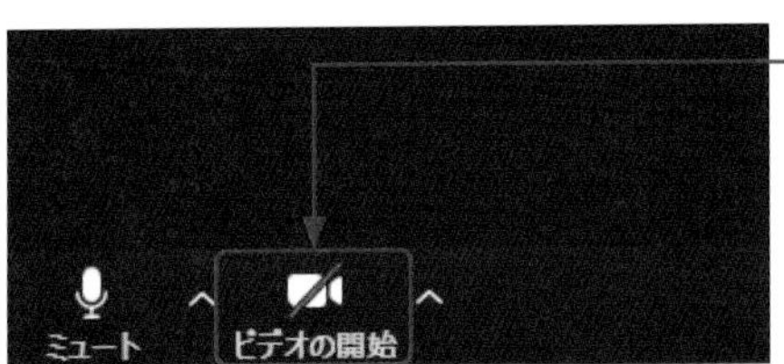

3 画面下にマウスポインターを合わせ、<ビデオの開始>をクリックするとカメラがオンになります。

Memo マイクはオフにならない

上記の操作でカメラをオフにしてもマイクはオフにならないので、声のみで参加することができます。マイクもオフにしたい場合は、Sec.13の操作でオフにします。

Section 15 チャットでメッセージを送る

Zoomでは、ビデオ会議だけではなくチャット機能も利用することができます。音声や身ぶりでは伝えにくい情報を共有したいときは、チャット機能を使用しましょう。

1 チャットでメッセージを送る

URLやメールアドレス、住所といった情報は、ビデオや音声ではなくチャットで伝えるのが確実です。Zoomには誰でもかんたんに使いこなせるチャット機能があり、テキストだけでなく、画像などのファイルも送信できます。

1 画面下にマウスポインターを合わせ、<チャット>をクリックします。

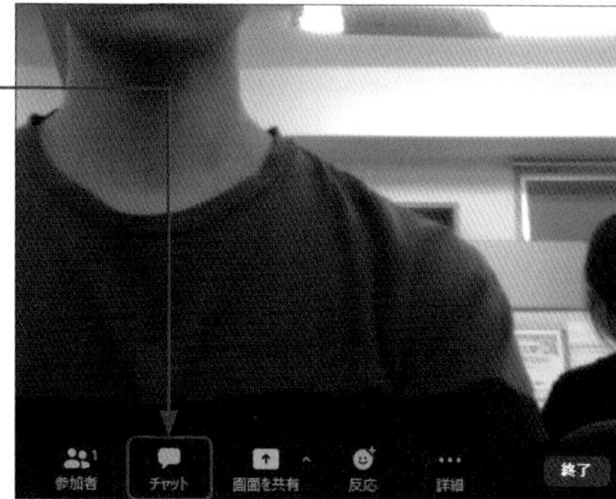

2 画面右側にチャット画面が表示されるので、送信先をクリックして選択し、

3 「ここにメッセージを入力します。。。」というスペースをクリックして、

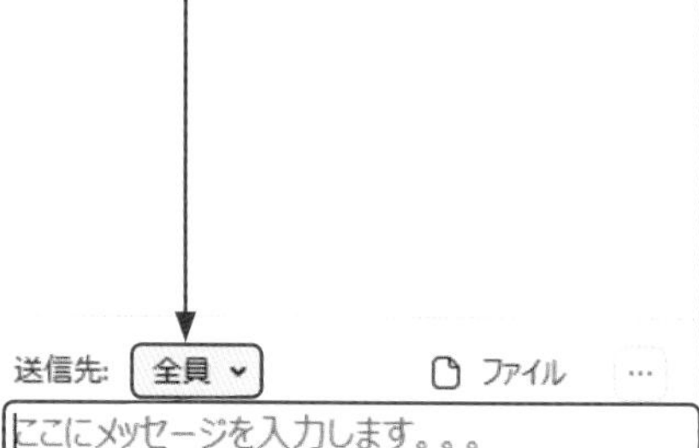

基本機能
はじめ方
基本操作
画面共有
参加者管理
応用
スマホ&タブレット

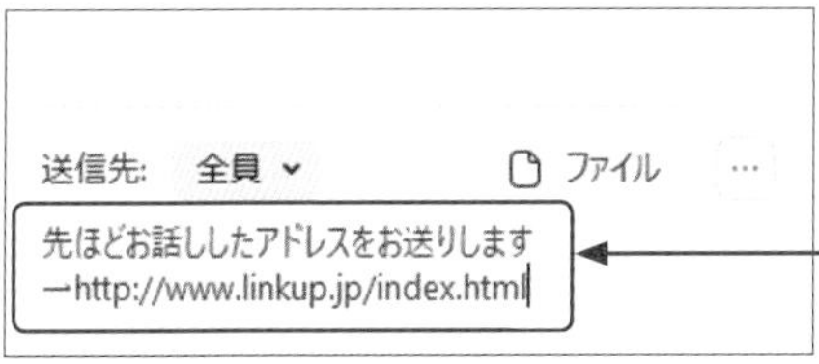

送信先: 全員 ⌄ ファイル …
先ほどお話ししたアドレスをお送りします
→http://www.linkup.jp/index.html

4 テキストを入力して Enter キーを押すと、

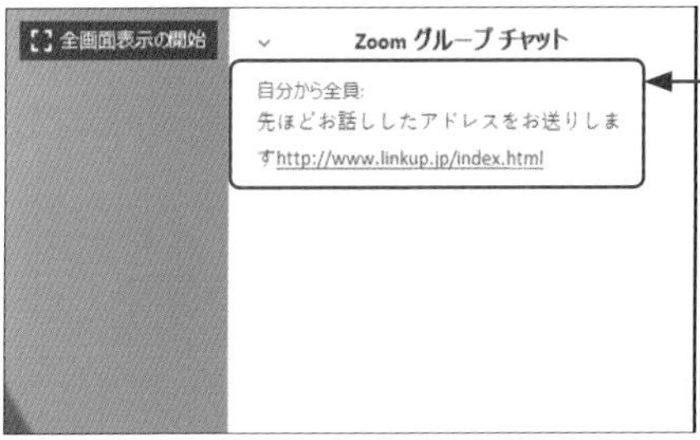

Zoom グループ チャット
自分から全員:
先ほどお話ししたアドレスをお送りします http://www.linkup.jp/index.html

5 メッセージが送信されます。

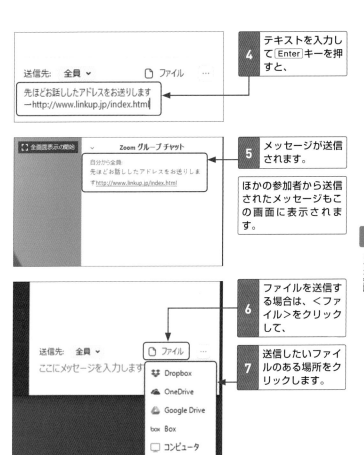

ほかの参加者から送信されたメッセージもこの画面に表示されます。

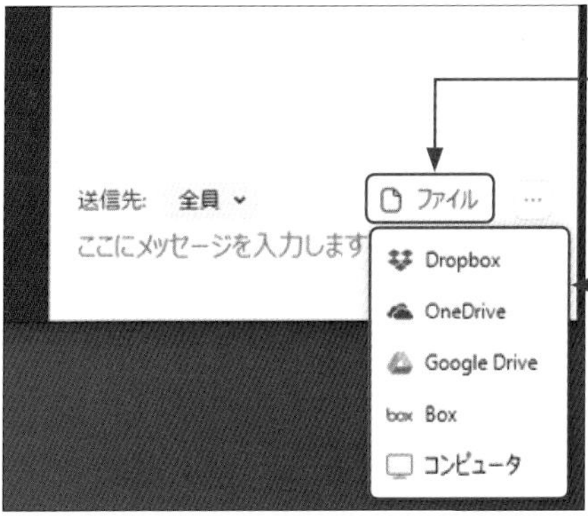

送信先: 全員 ⌄ ファイル …
ここにメッセージを入力します
Dropbox
OneDrive
Google Drive
Box
コンピュータ

6 ファイルを送信する場合は、<ファイル>をクリックして、

7 送信したいファイルのある場所をクリックします。

Memo チャットの保存

チャットのログを保存するには、手順 **6** の画面で … をクリックして、<チャットの保存>をクリックします。

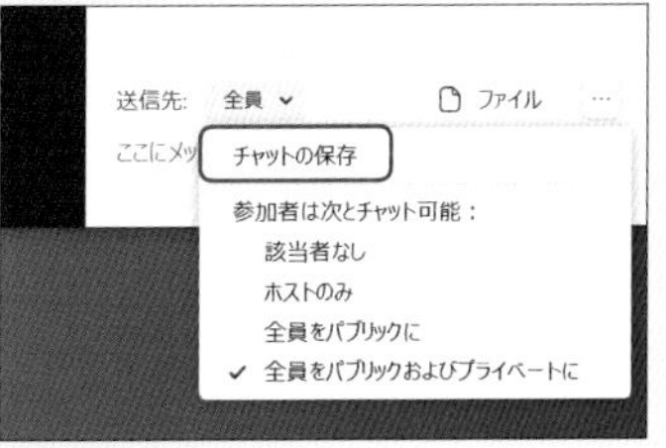

Section 16 ビデオ会議を録画する

ビデオ会議は、ホストもしくはホストから権限を与えられた参加者であれば録画できます（P.201StepUp参照）。内容の確認はもちろん、会議に参加できなかった人に内容を共有する際にも便利です。

1 ビデオ会議を録画する

1 画面下にマウスポインターを合わせ、<レコーディング>をクリックします。

2 「レコーディングしています」と表示され、録画がスタートします。

3 ■をクリックすると、録画が終了します。

4 ミーティングを終了すると、自動で動画ファイルと音声のみのファイルに変換され、保存場所のフォルダが表示されます。

音声のみのファイル

動画ファイル

Section 17

ビデオ会議を終了する

ビデオ会議が終わったら、退出もしくは終了しましょう。ビデオ会議を終了させる権限を持つのはホストのみです。 それ以外の参加者は、退出のみ可能です。

1 ビデオ会議を終了する

1 画面下にマウスポインターを合わせ、<終了>(参加者の場合は<退出>)をクリックします。

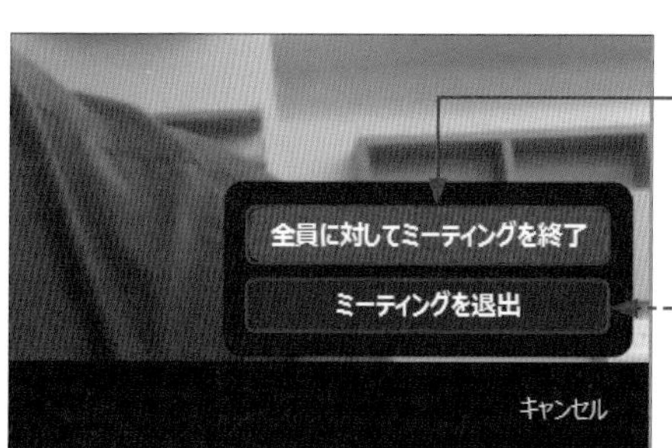

2 ホストの場合は、<全員に対してミーティングを終了>をクリックします。

参加者の場合は<ミーティングを退出>をクリックします。

3 会議が終了し、Zoomのホーム画面に戻ります。

Section 18 画面を共有する

Zoomは、ビデオ会議に参加しているメンバーとリアルタイムで作業中の画面を共有することができます。ここでは、共有中のホスト側の画面と参加者側の画面の両方を解説します。

1 画面の共有機能を使う

1 ホスト側で画面下にマウスポインターを合わせ、＜画面を共有＞をクリックします。

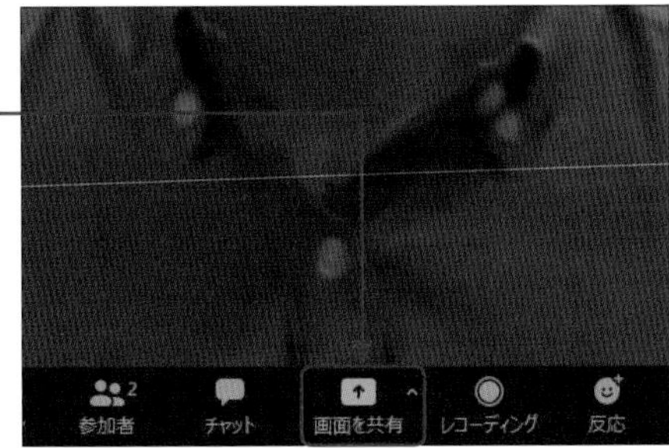

2 共有したい画面をクリックして選択し、

3 ＜共有＞をクリックします。

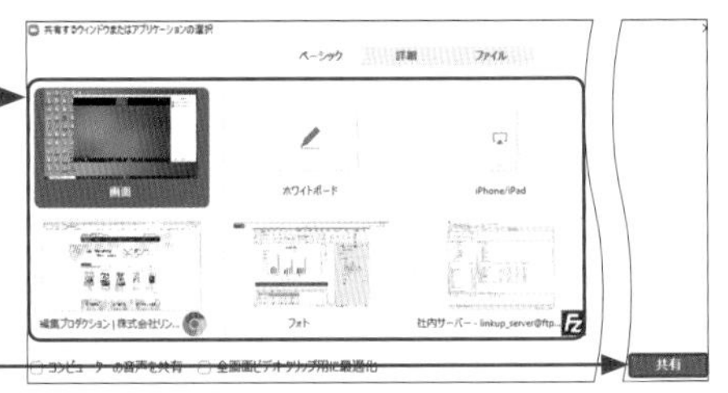

4 手順2で選択した画面が共有され、参加者の画面に表示されます。

画面の共有を終了する場合は、＜共有の停止＞をクリックします。

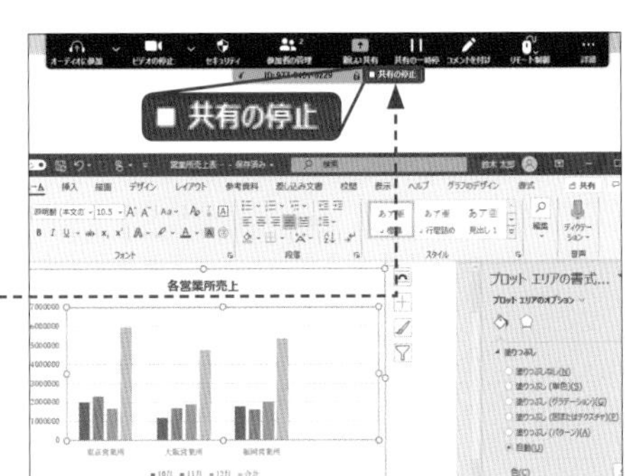

基本機能　はじめ方　基本機能　画面共有　参加者管理　応用　スマホ&タブレット

2 共有画面の構成（ホスト側）

ホスト側の画面です。画面上部にマウスポインターを合わせると、以下の操作が行えます。

❶新しい共有	新たに共有したい画面を選択できます。
❷共有の一時停止	画面の共有を一時停止します。
❸コメントを付ける	コメントを付けるためのツールバーを表示します（P.195参照）。
❹リモート制御	相手に共有画面をリモート制御してもらいます。

3 共有画面の構成（参加者側）

参加者側の画面です。画面上部の<オプションを表示>をクリックすると、以下の操作が行えます。

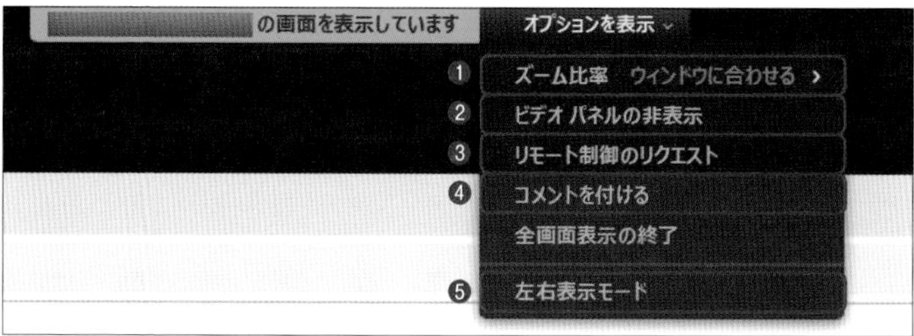

❶ズーム比率	拡大と縮小を行えます。
❷ビデオパネルの非表示	ビデオ画面の表示／非表示を切り替えます。
❸リモート制御のリクエスト	相手の画面をリモート操作したいときに利用します。
❹コメントを付ける	画面にコメントを付けたいときに利用します。
❺左右表示モード	共有画面が左側に、ホストの画面が右側に表示されます。

Section 19 ホワイトボード画面を共有する

ホワイトボード画面は、その名の通りホワイトボードのような感覚で好きな文字や記号、テキストを描き込むことができる機能です。これを共有することで、より円滑に会議を進められます。

1 ホワイトボード画面を共有する

1 ホスト側で<画面を共有>をクリックして、

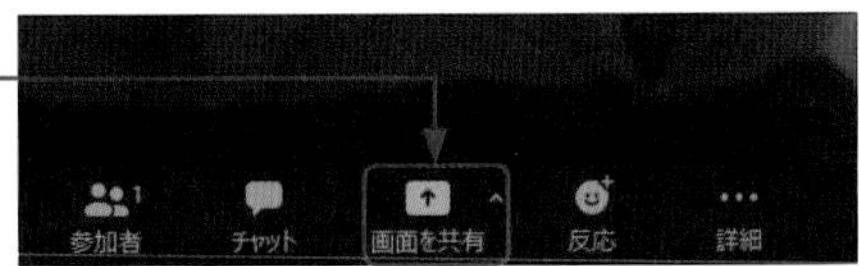

2 <ホワイトボード>をクリックし、

3 <共有>をクリックします。

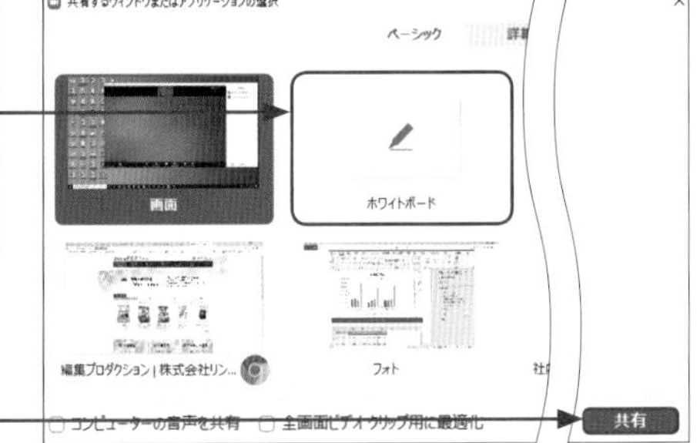

4 ホワイトボード画面が共有されます。P.195を参考に、描き込みます。

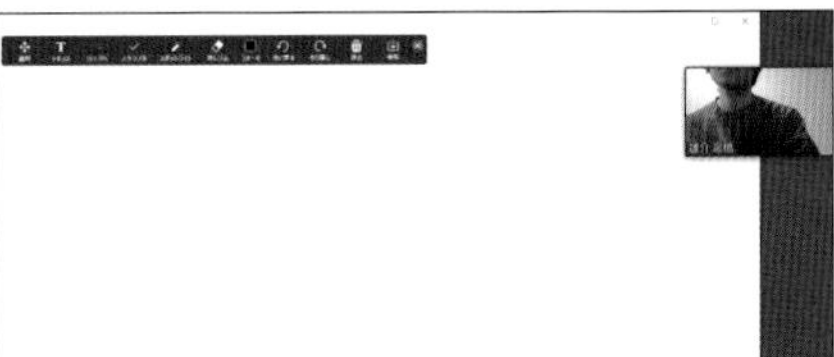

Memo 参加者側の描き込み

参加者がホワイトボードに描き込むには、P.193を参考に<オプションを表示>→<コメントを付ける>の順にクリックします。P.195のツールバーが表示され、同様に描き込むことができます。

基本機能　はじめ方　基本機能　画面共有　参加者管理　応用　スマホ&タブレット

2 ホワイトボード画面の構成

ホワイトボードの構成です。図やイラストを自由に描きながら話し合う際などに便利です。ツールバーが表示され、ペンツールで自由に描画できるだけでなく、四角や丸といった図形のほか、矢印のような記号、テキストなどを自由に挿入できます。

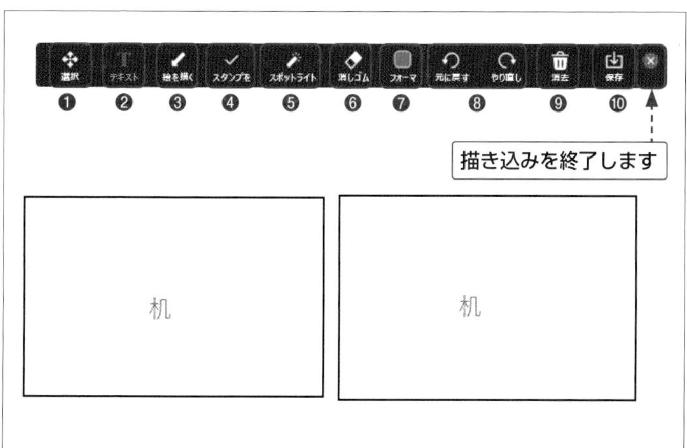

❶選択	ホワイトボード上に描いた図やイラストを選択できます。選択した範囲はコピーしたり移動させたりすることが可能です。
❷テキスト	テキストを挿入できます。
❸絵を描く	マウスで自由に絵を描けます。
❹スタンプを押す	矢印やハートマークといったシンプルな記号をペーストできます。
❺スポットライト	強調したい部分を目立たせることができます。
❻消しゴム	図やイラスト、テキストを消去できます。
❼フォーマット	文字の色や線の色、大きさや太さを調整できます。
❽元に戻す／やり直し	作業の取り消しとやり直しができます。
❾消去	ホワイトボードに描いた絵や図を一括で消去できます。
❿保存	ホワイトボードの内容をPNGファイルとして保存できます。

Section 20 共有画面にコメントを付ける

Sec.18の共有画面では、Sec.19のホワイトボードのように描画がテキストで自由にコメントを付けることができます。地図や図面などを共有して話し合う際などにたいへん便利です。

1 ツールバーから描画する

1 ホスト側でP.192手順1～4を参考に共有画面を表示して、画面上にあるツールバーの<コメントを付ける>をクリックします。

参加者側では、P.194のMemoを参考にツールバーを表示します。

2 ツールバーが表示され、コメントを付けられるようになります（P.195参照）。

3 初期状態では「絵を描く」状態になっています。マウスなどで画面に自由に描画できます。

2 ツールバーからテキストを入力する

1 P.196手順1～2を参考にコメントを付けられるようにして、

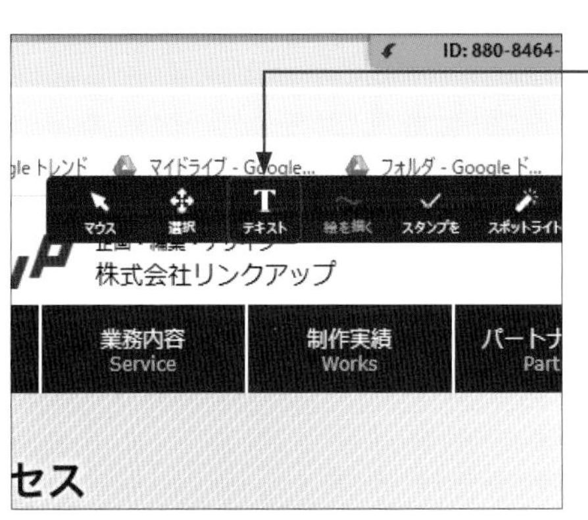

2 <テキスト>をクリックします。

3 クリックした部分にテキストを入力できます。

コメントを付け終えたら、ツールバーの右端の☒をクリックします。

Section 21 相手の画面をリモート操作する

Zoomでは、相手のパソコン画面をリモート操作することも可能です。操作方法を教える際などに利用すると効果的です。ここでは、ホストが参加者の画面をリモート操作する方法を紹介します。

1 ホストが参加者の画面をリモート操作する

1 ホスト側で<セキュリティ>をクリックし、<画面を共有>にチェックを付けます。

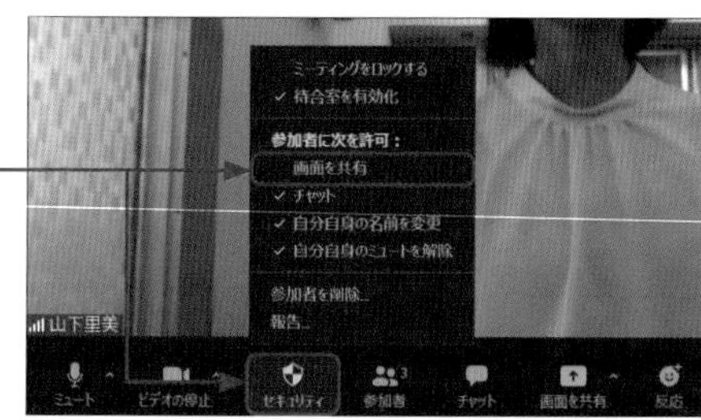

2 参加者が画面共有できるようになるので、P.192を参考に共有画面を表示して、<リモート制御>をクリックします。

3 リモート操作してもらうホストの名前をクリックします。

スマートフォンやタブレットではリモート操作は行えないので、名前は表示されません。

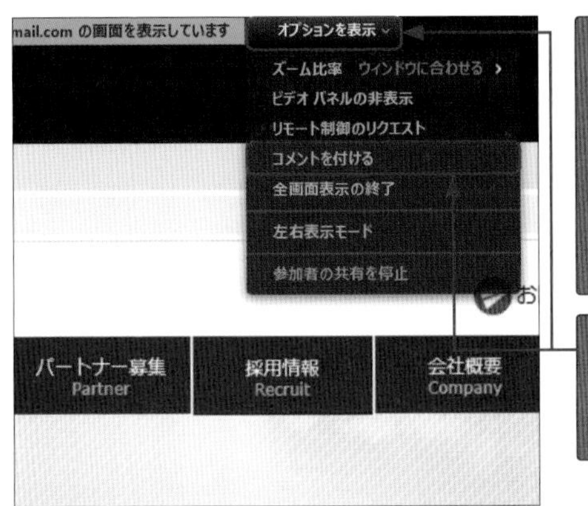

4 ホスト側で参加者の画面をリモート操作できるようになります。マウスを操作したり、ボタンをクリックしたりすることができます。

5 ＜オプションを表示＞→＜コメントを付ける＞をクリックすると、

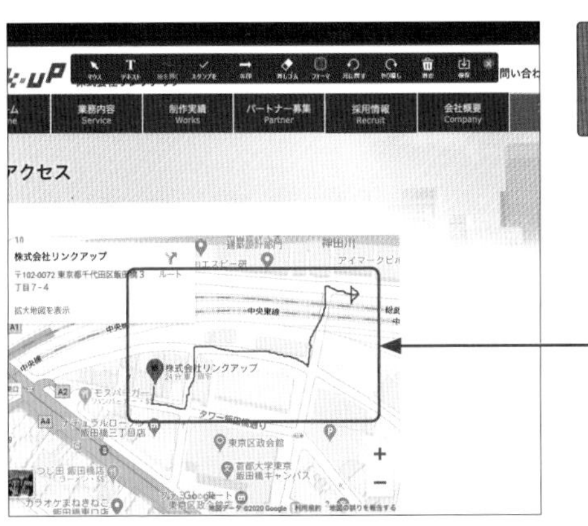

6 コメントを付けたり描画したりすることができます。

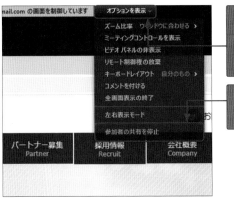

7 リモート操作を終了する場合は、＜オプションを表示＞をクリックして、

8 ＜参加者の共有を停止＞をクリックします。

Section 22 参加者のマイクやカメラを管理する

ビデオ会議中、ホストは参加者のマイクやカメラをオフにすることができます。セミナーでホストだけがしゃべる場合や、一時的に離席している参加者がいる場合などに便利な機能です。

1 参加者全員のマイクをオフにする

1 画面下にマウスポインターを合わせ、＜参加者＞をクリックします。

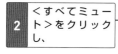

2 ＜すべてミュート＞をクリックし、

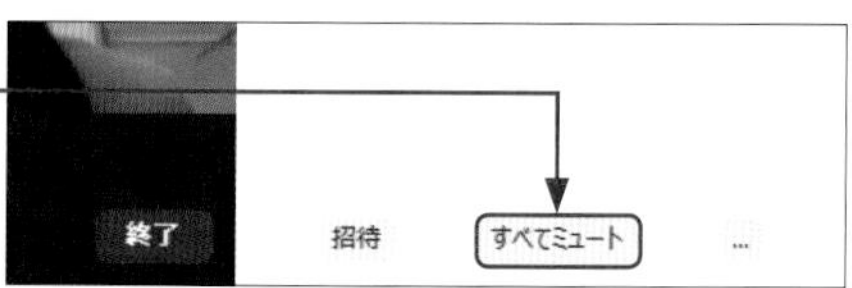

3 ＜はい＞をクリックすると、

4 ホスト以外の参加者全員のマイクがオフになります。

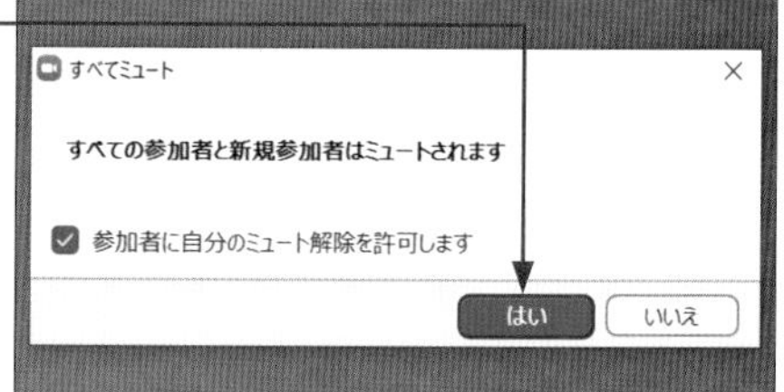

Memo ミュート（マイクオフ）の解除

手順3の画面で＜参加者に自分のミュート解除を許可します＞にチェックが入っていると、参加者は自分でミュートを解除することができます（Sec.13参照）。ホストが参加者のミュートを解除する場合、本書執筆時点では参加者の同意が必要なため、参加者の画面を右クリックして表示される＜ミュートの解除を求める＞をクリックします。この仕様と操作は後日変更されることが発表されており、参加者全員のミュートをまとめて解除できるようになる予定です。

2 参加者のカメラをオフにする

1 参加者の画面上で右クリックし、

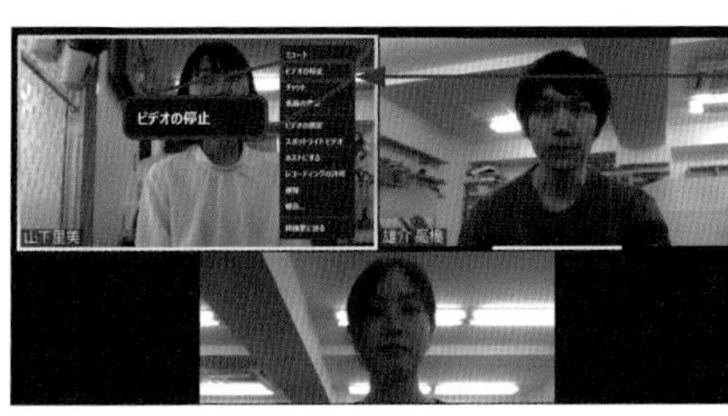

2 <ビデオの停止>をクリックすると、

3 参加者のカメラがオフになります。

Memo

ビデオ停止（カメラオフ）の解除

参加者のビデオ停止を解除するには、再度参加者の画面上で右クリックし、<ビデオ開始の依頼>をクリックして、参加者にビデオをオンにしてもらいます。また、手順2の画面で<ミュート>をクリックすることで、個別に参加者のマイクをオフにすることもできます。

StepUp

参加者の録画を許可する

手順2の画面で<レコーディングの許可>をクリックすると、参加者も録画ができるようになります。

Section 23 参加者を追加する

Zoomのビデオ会議は、必ずしも全員がそろわないと開始できないわけではありません。開始後であっても、ホストが参加者を招待して追加できます。

1 参加者を追加する

1 画面下にマウスポインターを合わせ、<参加者>をクリックします。

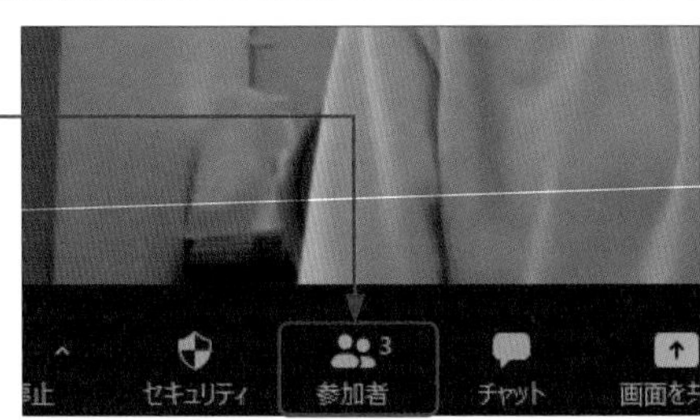

2 <招待>をクリックし、

招待　すべてミュート

3 招待を送信するメールサービスを選択してクリックするか、URLをコピーして、招待したい相手に送信します。

Memo ミーティングIDとパスワード

手順3の画面では上部にミーティングID、右下にパスワードが表示されているので、それらを伝えて参加してもらうこともできます。

Section 24 参加者の名前を変更する

参加者が名前を登録していないと、招待先のメールアドレスが表示されるなどわかりにくい場合があります。そのようなケースでは、ホストが参加者の名前を変更するとよいでしょう。

1 参加者の名前を変更する

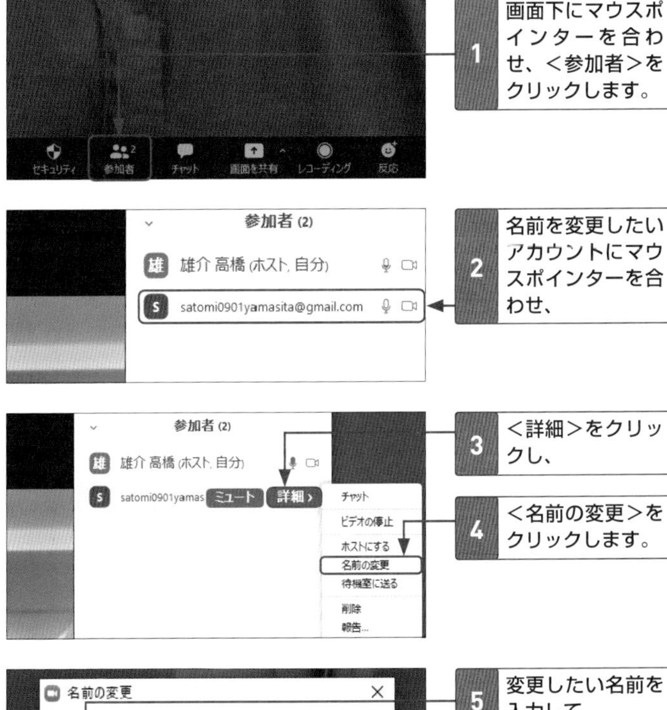

1 画面下にマウスポインターを合わせ、<参加者>をクリックします。

2 名前を変更したいアカウントにマウスポインターを合わせ、

3 <詳細>をクリックし、

4 <名前の変更>をクリックします。

5 変更したい名前を入力して、

6 <OK>をクリックします。

Section 25 参加者をホストにする

ビデオ会議の録画や参加者の追加といった操作はホストのみが行うことができますが、必要に応じて、ホストの権限を参加者に渡すことができます。

1 参加者をホストにする

1 画面下にマウスポインターを合わせ、<参加者>をクリックします。

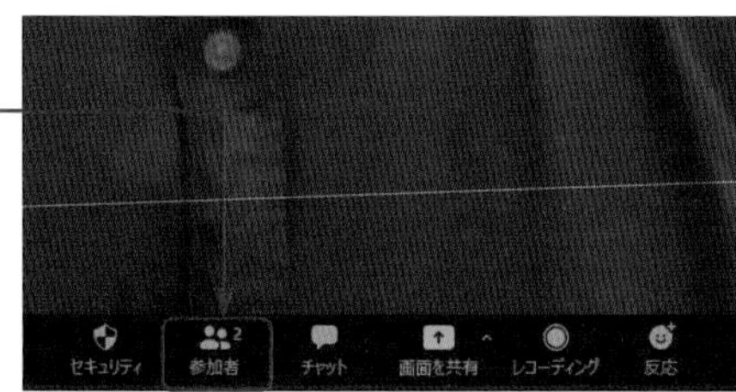

2 ホストにしたいアカウントにマウスポインターを合わせ、

3 <詳細>→<ホストにする>の順にクリックして、

4 <はい>をクリックすると、ホストの権限を譲渡できます。

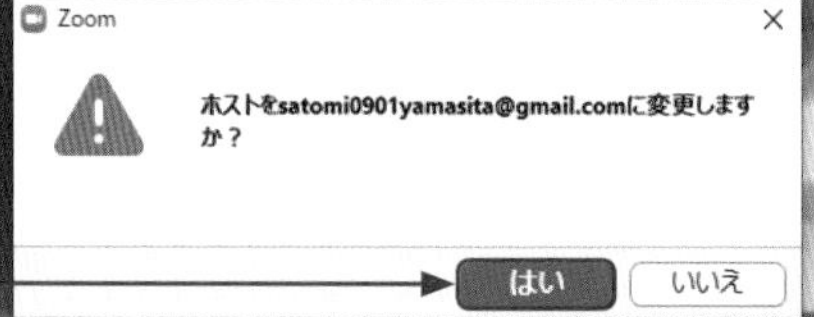

Section 26

参加者を退出させる／待機室に送る

間違って参加した人や迷惑行為を行う人がいる場合、ホストは参加者を退出させたり待機室に送ったりすることができます。ここではその方法を解説します。

1 参加者を退出させる／待機室に送る

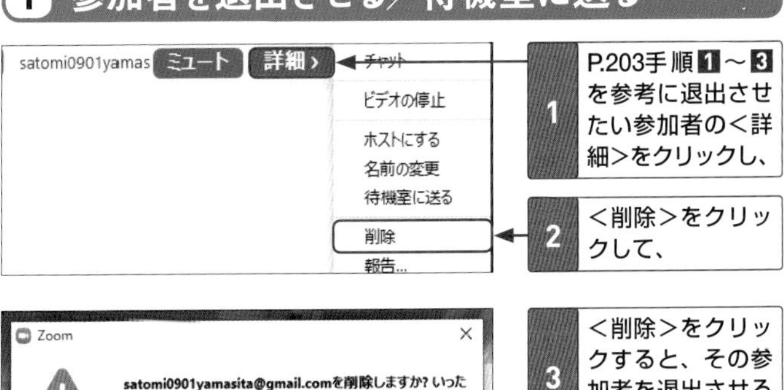

1 P.203手順1～3を参考に退出させたい参加者の<詳細>をクリックし、

2 <削除>をクリックして、

Zoom

satomi0901yamasita@gmail.comを削除しますか? いったん削除するとsatomi0901yamasita@gmail.comはミーティングに再度参加できなくなります。

削除 キャンセル

3 <削除>をクリックすると、その参加者を退出させることができます。

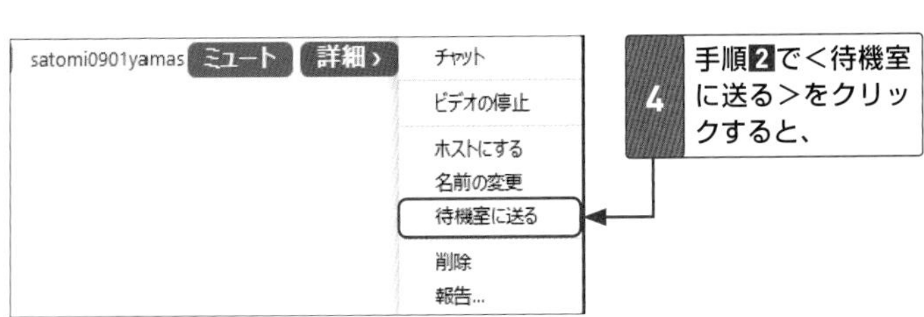

4 手順2で<待機室に送る>をクリックすると、

ミーティングのホストは間もなくミーティングへの参加を許可します、もうしばらくお待ちください。

雄介 高橋のZoomミーティング

2020/05/08

5 参加者はホスト側から再度許可されるまで待機室へ送られます。

Section 27 参加者の権限を管理する

ホストは、ミュート解除の許可や名前の変更など、参加者が持つさまざまな権限を管理できます。うまく使いこなして会議を円滑に進めましょう。

1 参加者のミュート解除を管理する

1 <参加者>をクリックして、

2 ⋯をクリックします。

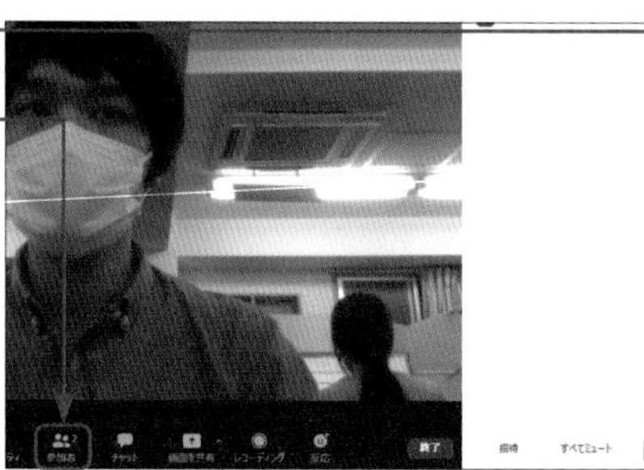

3 <参加者に自分のミュート解除を許可します>をクリックしてチェックを外します。

すべてミュート解除
開始時にミュート
✓ 参加者に自分のミュート解除を許可します
✓ 参加者が自分の名前を変更するのを許可する
入退出チャイムの再生
✓ 待機室を有効化
ミーティングをロックする

4 参加者はホストからのミュートを自分では解除できなくなります。

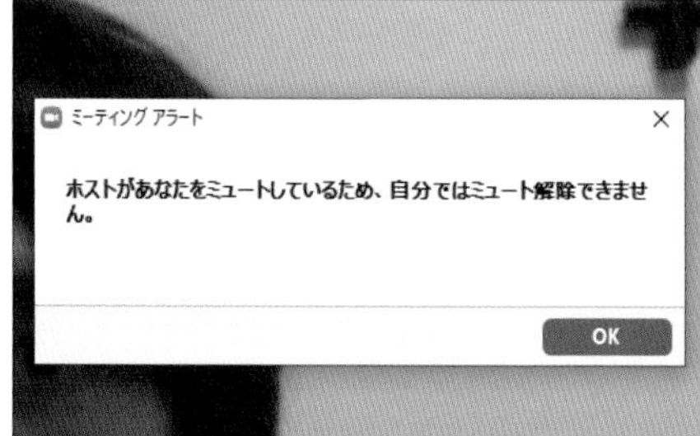

ミーティング アラート
ホストがあなたをミュートしているため、自分ではミュート解除できません。
OK

2 参加者が名前を変更できないようにする

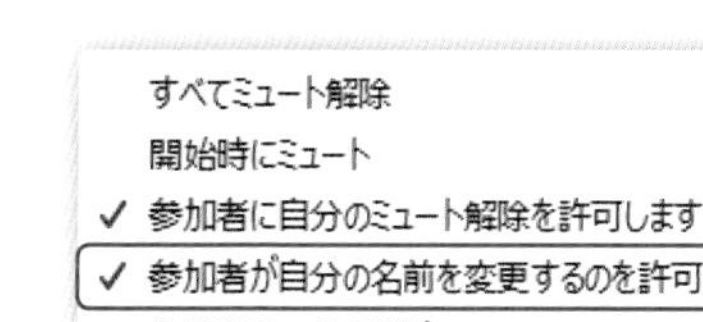

1 P.206手順**1**～**2**を参考にメニューを表示し、

2 <参加者が自分の名前を変更するのを許可する>をクリックしてチェックを外します。

3 参加者は名前を変更できなくなります。

3 ほかの参加者が入ってこられないようにする

1 P.206手順**1**～**2**を参考にメニューを表示し、

2 <ミーティングをロックする>をクリックしてチェックをチェックを付けます。

3 ロックを解除するまでほかの参加者が入ってこられなくなります。

Section 28 バーチャル背景を設定する

カメラに部屋の様子を映したくない場合に便利なのが、バーチャル背景です。バーチャル背景にはいくつかの種類があり、好きなものを選択できます。

1 バーチャル背景を設定する

1 ホーム画面で⚙をクリックします。

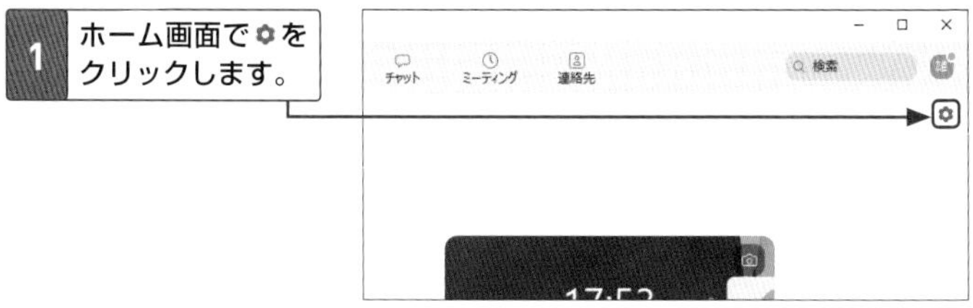

2 ＜バーチャル背景＞をクリックし、

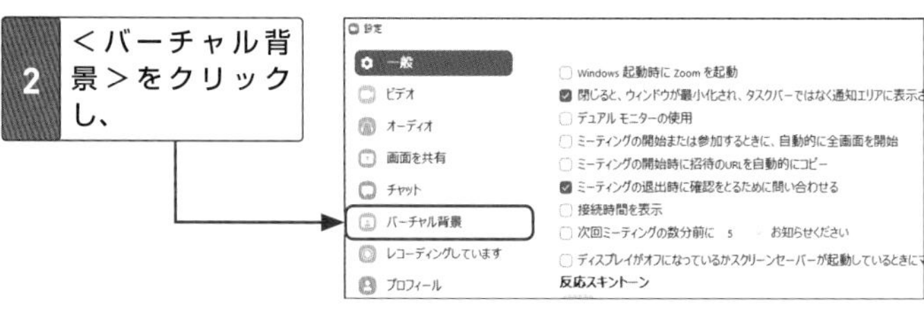

3 好きなバーチャル背景を選択してクリックします。

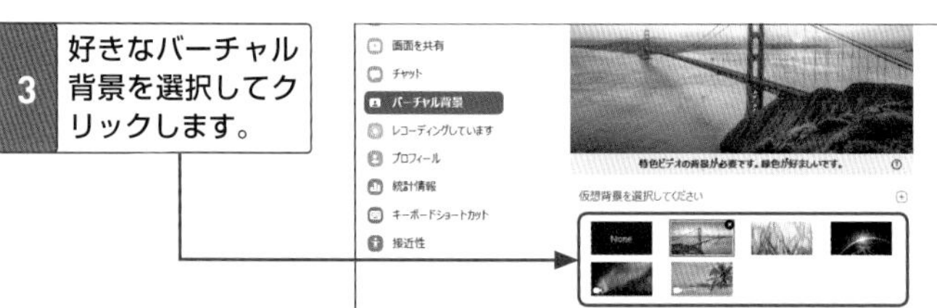

Memo なるべくシンプルな背景を用意する

部屋の背景がごちゃごちゃしていると、うまく合成されないことがあります。緑の背景（グリーンバック）がもっとも好ましいのですが、用意できない場合も壁を背にするなど、なるべくシンプルな背景に合成するようにしましょう。

Section 29 通話時間を表示する

ビデオ会議では、基本的に1人ずつ順番に発言していくため、会議時間が延びがちです。通話時間を表示することで、ある程度そのようなリスクを回避できます。

1 通話時間を表示する

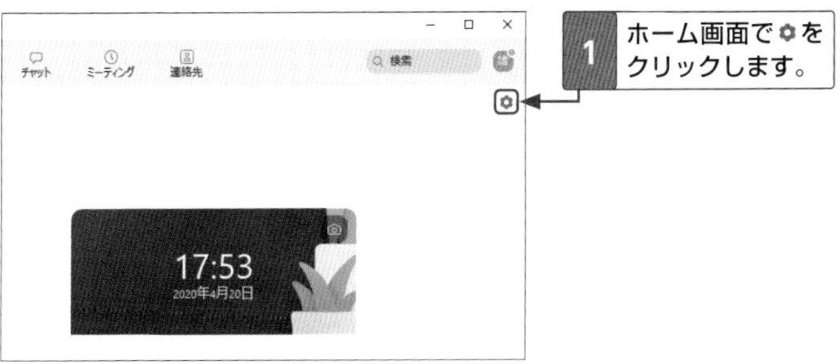

1 ホーム画面で⚙をクリックします。

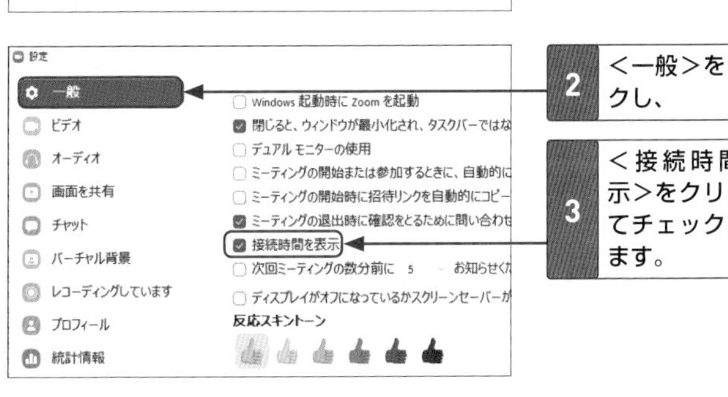

2 <一般>をクリックし、

3 <接続時間を表示>をクリックしてチェックを付けます。

4 ミーティングを開始すると、画面右上に時間が表示されるようになります。

4 Zoomではじめるビデオ会議

録画の設定を変更する

録画の設定もかんたんに変更できます。録画終了後に保存後されるファイルの場所を変更したり、音声トラックを話者ごとに保存したりすることが可能です。

1 録画の設定を変更する

P.173手順1を参考に「設定」画面を表示し、<レコーディングしています>をクリックします。

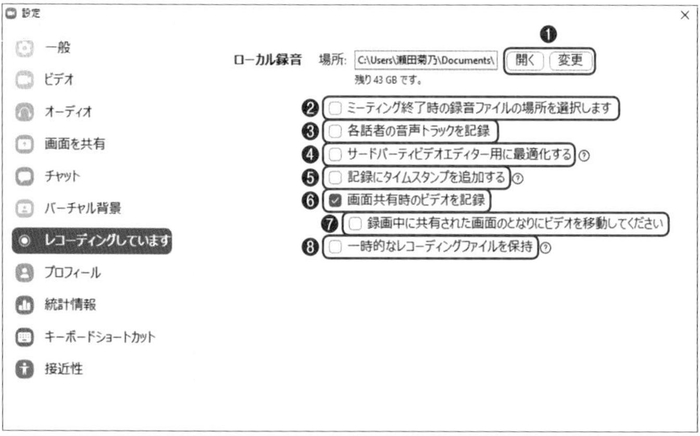

❶	録画したファイルを開いたり、保存場所を変更したりできます。
❷	ミーティング終了時、音声ファイルをどこに保存するか選べます。
❸	音声トラックを話者ごとに個別に保存できます。
❹	動画データを市販のビデオ編集ソフト用に合わせて最適化できます。
❺	録画時の日付と時間を付与することができます。
❻	画面共有時、画面右上に話者の顔が映った状態の動画となります。
❼	❻が有効の場合、話者の顔が共有資料の横に移動し、重ならなくなります。
❽	オリジナルファイルを保存しておくことで、問題発生時にトラブルシューティングを行いやすくします。

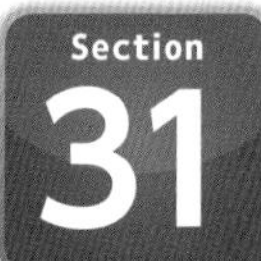

Section 31 表示する名前を変更する

名前の表示はZoomの登録時に決めますが、あとから変更することも可能です。アイコンを設定していない場合は、名前に応じてアイコンに表示される文字も変更されます。

1 表示する名前を変更する

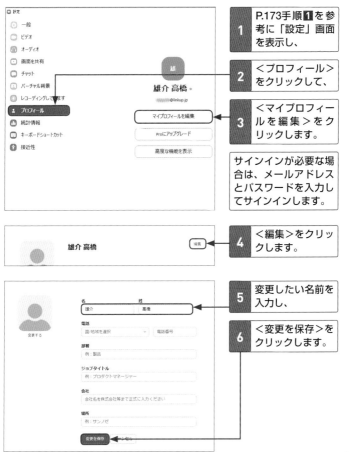

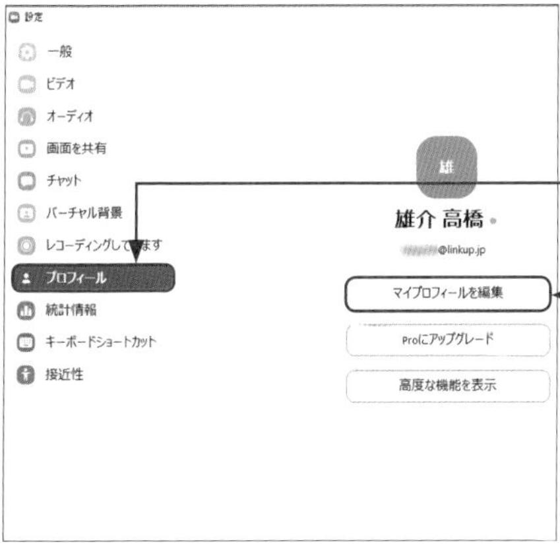

1 P.173手順1を参考に「設定」画面を表示し、

2 <プロフィール>をクリックして、

3 <マイプロフィールを編集>をクリックします。

サインインが必要な場合は、メールアドレスとパスワードを入力してサインインします。

4 <編集>をクリックします。

5 変更したい名前を入力し、

6 <変更を保存>をクリックします。

4 Zoomではじめるビデオ会議

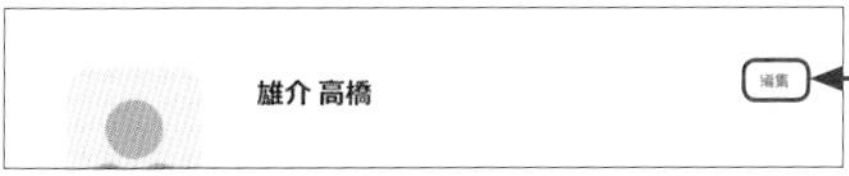

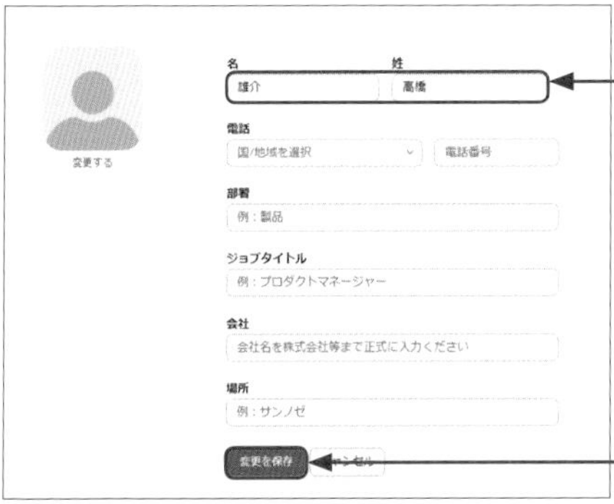

Section 32 プロフィールアイコンを設定する

プロフィールの編集では、名前や詳細情報だけでなく、プロフィールアイコンの画像を設定することもできます。一目で誰なのかがわかるようなアイコンを設定するとよいでしょう。

1 プロフィールアイコンを設定する

1 ホーム画面で⚙をクリックします。

2 ＜プロフィール＞をクリックして、

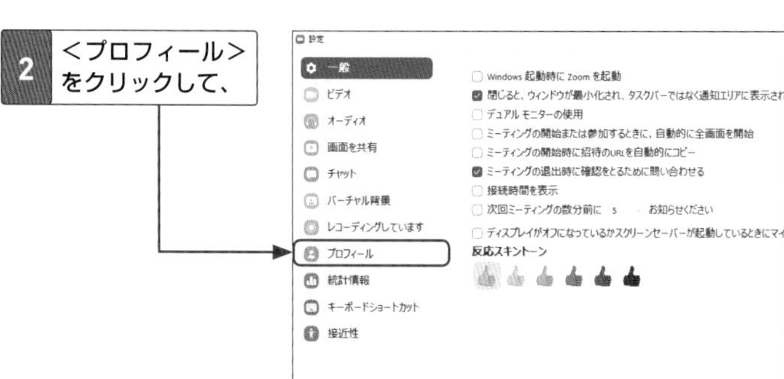

3 プロフィールアイコンをクリックします。

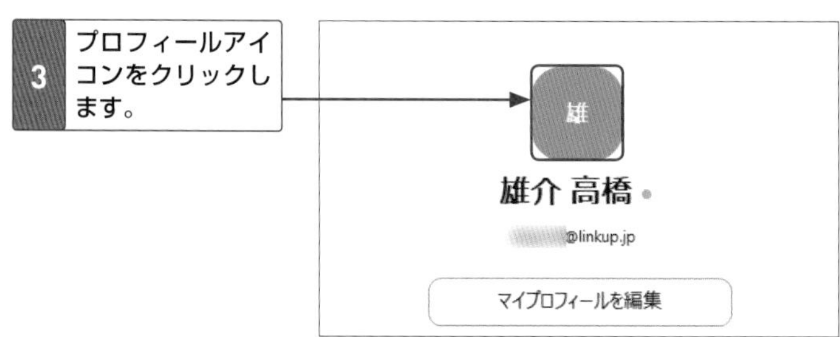

基本機能
はじめ方
基本機能
画面共有
参加者管理
応用
スマホ&タブレット

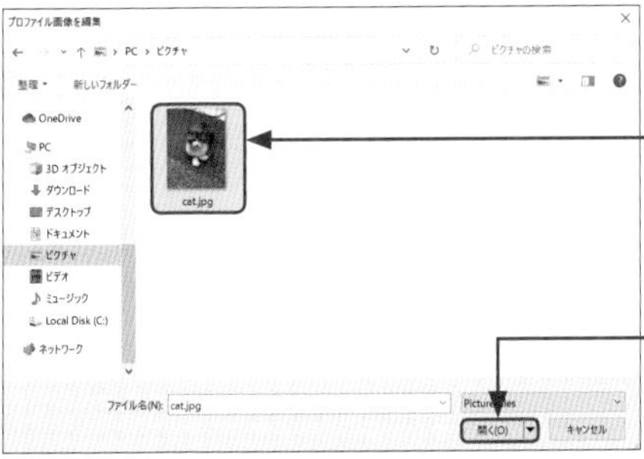

4 「プロファイル画像を編集」画面が表示されるので、パソコン内にある利用したい画像をクリックし、

5 <開く>をクリックします。

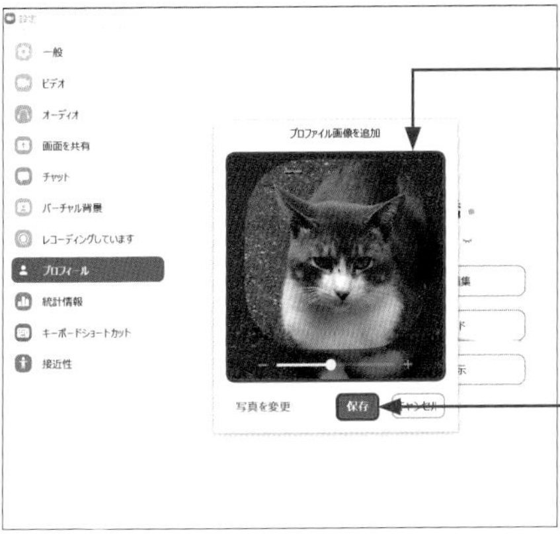

6 画像の位置やサイズなどを調節して、

7 <保存>をクリックすると、

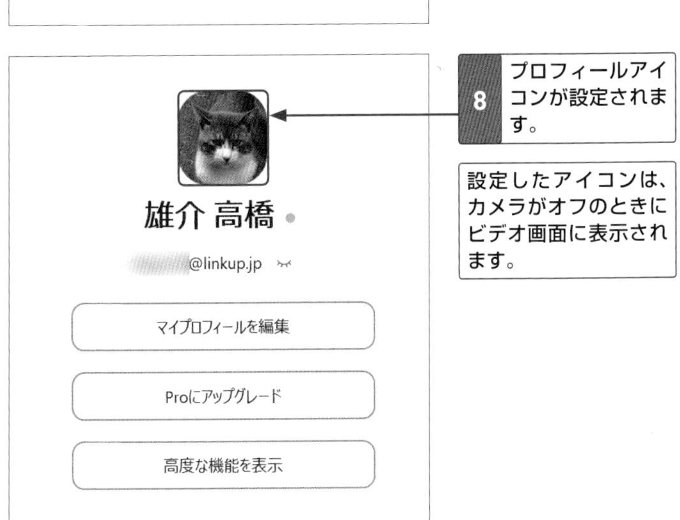

8 プロフィールアイコンが設定されます。

設定したアイコンは、カメラがオフのときにビデオ画面に表示されます。

Section 33 スケジュールを決めてビデオ会議を行う

多くの場合、ビデオ会議は開始日時があらかじめ決まっているものです。リマインドの意味も込めて、Zoom上でスケジュールを設定しておくとよりスムーズです。

1 スケジュールを設定する

1 ホーム画面で＜スケジュール＞をクリックします。

新規ミーティング
参加
19
スケジュール
画面の共有
今日

2 「ミーティングをスケジューリング」画面が表示されます。

3 次ページを参考に設定を行い、＜スケジュール＞をクリックします。

2 「ミーティングをスケジューリング」画面の構成

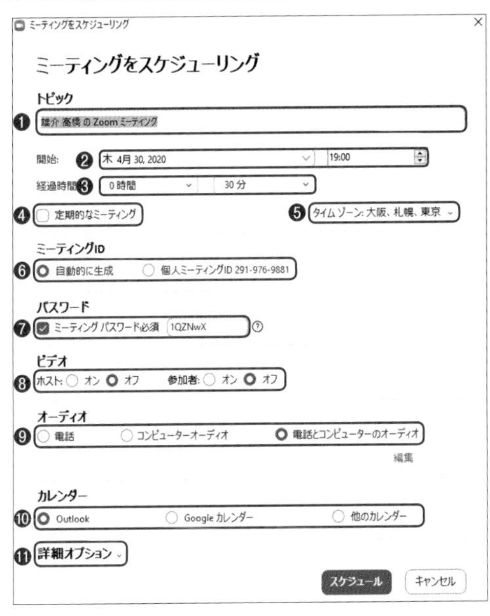

❶トピック	ビデオ会議の名前を入力します。
❷開始	開始日時を入力します。
❸経過時間	経過時間を設定できます。この時間を超えても会議が強制終了するといった仕様ではありません。
❹定期的なミーティング	毎週同じ時間にビデオ会議を行う場合にクリックします。
❺タイムゾーン	参加都市の現地時間に翻訳されます。
❻ミーティング ID	新たに生成するか、パーソナルミーティング ID を使うかを選べます。
❼パスワード	参加者に対してパスワードの入力を求めることができます。
❽ビデオ	会議開始時のビデオの有無を選択できます。
❾オーディオ	電話かパソコン内蔵のオーディオかを選べます。
❿カレンダー	カレンダーと連携できます。
⓫詳細オプション	待機室を有効にするかどうかなどが決められます。

Section 34 スマートフォンやタブレットでZoomを使う

Zoomはデスクトップ版だけでなく、スマートフォンやタブレットでも利用できます。ここではスマートフォンの画面で操作方法を解説しますが、これらの操作方法はタブレットも変わりません。

1 スマートフォンでZoomをはじめる

1 「Zoom」アプリをインストールして開き、<ミーティングに参加>をタップします。

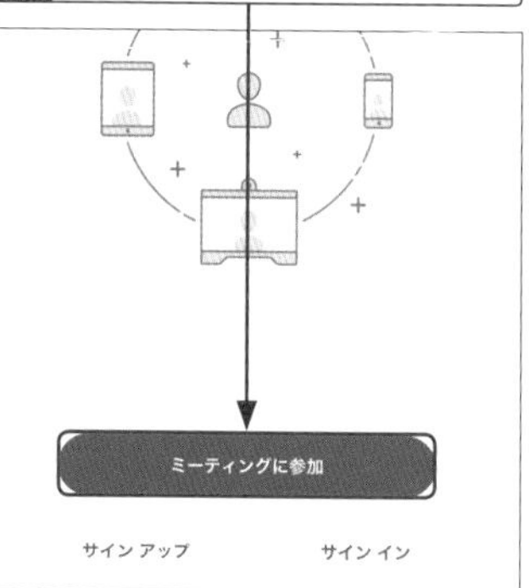

2 ミーティングIDを入力し、

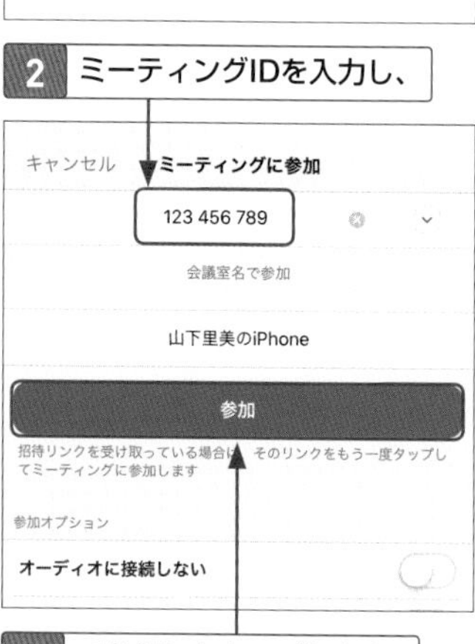

3 <参加>をタップします。

4 ミーティングが開始されます。以降は、Sec.35手順2～4を参照してください。

Memo マイクやカメラの使用許可

初回起動時にマイクやカメラの使用許可を求める画面が表示された場合は、<OK>や<許可>などをタップして許可してください。

基本機能　はじめ方　基本機能　画面共有　参加者管理　応用　スマホ&タブレット

2 スマートフォンでサインインする

1 「Zoom」アプリを起動し、

2 <サインイン>をタップします。

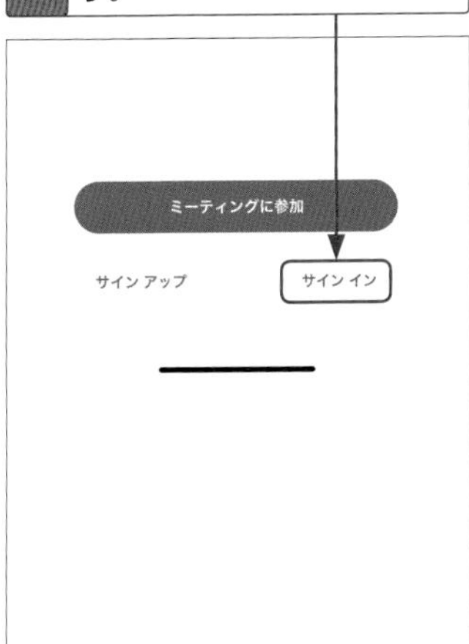

3 「サインイン」画面が表示されます。

4 メールアドレスとパスワードを入力して、

5 <サインイン>をタップすると、

6 Zoomのホーム画面が表示されます。

サインイン後にミーティングに参加するには、手順6の画面で<参加>をクリックし、P.216手順3～5を参照してください。<新規ミーティング>をタップしてホストになることも可能です。

3 アプリ版の画面構成（ホーム画面）

スマートフォンの場合

iPadの場合

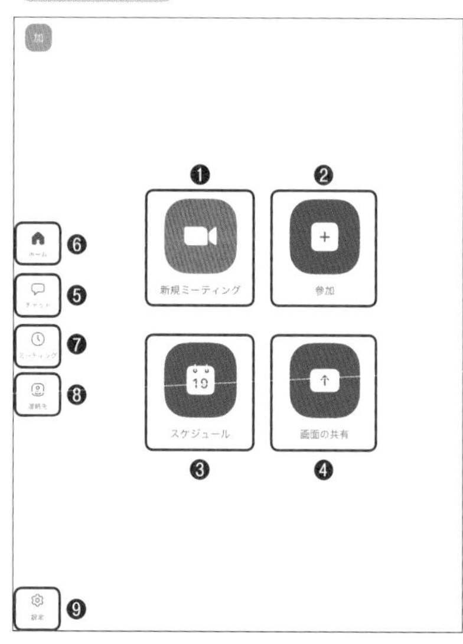

名称	機能
❶新規ミーティング	自分がホストとなってビデオ会議をスタートさせる場合にタップします。
❷参加	ミーティング ID または URL を入力することで、ミーティングに参加できます。
❸スケジュール	ミーティングのスケジュールを入力できます。
❹画面の共有	自分のスマートフォンの画面をミーティングのメンバーと共有できます。
❺チャット	チャットを利用できます（Android スマートフォンでは「ミーティングおよびチャット」）。
❻ホーム	ホーム画面に戻ります。
❼ミーティング	パーソナルミーティング ID を表示します。
❽連絡先	連絡先を表示します。
❾設定	設定画面を表示します。

4 アプリ版の画面構成（ビデオ会議画面）

スマートフォンの場合

iPadの場合

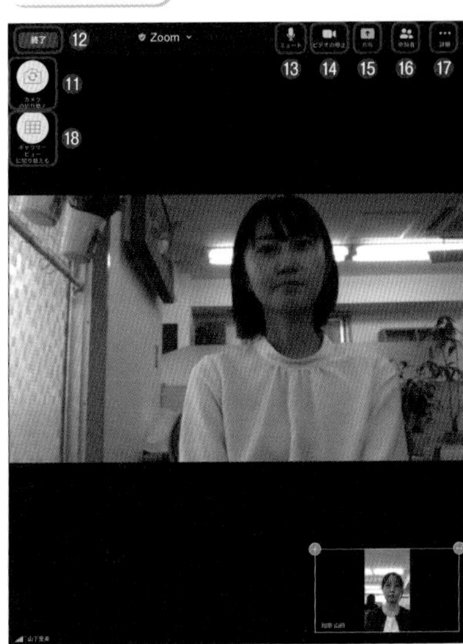

名称	機能
⑩スピーカー	スピーカーのオン／オフを切り替えます。
⑪カメラ切り替え	インカメラと外側のカメラを切り替えます。
⑫終了	会議を終了／退出します。
⑬ミュート	マイクのオン／オフを切り替えます。
⑭ビデオの停止	カメラのオン／オフを切り替えます。
⑮共有	自分のスマートフォンに表示しているファイルやWebサイトなどの画面を相手の画面にも表示できます。
⑯参加者	参加者の一覧を確認できるほか、新しい参加者を招待することもできます。
⑰詳細	拍手や賛成のアイコンを表示したり、オーディオの切断を行ったりできます。
⑱ビューの変更	ビューを切り替えます。

Section 35 ビデオ会議の招待を受ける

スマートフォンやタブレットでZoomを使用する際も、ミーティングIDを入力する方法だけでなく、ホストから招待されることでビデオ会議に参加することができます。

1 ビデオ会議の招待を受ける

1 ホストから招待のメッセージが来たら、記載されているURLをタップします。

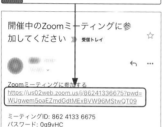

開催中のZoomミーティングに参加してください　受信トレイ

Zoomミーティングに参加する
https://us02web.zoom.us/j/86241336675?pwd=WUgwem5oaEZmdGdtMExBVW96MStwQT09

ミーティングID: 862 4133 6675
パスワード: 0g9vHC

2 Zoomアプリが起動し、<ビデオ付きで参加>か<ビデオなしで参加>のどちらかを選択してタップします。

3 待機室の画面になります。

Zoom　退出

ミーティングのホストは間もなくミーティングへの参加を許可します、もうしばらくお待ちください

4 ホスト側が参加を許可すると、ビデオ会議が開始されます。

Memo 「ダイヤルイン」に注意

会議参加時に「他のユーザーの音声を聞くにはオーディオに参加してください」の画面が表示される場合は、<インターネットを使用した通話>をタップしてください。<ダイヤルイン>をタップすると、電話代がかかります。

Section 36

拍手や賛成、挙手の反応をする

拍手や賛成の反応も、タップ操作で相手に送ることができます。同様に、挙手することも同じ手順で可能です。アイコンが表示されるので、誰が反応をしたか一目で確認することができます。

1 拍手や賛成、挙手の反応をする

1 会議中の画面をタップします。

2 画面下（iPadでは画面上）にメニューが表示されるので、<詳細>をタップします。

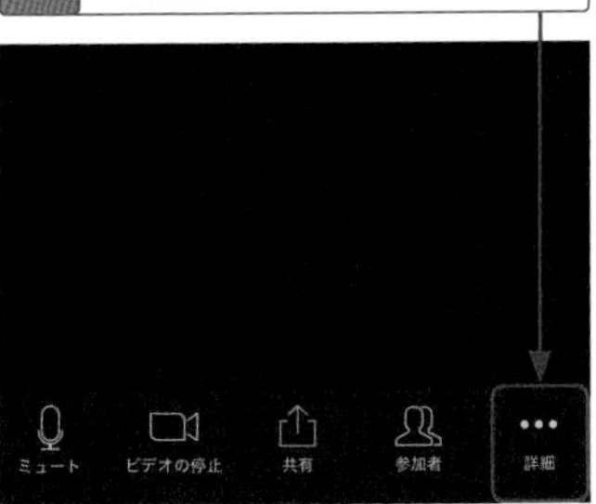

3 拍手と賛成のアイコンが表示されるので、選択してタップします。

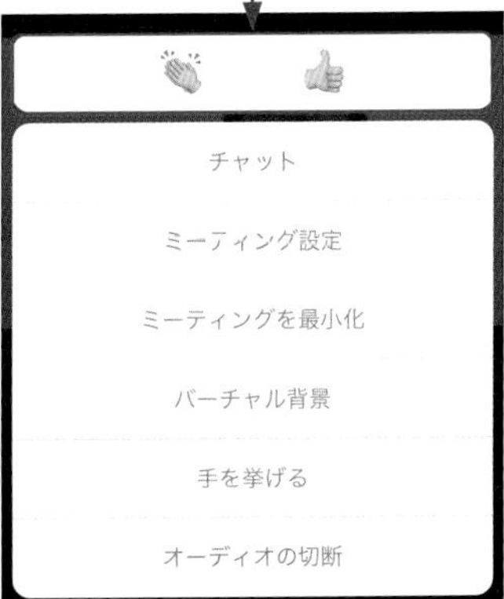

4 自分の画像の左上にアイコンが表示されます。なお、手順3の画面で<手を挙げる>をタップすると、挙手のアイコンが表示されます。

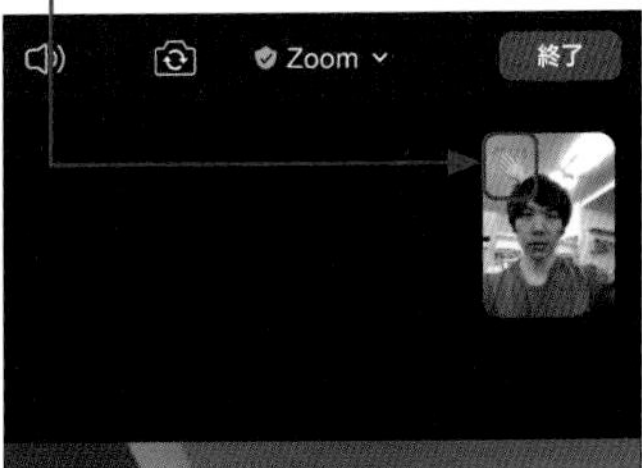

Section 37 ビュー を変更する

スマートフォンやタブレットでZoomを使用する際も、参加者が3人以上であればビューを変更できます。スマートフォンのみ、一時的にカメラとマイクをオフにする「安全運転モード」が用意されています。

1 スマートフォンでビューを変更する

1 ビデオ会議中の画面を左方向にスライドすると、

2 「ギャラリービュー」に切り替わります（Androidスマートフォンでは各画面が横に表示）。この画面で右方向にスライドすると「スピーカービュー」に戻り、さらに右方向にスライドすると、

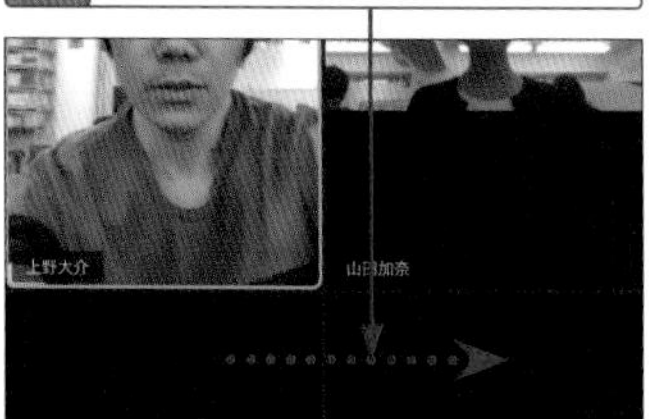

3 「安全運転モード」に切り替わり、カメラとマイクがオフになります。

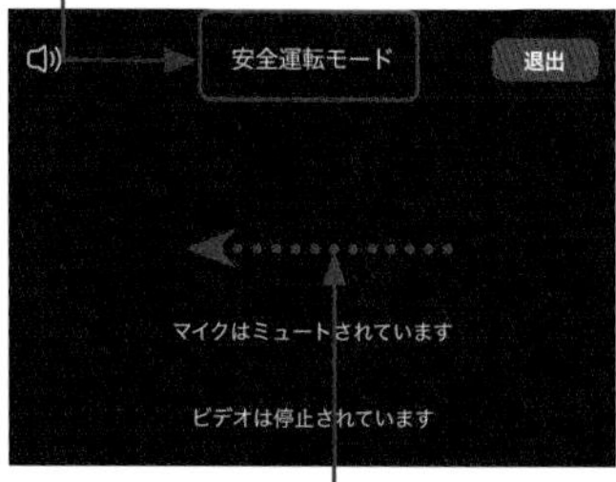

4 この画面で左方向にスライドすると、

5 「スピーカービュー 」に切り替わります。

2 iPadでビューを変更する

iPadの場合、スマートフォンよりも画面が大きいため、ビューの切り替えによる効果も大きくなります。なお、iPadの場合は「スピーカービュー」という名称の代わりに「現在発言中の方に切り替える」という名称になっていますが、意味はどちらも同じです。

1 ビデオ会議中の画面で、＜ギャラリービューに切り替える＞をタップします。

2 「ギャラリービュー」に切り替わります。＜現在発言中の方に切り替える＞をタップすると、

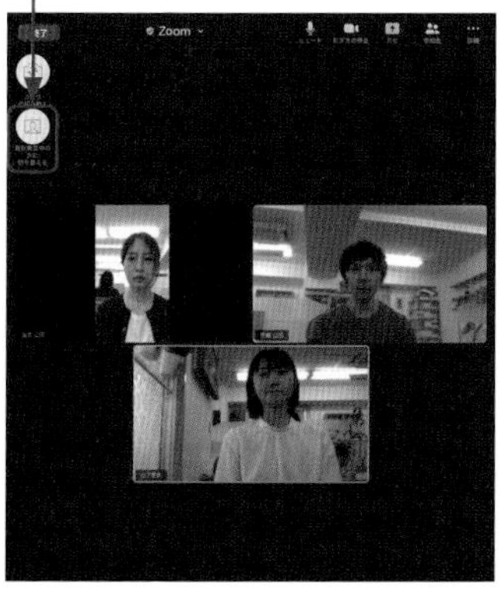

3 「スピーカービュー」に切り替わります。

Hint

画面の縦横を切り替える

スマートフォンやiPadでビデオ会議に参加している場合は、デバイスを横向きにすることで横長の画面を表示することができます（デバイスの画面の自動回転機能を有効にしている必要があります）。

Section 38 マイクやカメラをオン／オフする

スマートフォンやタブレットでも、マイクやカメラをオン／オフすることが可能です。アイコンをタップするだけで切り替えることができるので、すばやく対応することができます。

1 マイクやカメラをオン／オフする

1 会議中の画面をタップします。

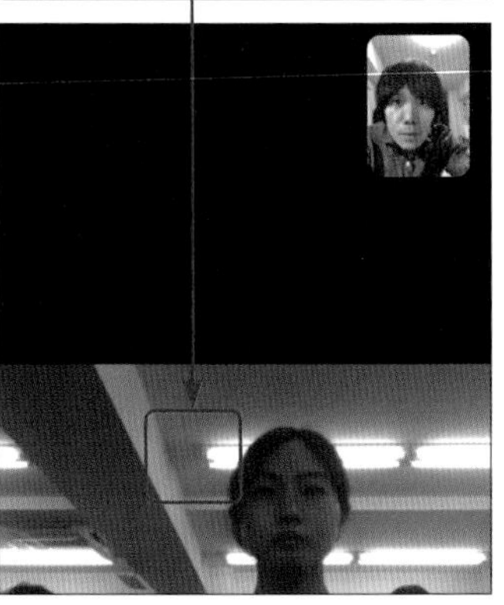

2 ＜ミュート＞をタップすると、マイクがオフになります。

3 ＜ビデオの停止＞をタップすると、ビデオがオフになります。

4 それぞれもう一度タップすると、オンの状態に戻ります。

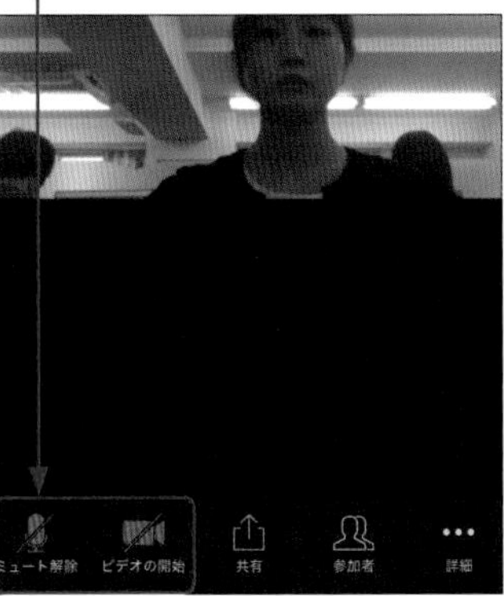

Memo アプリの切り替え

マイクやカメラをオンにしている状態でスマートフォンのアプリを切り替えると、マイクはオンのままですがカメラはオフになります。「Zoom」アプリに戻ると、カメラは自動でオンになります。

Section 39 チャットでメッセージを送る

スマートフォンやタブレットでも、パソコンと同様にチャットでメッセージを送ることができます。ただし、スマートフォンの場合ファイルを送ることも受け取ることもできません。

1 チャットでメッセージを送る

1 P.221手順1～2を参考に「詳細」画面を表示し、＜チャット＞（Androidスマートフォンでは＜参加者＞）をタップします。

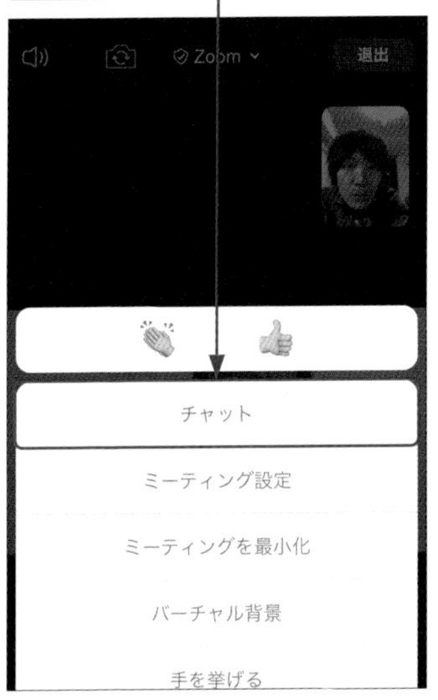

2 「チャット」画面が表示されるので、＜ここをタップして～＞（Androidスマートフォンではチャットを送りたい相手の名前）をタップしてテキストを入力し、

送信先: 全員
お話ししたアドレスです。http://www.linkup.jp
送信

3 ＜送信＞（Androidスマートフォンでは送信先を個人か全員かをタップして選択してから＜送信＞）をタップします。

4 テキストが送信されます。

Memo ファイルの送受信は不可

スマートフォン・iPad版ともにチャットでファイルを送ったり受け取ったりすることはできません。パソコン側からは相手がファイルを受け取れていないことは確認できないので、注意しましょう。

Section 40 共有画面に描き込む

スマートフォンやタブレットでも、ホワイトボードなどの共有画面に描き込むことができます。なお、スマートフォンでは写真やWebサイトの共有が、iPadではさらにホワイトボードの共有が行えます。

1 ホワイトボードを使う

1 参加者の誰かがホワイトボードを共有すると、「表示を大きくするにはピンチアウトします」と表示されます。

2 画面をタップすると画面下にペンツールが表示されるので、ここでは■→<蛍光ペン>の順にタップします。

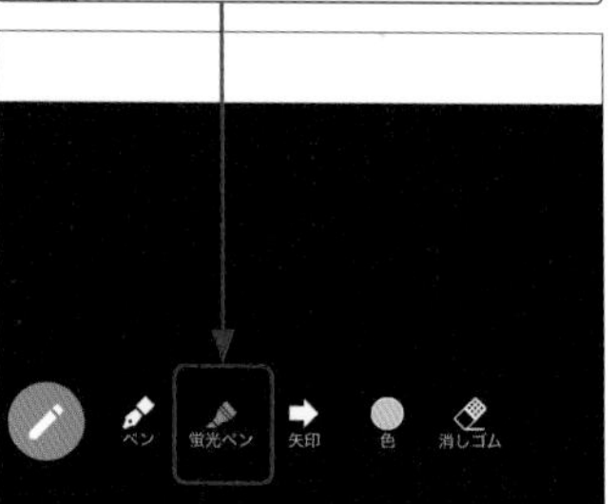

3 ドラッグすることで自由に文字などを描くことができます。描き終えたら■をタップします。

クの議事録です。補足ならびに修正がありましたら、当メーリングリストにてご連絡ください。

・日時：8月3日（月）１０：００〜１２：００
・場所：本社　第二会議室
・出席者：鈴木、佐藤、中村、田中、斎藤、小林、中野、安田
・内容：
1．8月現在、計画日程どおりに進んでいることを確認
2．日程並びに役割分担を確認
（1）8月 日１０：００より開始する

Memo iPad版でのコメント機能

iPadでは、画面下に表示されるペンツールが異なります。文字の入力や図形、線の描画、元に戻す／やり直しなどが利用できます。

Section 41 バーチャル背景を設定する

iPhoneやiPadでは、デスクトップ版以上にかんたんにバーチャル背景を設定できます。また、自分が撮影した写真などを背景に設定することも可能です。なお、古い機種では利用できない場合もあります。

1 バーチャル背景を設定する（iPhoneとiPadのみ）

1 P.221手順1～2を参考に「詳細」画面を表示し、<バーチャル背景>をタップします。

ミーティング設定
ミーティングを最小化
バーチャル背景
手を挙げる
オーディオの切断

2 好きなバーチャル背景のサムネイルをタップすると、

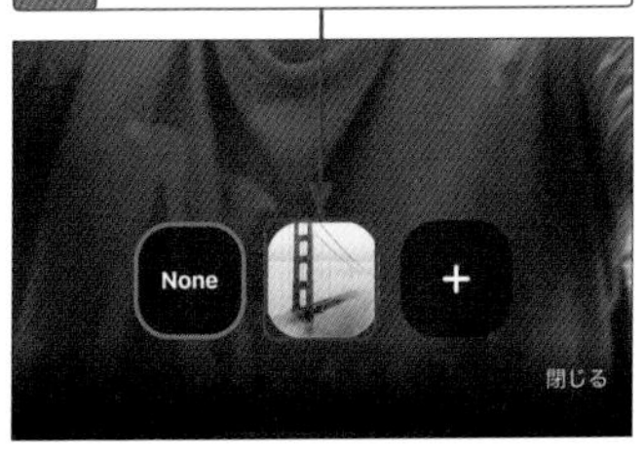

3 バーチャル背景が設定されます。ただし、Androidスマートフォンでは対応していません。

Memo 好きな写真を背景に設定する

手順2の画面で＋のマークをタップすると、好きな写真を背景に設定できます。その際、あらかじめ「設定」アプリから写真へのアクセスを許可しておく必要があります。

Section 42 ビデオ会議中に電話の着信やメールが来ないようにする

スマートフォンやタブレットにはさまざまなアプリの通知がつきものですが、設定によってオフにできます。指定した時間帯のみオフにすることもできます。

1 通知オフにする時間を設定する

1 ホーム画面で＜設定＞をタップします。

2 ＜チャット＞をタップし、

3 ＜着信拒否＞をタップします。

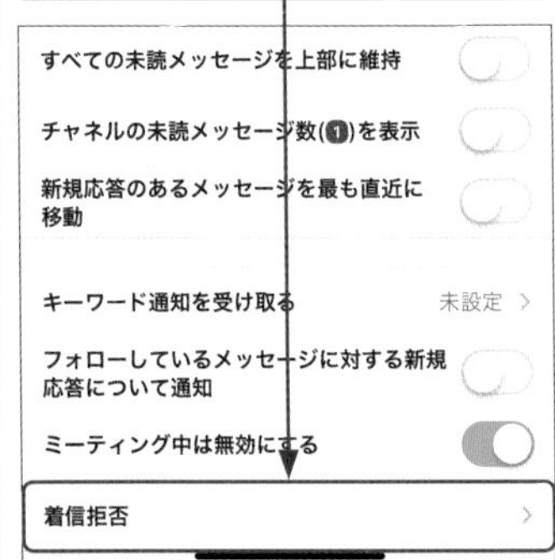

4 ＜通知を一時停止＞（Androidスマートフォンでは＜一時停止された通知＞）をタップし、

着信拒否
通知を一時停止
スケジュール済み
"Do not disturb（入室禁止）"が有効になっている場合、Zoomから通知は送られてきません

5 通知を一時停止する時間を選択してタップし、

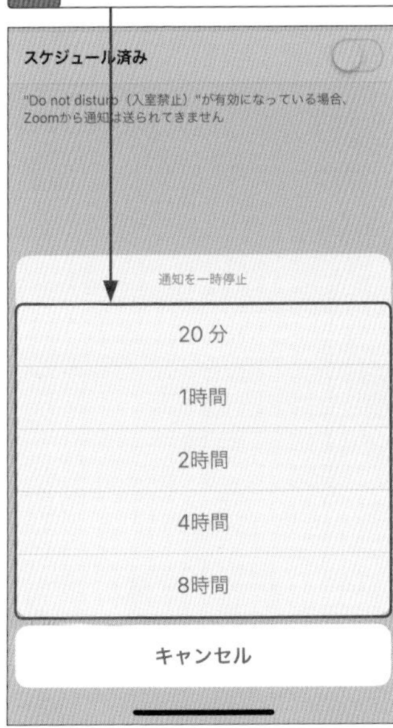

6 時間帯で通知を受け取らないようにしたい場合は手順4の画面で<スケジュール済み>をタップします。

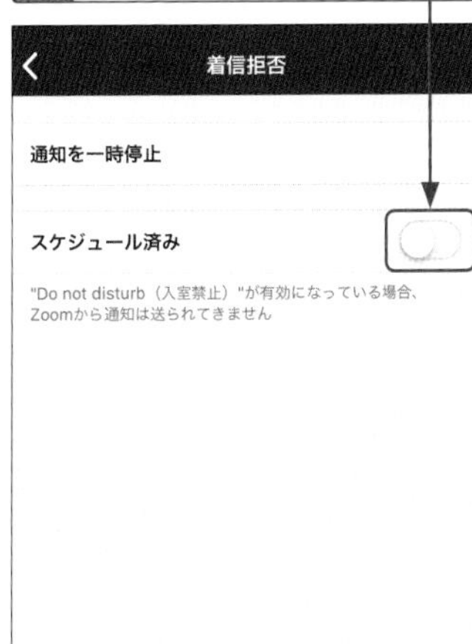

7 通知を一時停止する時間帯をタップします。

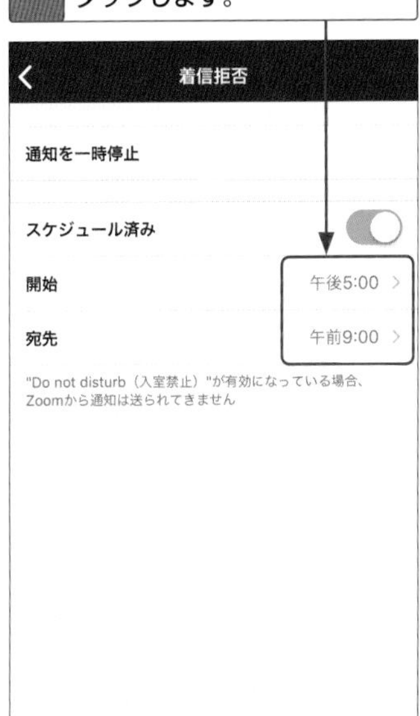

8 一時停止を開始または解除したい時間帯を選択してタップし、

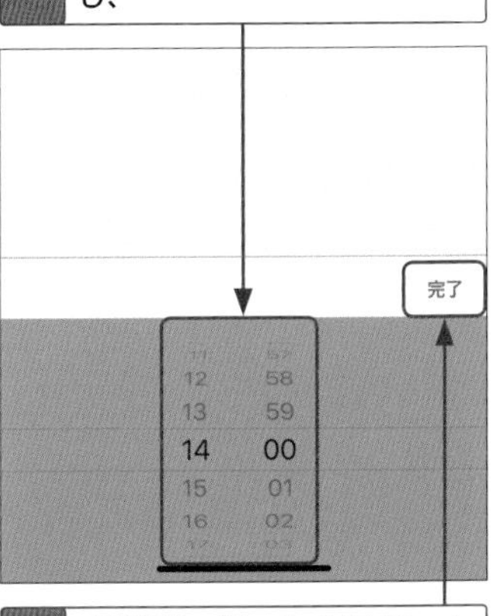

9 <完了>（Androidスマートフォンでは<設定>）をタップします。

Section 43 ビデオ会議を終了する

スマートフォンやタブレットの場合でも、自分がホスト側であれば、好きなタイミングでビデオ会議を終了できます。その際、新しいホストを割り当てることもできます。

1 ビデオ会議を終了する

1 会議中の画面をタップし、<終了>もしくは<退出>をタップします。

2 <全員に対してミーティングを終了>をタップします。

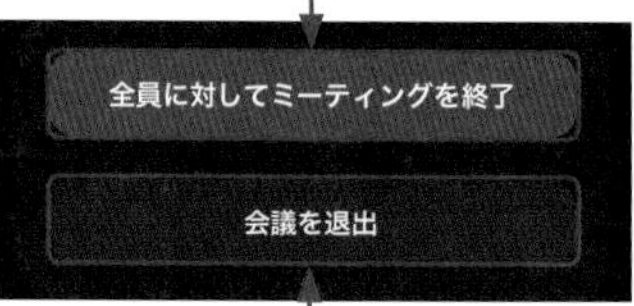

参加者の場合は、<会議を退出>をタップします。

3 ミーティングが終了し、ホーム画面に戻ります。

StepUp 新しいホストを割り当てて退出する

手順2の画面で<会議を退出>をタップして、参加者の中から新たにホストとしたいアカウントをタップし、<割り当てて退出する>をタップすると、参加者の中から新しいホストを割り当ててから退出することができます。

第5章

Dropboxではじめるファイル共有

Dropboxにファイルをアップロードすると、あらゆる場所から同じファイルを閲覧、編集することができます。ファイルはダウンロードすることも可能です。また、ファイルをほかのユーザーと共有することもでき、協働編集ができるのでテレワークに最適です。

Section 01 Dropboxとは

Dropboxは、文書や画像、動画、音楽など、さまざまなファイルをインターネット上に保存できるクラウドストレージサービスです。保存したファイルは、パソコンやスマートフォンで利用することができます。

1 Dropboxとは?

Dropboxは、インターネット上のディスクスペースであるクラウドストレージに、文書や画像、動画、音楽などのファイルを2GBまで保存しておくことができるサービスです。保存したファイルは、3台までのデバイスであれば同期することができるため、会社や自宅、外出先など、あらゆる場所からファイルにアクセスすることができます。なお、Plus／ProfessionalまたはBusinessを利用しているユーザーの場合、同期できるデバイス数は無制限となります。

メモ　写真　音楽　動画

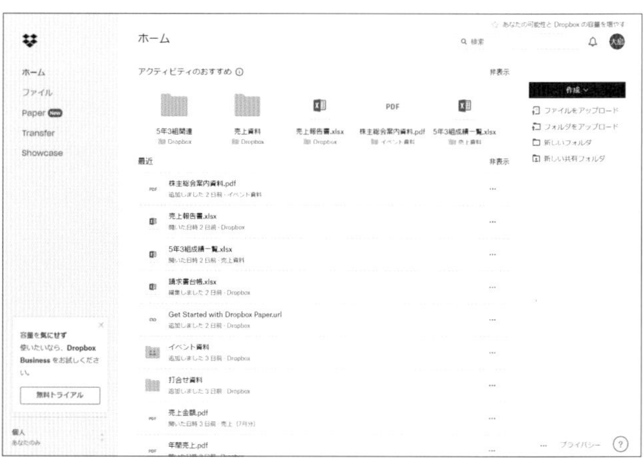

https://www.dropbox.com/

2 Dropboxが利用できる環境

Dropboxには、Webブラウザ版、デスクトップ版、アプリ版(iPhone／Androidスマートフォン／iPad)の3種類があります。本書では、Webブラウザ版Dropboxを中心に、iPhoneアプリ版Dropbox、Androidスマートフォンアプリ版Dropboxの使い方を紹介します。

なお、アプリ版では、ログインメールアドレスの変更やパスワードの変更、解約(退会)などの手続きが行えませんが、ほとんどの機能をWebブラウザ版と同じように利用できます。

3 Dropboxの構成

Dropboxのメニューは、大きく分けて「ファイル」と「ツール」の2つがあります。主に使うのは「ファイル」のメニューで、ファイルの保存や表示、共有などが行えます。「ツール」はコラボレーションツールやポートフォリオツールなどの高機能なサービスが利用できます。

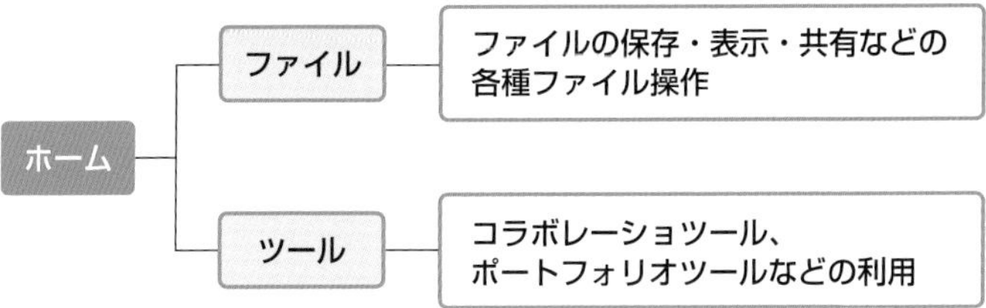

Dropboxのよく使うメニュー

すべてのファイル	Dropbox 内のすべてのファイルを表示し、ファイルの保存・表示・共有などが行えます。
最近	最近使用したファイルが表示されます。
共有済み	共有したファイルの共有状況が確認できます。
ファイルリクエスト	指定したフォルダにファイルをアップロードしてもらうことができます。
削除ファイル	削除したファイルが表示されます。30 日以内であれば復元できます。
Transfer	大容量のファイル転送ができる「Dropbox Transfer」が利用できます。

Dropboxの画面構成

Webブラウザ版Dropboxとは、Webブラウザから利用するDropboxのことです。作成したアカウントでログインすると、インターネットに接続しているパソコンやスマートフォンで利用できるようになります。

1 Dropboxの画面構成

「すべてのファイル」画面

❶	画面表示を切り替えます。
❷	保存されているファイルやフォルダが表示されます。
❸	ファイルをいつ編集したかを確認できます。
❹	ファイルやフォルダを共有中のユーザー数が表示されます。
❺	キーワードでファイルを検索できます。
❻	ほかのユーザーからの共有された場合などの通知が確認できます。
❼	アカウント設定やアップグレードなど、アカウント関連のメニューが表示されます。
❽	ファイルやフォルダに関する操作を行います。

2 Dropboxでできること

ファイルの保存と同期

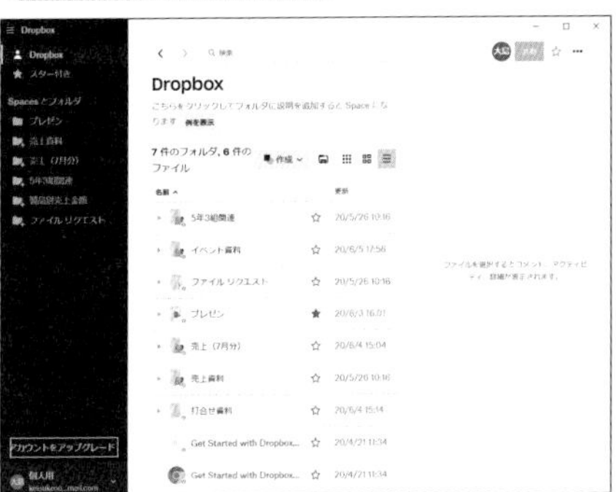

Dropboxは、無料で2GBのクラウドストレージサービスを利用できます（友だち招待や機能紹介ビデオ閲覧により、無料で16GBまで増量可能）。あらゆるファイルを保存できるほか、パソコンに作成した専用のフォルダと同期することもできます。

ファイルの共有

プロジェクトのメンバーなど、複数のメンバーで同じファイルを共有することができます。ファイルを共有すると、編集した内容もすべて同期されるので、メンバー全員が常に最新の状態で利用することができます。

大容量ファイルの送信

メールでは送れないような大容量のファイルを送信することができます。無料プランでは100MBまでのファイルが送れます。

Section 03

アカウントを作成する

Dropboxを利用するには、事前にアカウントを作成する必要があります。Dropboxのアカウントはメールアドレスを登録することで、だれでも無料で作成できます。

1 アカウントを作成する

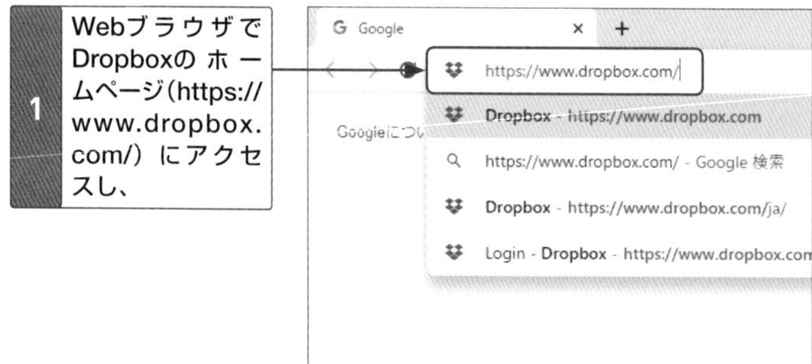

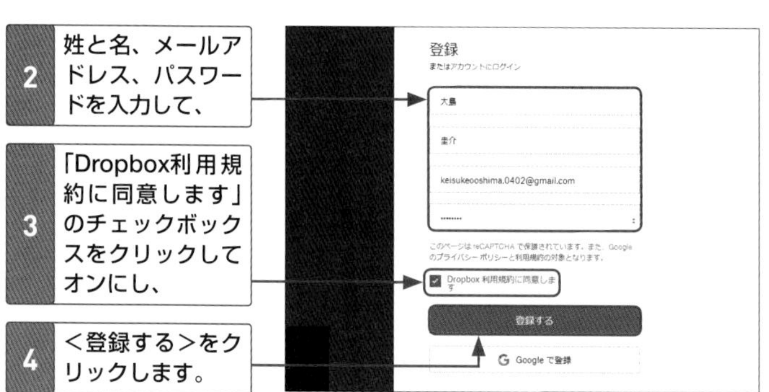

2 姓と名、メールアドレス、パスワードを入力して、
3 「Dropbox利用規約に同意します」のチェックボックスをクリックしてオンにし、
4 <登録する>をクリックします。
登録
大島
圭介
keisukeooshima.0402@gmail.com
登録する
Google で登録

Memo メールアドレスの確認を行う

手順2で入力したメールアドレス宛てに「メールアドレスを確認してください」という件名のメールが送信されます。メールの本文にある<メールアドレスを確認>をクリックすると、アカウント作成が完了します。

Dropbox の高度な機能を無料でお試しください

Dropbox Plus なら 2,000 GB のストレージとプレミアム機能をご利用いただけます

- スマート シンクでハード ドライブの空き容量を増加
- 複数のデバイスからファイルにアクセス
- デバイスの紛失や盗難時にファイルを保護

14 日間の無料トライアルを試す

ファイル数が少ない場合

Dropbox Basic プラン（2 GB）を継続

5 「Dropboxの高度な機能を無料でお試しください」画面が表示されたら、<Dropbox Basicプラン(2GB)を継続>をクリックします。

ご利用を開始するにはDropboxをダウンロードしてください

Dropbox をダウンロード

6 <Dropboxを ダウンロード>をクリックすると、デスクトップ版Dropboxのダウンロードがはじまります（P.264参照）。

以降は手順**1**の操作後にログインすると、Dropboxのホーム画面が表示されます。

StepUp

Googleアカウントでログインする

P.236手順**2**の画面で<Googleで登録>をクリックすると、Googleアカウントで Dropboxのアカウントを作成できます。次の画面で表示されたアカウントを選択してクリックします。なお、Googleアカウントを作成していない場合は、「Googleにログイン」画面が表示されるので、<アカウントを作成>をクリックしてGoogleアカウントを作成します。

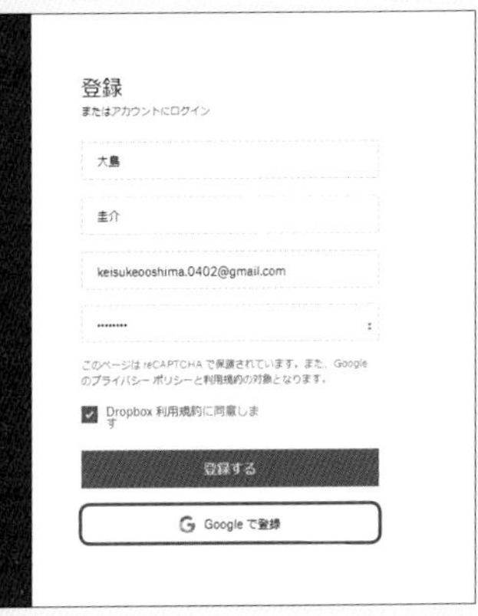

Section 04 Dropboxにファイルをアップロードする

Dropboxは、OfficeファイルやPDFファイルなどのさまざまなファイルをアップロードして保存することができます。アップロードしたファイルは、ホーム画面に一覧で表示されます。

1 Dropboxにファイルをアップロードする

1 Dropboxのホーム画面から、＜ファイルをアップロード＞をクリックします。

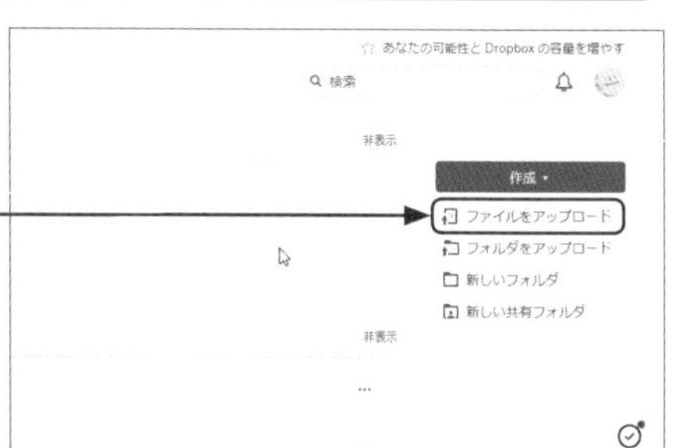

2 アップロードするファイルをクリックして選択し、

3 ＜開く＞をクリックします。

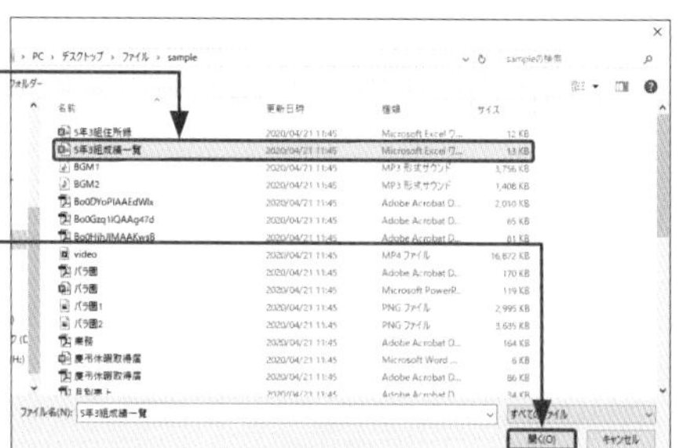

4 ＜アップロード＞をクリックすると、Dropboxにファイルがアップロードされます。

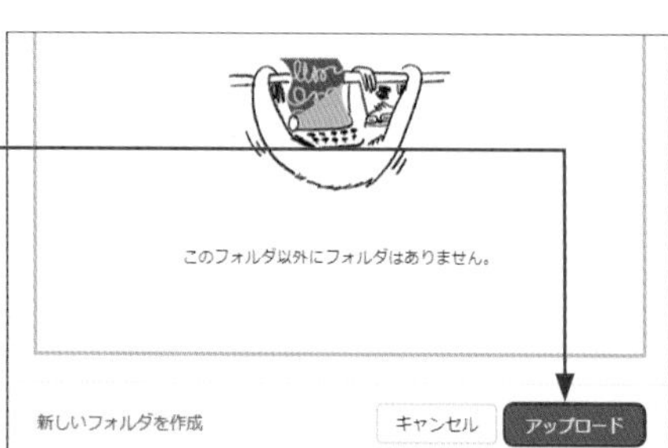

Section 05 Dropboxからファイルをダウンロードする

Dropboxに保存したファイルは、あとからいつでもダウンロードできます。アップロードしたファイルを別のパソコンからダウンロードするなど、データの移動の際にも活用できます。

1 Dropboxのファイルをダウンロードする

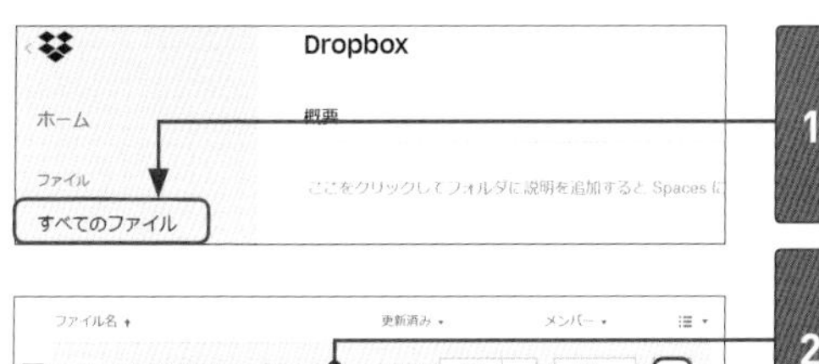

1 Dropboxのホーム画面で<すべてのファイル>をクリックし、

2 ダウンロードしたいファイルにマウスポインターを合わせ、

3 …をクリックします。

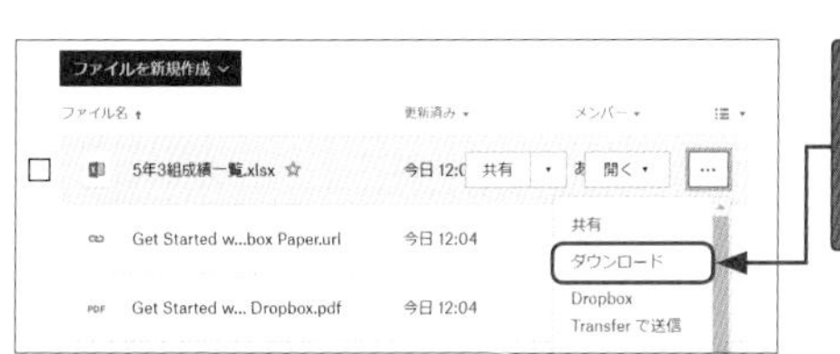

4 表示されたメニューから、<ダウンロード>をクリックします。

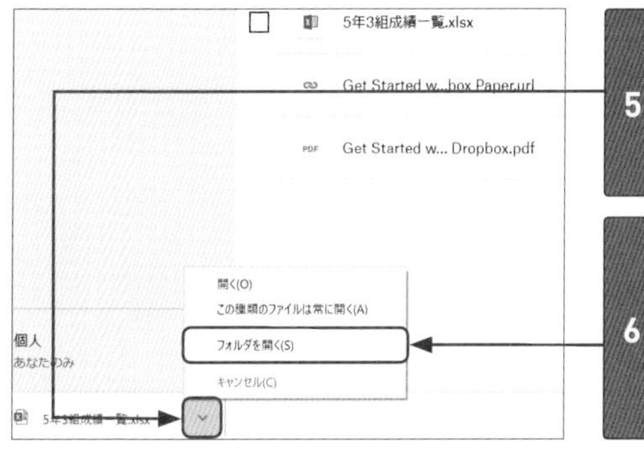

5 画面下部にダウンロードしたファイルが表示されるので、∨をクリックし、

6 <フォルダ開く>をクリックすると、ファイルがダウンロードされたフォルダが開きます。

Section 06 ファイルのプレビューを見る

Dropboxにアップロードされたファイルは、クリックすることでファイルのプレビューを閲覧できます。OfficeファイルやPDFファイルは、ソフトを起動しなくても内容を確認できるので便利です。

1 ファイルのプレビューを見る

1 Dropboxのホーム画面で＜すべてのファイル＞をクリックし、

2 プレビューを見たいファイルをクリックすると、

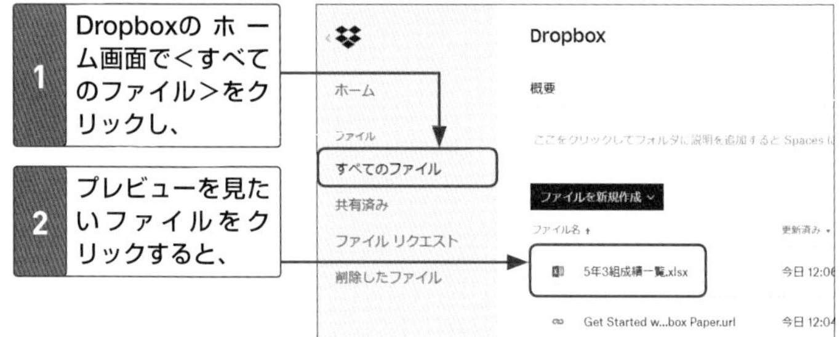

3 プレビューが開き、ファイルを閲覧できます。

＜をクリックすると、前の画面に戻ります。

4 をクリックすると、

5 デスクトップ全体で表示することができます。

6 Escキーを押すと、もとの表示に戻ります。

Section 07 # ファイルを アプリケーションで開く

アップロードしたファイルは、開くときにアプリケーションを選択すると、そのアプリケーションで開くことができます。アプリケーションで開いたファイルは、編集を行うことができます。

1 ファイルをアプリケーションで開く

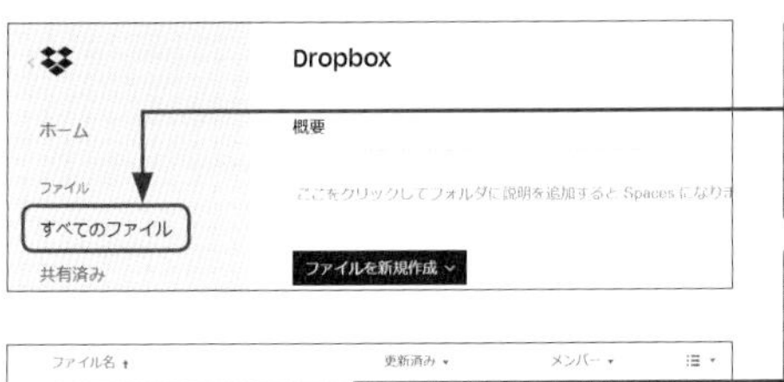

1 Dropboxのホーム画面で<すべてのファイル>をクリックし、

2 ダウンロードしたいファイルにマウスポインターを合わせ、

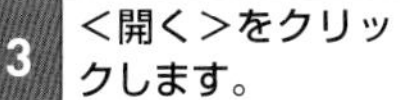

3 <開く>をクリックします。

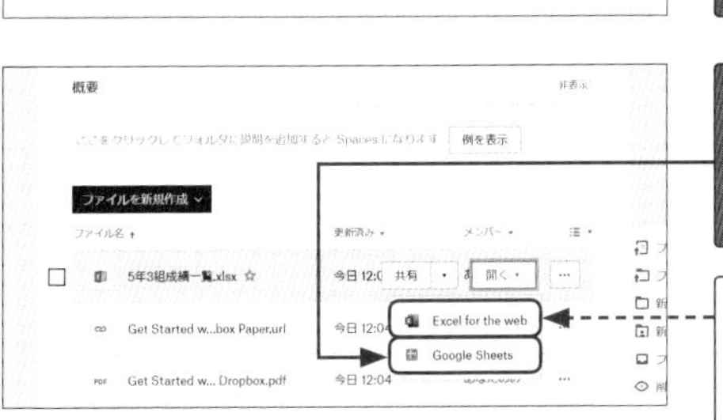

4 アプリケーション(ここでは<Google Sheets>)をクリックします。

<Excel for the Web>をクリックすると、Microsoft Office Onlineでファイルが編集できます。

5 <後にする>または<デフォルトとして設定>をクリックします。

.xlsx ファイルを開くときは Google スプレッドシート をデフォルトのアプリにしますか?

Dropbox で .xlsx ファイルを開く場合は、Google スプレッドシート が自動的に使用されます。この設定は、Dropbox の設定でいつでも更新できます。

□ 次回から確認しない　　後にする　　デフォルトとして設定

6 アプリケーションが起動し、ファイルが開きます。

Section 08 フォルダを作成してファイルを整理する

アップロードしたファイルが増えてくると、バラバラになって管理しづらくなります。フォルダを作成して、ファイルをカテゴリごとに整理すると、管理がかんたんになります。

1 フォルダを作成する

1 Dropboxのホーム画面から、<新しいフォルダ>をクリックします。

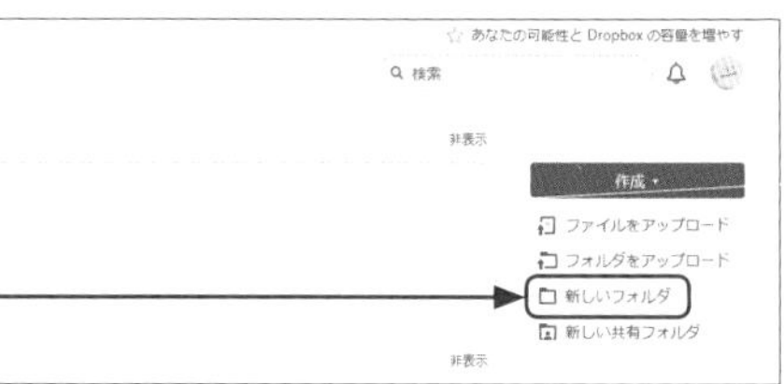

2 フォルダ名を入力して、

3 <作成>をクリックします。

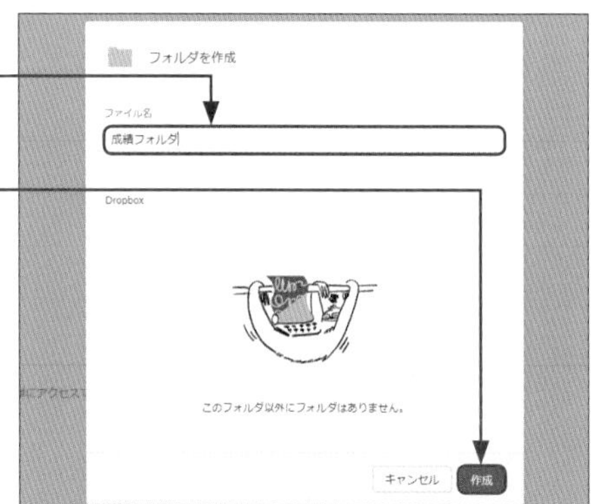

4 フォルダが作成されます。

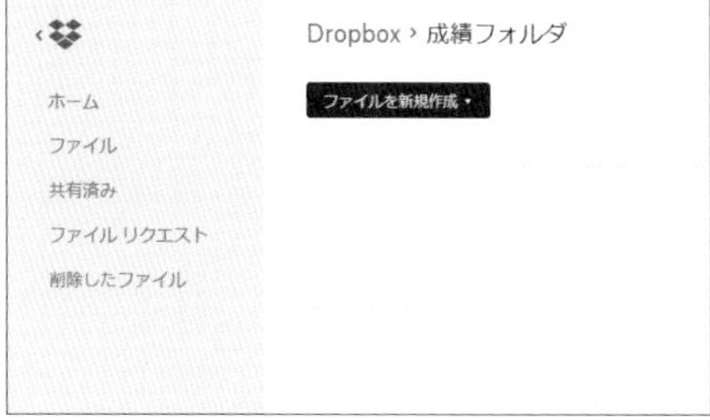

2 フォルダにファイルを移動する

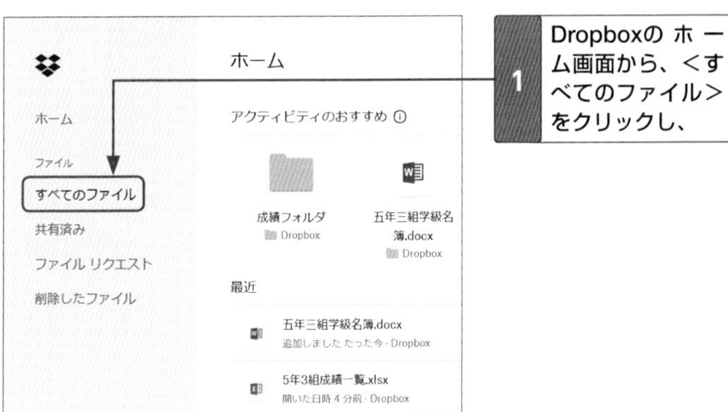

1 Dropboxのホーム画面から、<すべてのファイル>をクリックし、

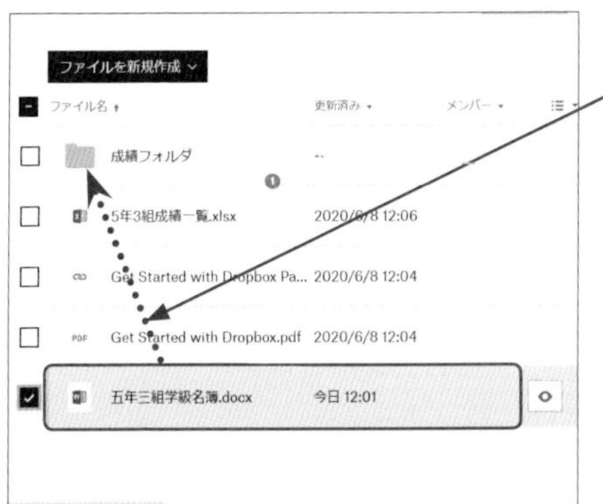

2 ファイルを移動させたいフォルダにドラッグ＆ドロップすると、

3 ファイルがフォルダに移動されます。

Section 09 ファイルを削除する

Dropboxにアップロードできる容量には限りがあります。不要になったファイルは削除しておきましょう。なお、削除したファイルは、30日間はDropboxにバックアップされています。

1 ファイルを削除する

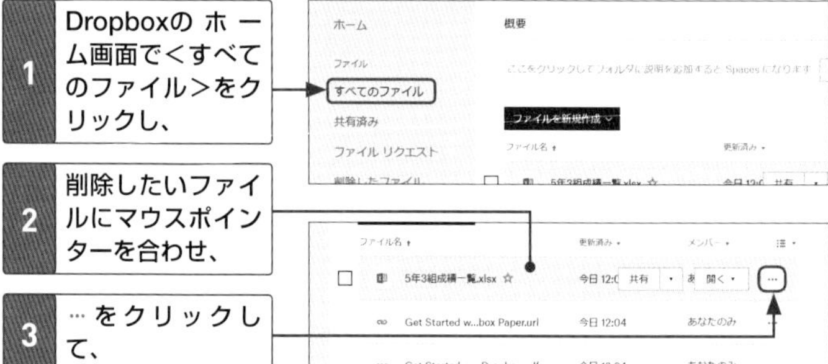
1 Dropboxのホーム画面で<すべてのファイル>をクリックし、
2 削除したいファイルにマウスポインターを合わせ、
3 …をクリックして、
ホーム
概要
ファイル
すべてのファイル
共有済み
ファイルを新規作成
ファイル リクエスト
ファイル名
5年3組成績一覧.xlsx
今日 12:04
共有
開く
Get Started w...box Paper.url
Get Started w... Dropbox.pdf
あなたのみ

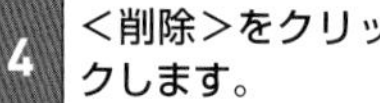
4 <削除>をクリックします。

5年3組成績一覧.xlsx
Get Started w...box Paper.url
Get Started w... Dropbox.pdf
今日 12:04
共有
ダウンロード
Dropbox Transfer で送信
コメントを追加
スターを付ける
バージョン履歴
名前を変更
移動
コピー
削除

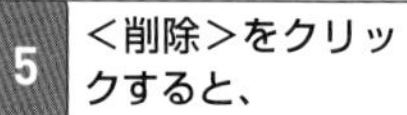
5 <削除>をクリックすると、

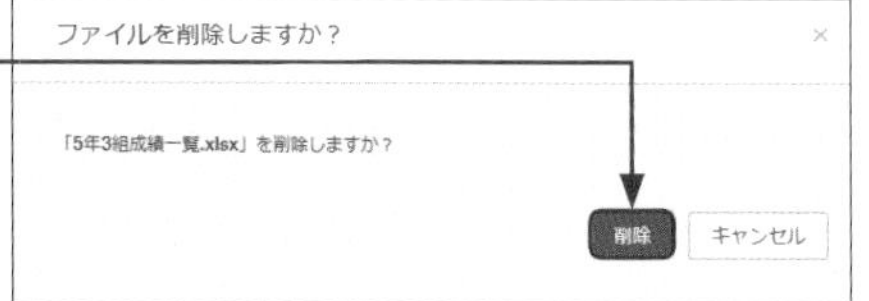
ファイルを削除しますか？
「5年3組成績一覧.xlsx」を削除しますか？
削除
キャンセル

6 ファイルが削除されます。

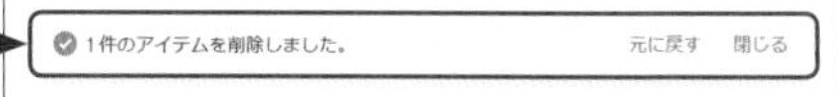
1件のアイテムを削除しました。
元に戻す
閉じる

Section 10

削除したファイルを復元する

削除したファイルは30日間はDropboxにバックアップされているので、復元をすることができます。間違って削除してしまったファイルも復元することができるので、安心して操作できます。

1 ファイルを復元する

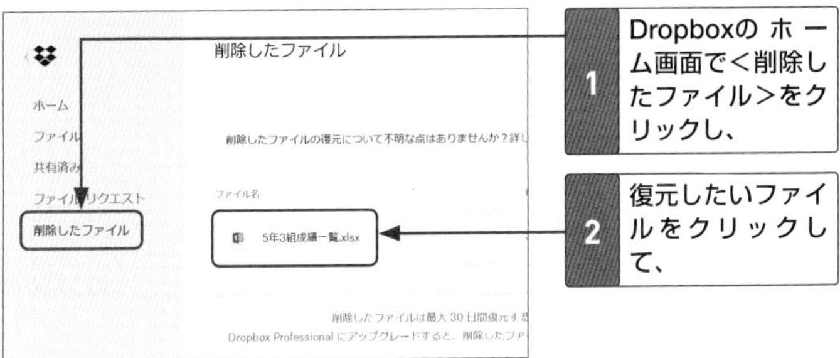

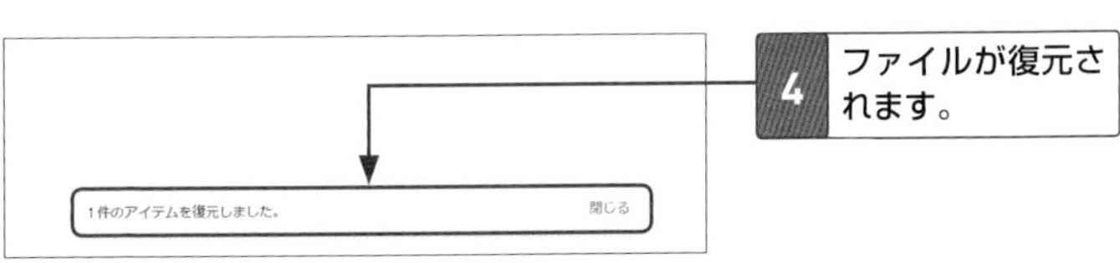

Section 11 ファイルを以前のバージョンに戻す

Dropboxは、ファイルをいつ追加、作成、編集したのかが履歴として保存されます。履歴画面では履歴を確認するだけでなく、ファイルを以前のバージョンに戻すこともできます。

1 ファイルを以前のバージョンに戻す

1 Dropboxのホーム画面で＜すべてのファイル＞をクリックし、

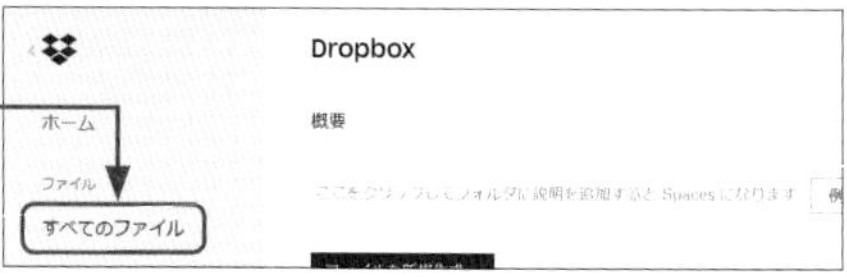

2 前のバージョンに戻したいファイルにマウスポインターを合わせ、

3 …をクリックして、

4 ＜バージョン履歴＞をクリックします。

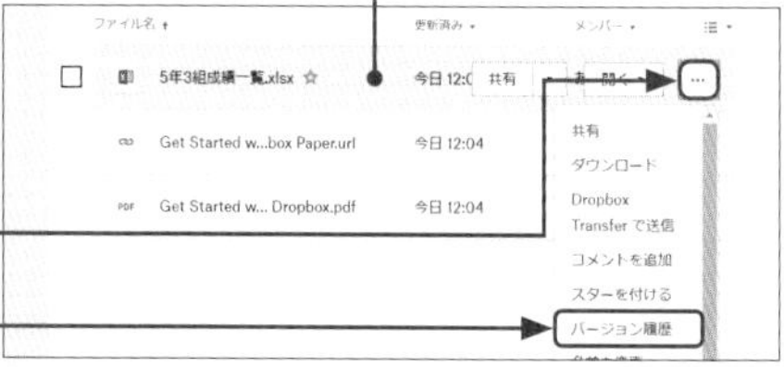

5 戻したいバージョンにマウスポインターを合わせ、

6 ＜復元＞をクリックし、

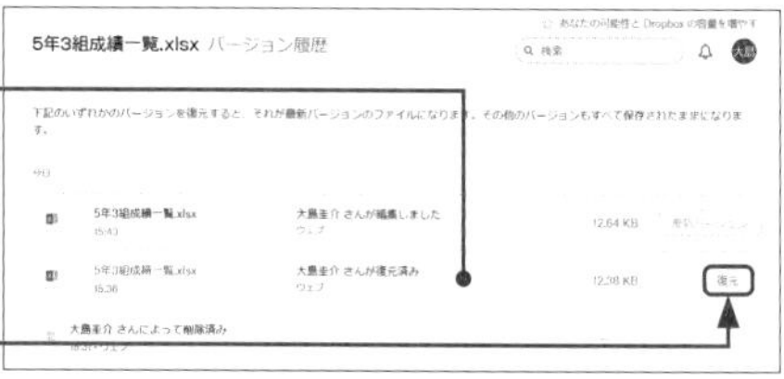

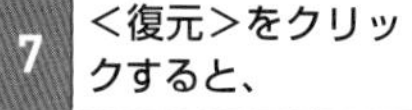

7 ＜復元＞をクリックすると、

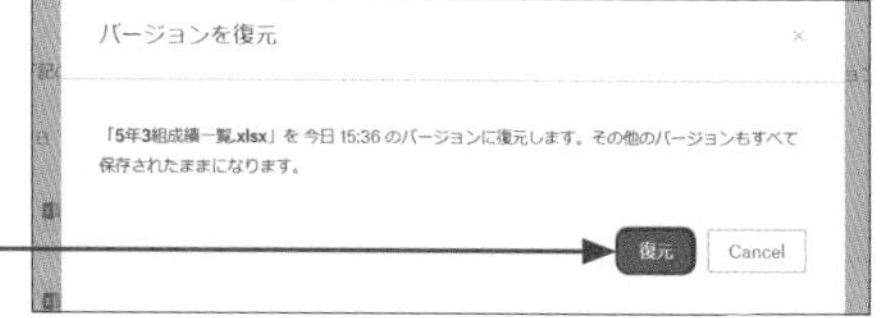

8 ファイルが復元されます。

Dropbox

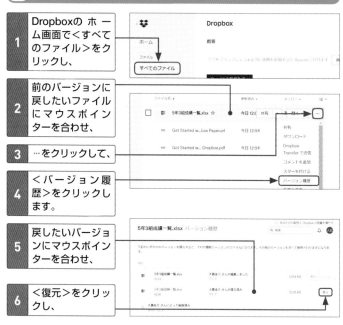

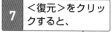

Section 12 ファイルを検索する

Dropboxにたくさんのファイルを保存しておくと、フォルダ分けをしていても目的のファイルを探すことが大変です。ファイル名で検索すると、一致したファイルが一覧で表示されるので便利です。

1 ファイルを検索する

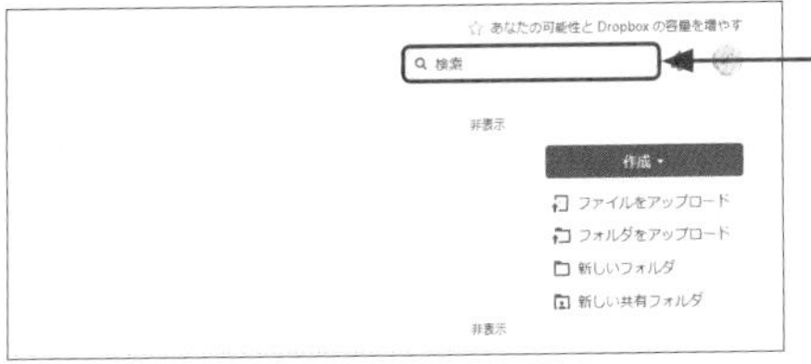

1 Dropboxのホーム画面から、右上の検索欄をクリックします。

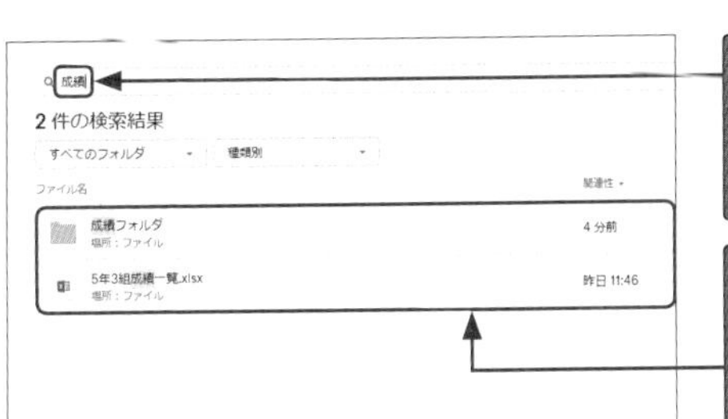

2 検索したいファイルのキーワードを入力して、Enterキーを押します。

3 キーワードに一致するファイルやフォルダが一覧で表示されます。

Hint 絞り込んで検索する

手順2の画面で、<すべてのフォルダ>をクリックすると、フォルダの場所を指定して検索することができます。また、<種類別>をクリックすると、画像やドキュメント、PDFなどファイルの種類を絞った検索ができます。2つを組み合わせて検索することも可能です。

成績フォルダ × 3組
1 件の検索結果　フィルタをリセット
成績フォルダ　スプレッドシート
ファイル名　種類別　すべてを選択
5年3組成績一覧.xlsx 場所：成績フォルダ　12:06
画像
ドキュメント
PDF
スプレッドシート
プレゼンテーショ...
オーディオ
動画
フォルダ
その他

Section 13 ファイルやフォルダにスターを付ける

ファイルやフォルダにスターを付けると、Dropboxのホーム画面の「スター付き」の項目に表示されるようになります。よく閲覧するファイルや重要なファイルには、スターを付けておきましょう。

1 ファイルやフォルダにスターを付ける

1 Dropboxのホーム画面で<すべてのファイル>をクリックし、

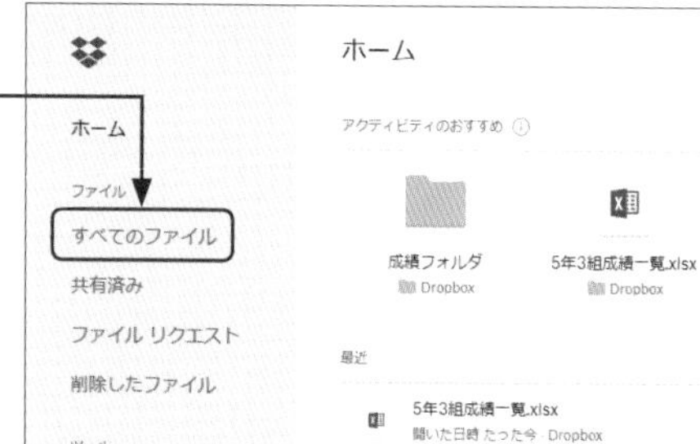

2 スターを付けたいファイルにマウスポインターを合わせ、

3 ☆をクリックすると、

4 ☆が★に変わり、スターが付きます。

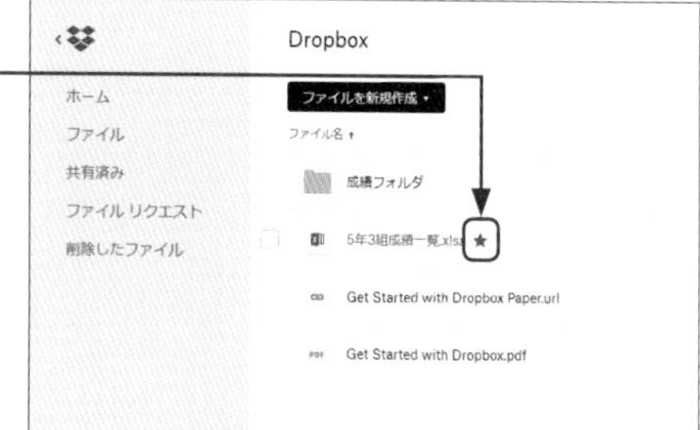

Section 14

スターを付けたファイルやフォルダを見る

スターを付けたファイルやフォルダは、ホーム画面に表示されるので、すぐに閲覧することができます。また、重要度の下がったファイルやフォルダからスターを削除することもできます。

1 スターを付けたファイルやフォルダを見る

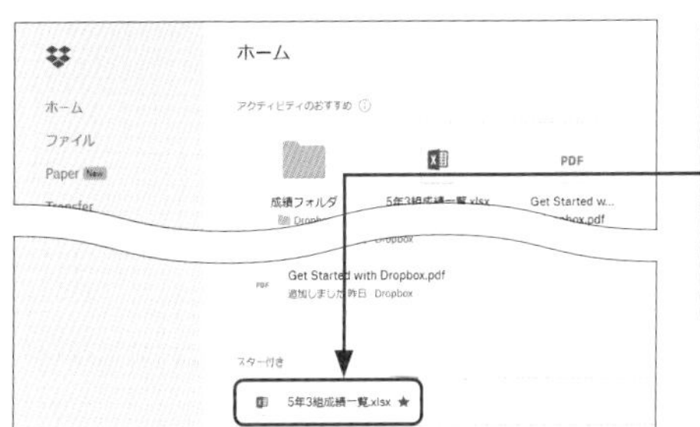

1 スターを付けたファイルはホーム画面の「スター付き」に一覧で表示されます。見たいファイルをクリックします。

5年3組成績一覧.xlsx

氏名	国語	算数	理科	社会	合計	評価	資格
青井　桜	68	82	84	56	290		
工藤　未来	74	80	66	62	282		
安藤　実里	88	70	72	68	298		
井上　正則	76	78	62	82	298		
上田　壮一	60	78	72	66	276		
岡田　美由	74	66	70	76	286		
加藤　はる	82	86	74	72	314	合格	
木下　祐樹	72	74	80	68	294		
小林　もと	66	78	72	68	284		
佐藤　武弘	86	80	96	92	354	合格	○
真田　洋一	64	70	86	66	286		
清水　優	92	86	88	76	342	合格	○
鈴木　円華	58	68	66	60	252		
須藤　悟	78	96	82	88	344	合格	
妹尾　琴音	72	88	76	78	314	合格	
田中　正輝	88	78	86	94	346	合格	○
田畑　美麗	100	88	72	92	352	合格	○
中野　順	78	84	76	88	326	合格	
畑中　ミチ	86	100	74	90	350	合格	○
林　哲二	74	86	66	78	304		
氷室　真	72	76	86	82	316	合格	

2 ファイルをプレビューで見ることができます。

Memo スターを外す

スターを付けたファイルやフォルダからスターを外したい場合は、スター付きのファイルの★をクリックします。スターが外れて、「スター付き」の一覧から削除されます。

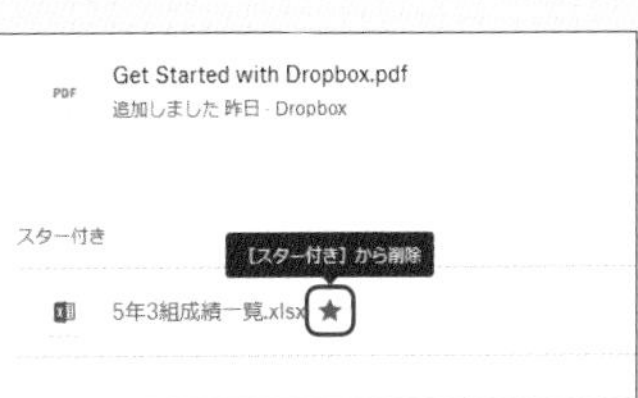

5 Dropboxではじめるファイル共有

Section 15 ファイルを共有する

Dropboxに保存しているファイルやフォルダは、相手のメールアドレスを指定することで共有できます。共有ファイルは権限の設定ができるほか、Dropboxをしていない人にはURLで共有することができます。

1 ファイルを共有する

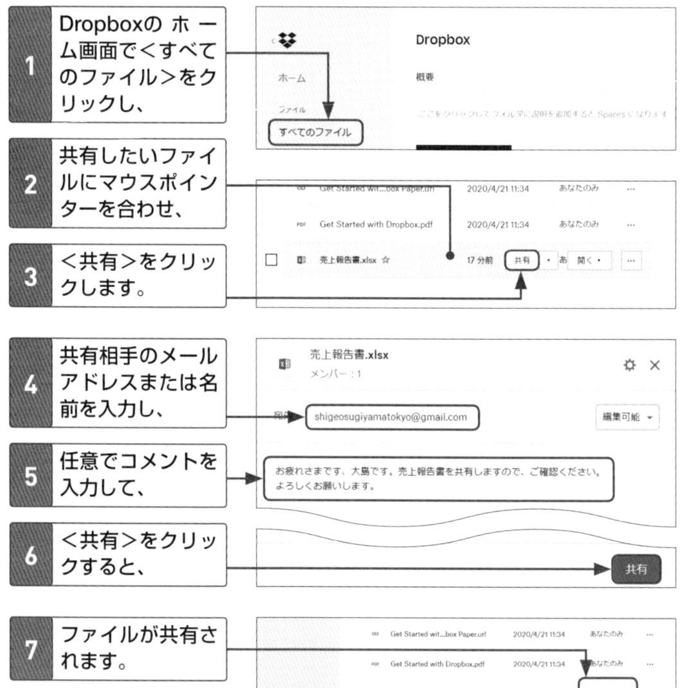
1 Dropboxのホーム画面で＜すべてのファイル＞をクリックし、
Dropbox
ホーム
概要
ファイル
すべてのファイル
2 共有したいファイルにマウスポインターを合わせ、
3 ＜共有＞をクリックします。
Get Started with Dropbox.pdf
2020/4/21 11:34
あなたのみ
売上報告書.xlsx
17 分前
共有
開く
4 共有相手のメールアドレスまたは名前を入力し、
5 任意でコメントを入力して、
6 ＜共有＞をクリックすると、
売上報告書.xlsx
メンバー：1
shigeosugiyamatokyo@gmail.com
編集可能
お疲れさまです、大島です。売上報告書を共有しますので、ご確認ください。
よろしくお願いします。
共有
7 ファイルが共有されます。
Get Started wit...box Paper.url
Get Started with Dropbox.pdf
売上報告書.xlsx
19 分前
メンバー：2

StepUp 共有権限を設定する

手順4～6の画面で、＜編集可能＞をクリックすると、共有権限の設定ができます（P.251参照）。

Section 16 ファイルやフォルダの共有権限を変更する

共有したファイルやフォルダの共有権限は、あとから変更することができます。権限は「編集可能」「閲覧可能」「削除」の3つから選ぶことができます。

1 共有権限を変更する

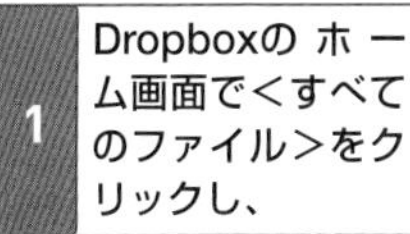

1 Dropboxのホーム画面で＜すべてのファイル＞をクリックし、

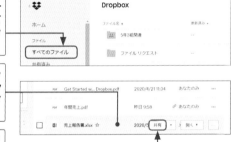

2 共有権限を変更したい共有ファイルにマウスポインターを合わせ、

3 ＜共有＞をクリックします。

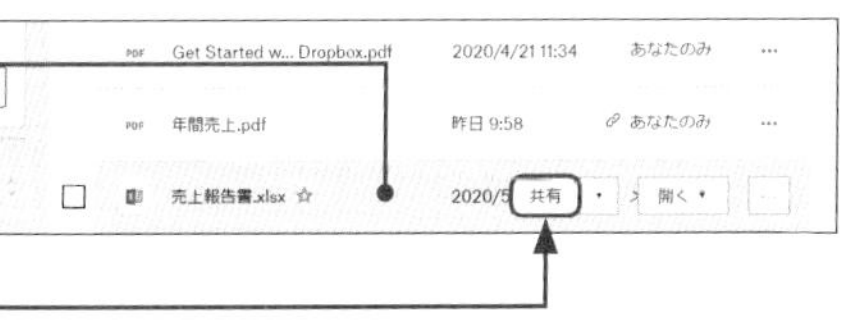

4 共有権限を変更したいユーザーの右にある現在の権限（ここでは＜編集可能＞）をクリックし、

5 変更したい権限（ここでは＜閲覧可能＞）をクリックすると、

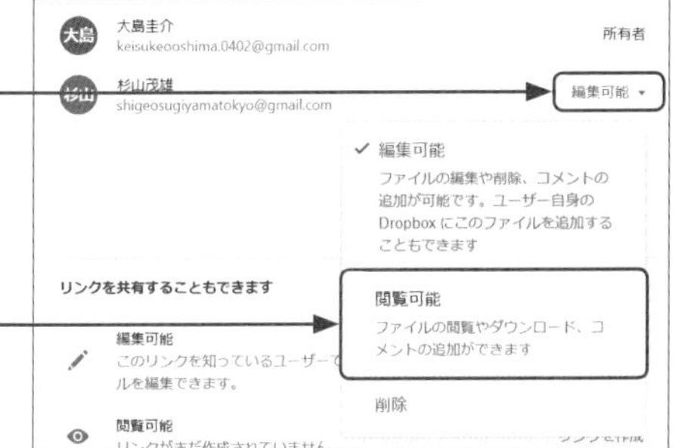

6 共有権限が変更されます。

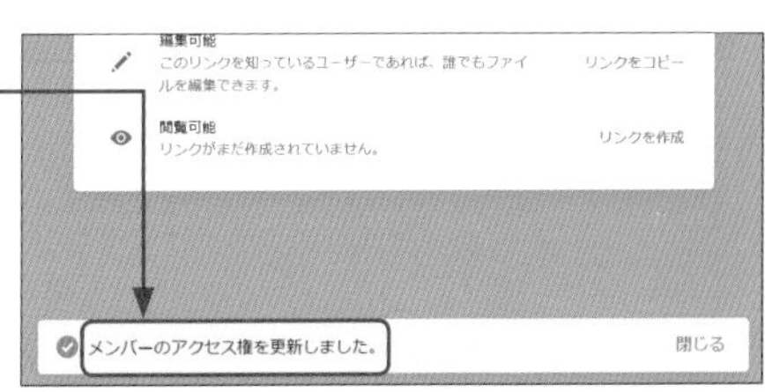

Section 17 共有フォルダを作成する

共有フォルダを新規作成して、フォルダを共有することができます。共有フォルダ内のファイルは、共有したユーザーとのDropboxアカウント間で同期されるので、Dropboxアカウントが必要になります。

1 共有フォルダを作成する

1 Dropboxのホーム画面で<新しい共有フォルダ>をクリックすると、

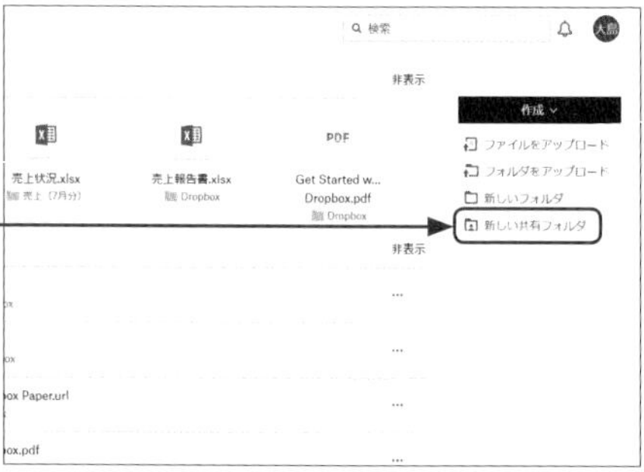

2 「Dropbox（個人用）からフォルダを共有する」画面が表示されます。

3 <新規フォルダを作成し共有する>をクリックし、

4 <次へ>をクリックします。

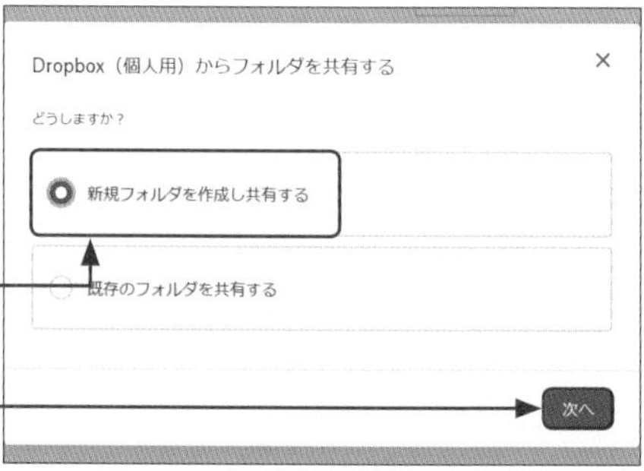

Memo 既存のフォルダを共有する

既存のフォルダを共有フォルダにする場合は、手順3の画面で<既存のフォルダを共有する>→<次へ>の順にクリックし、共有フォルダにしたいフォルダをクリックして選択し、<次へ>をクリックすると、手順5の画面が表示されるようになります。

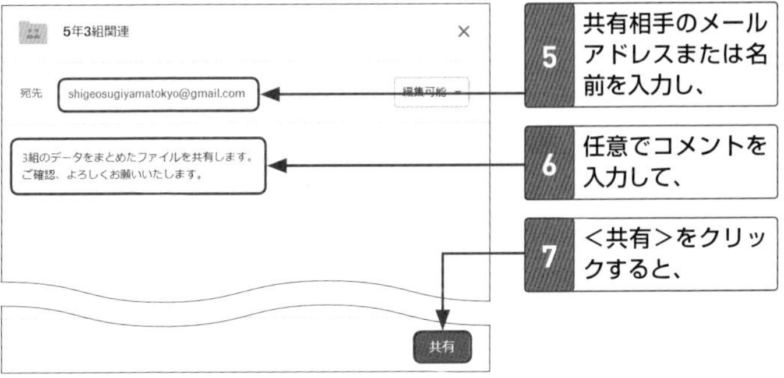

5 共有相手のメールアドレスまたは名前を入力し、

6 任意でコメントを入力して、

7 <共有>をクリックすると、

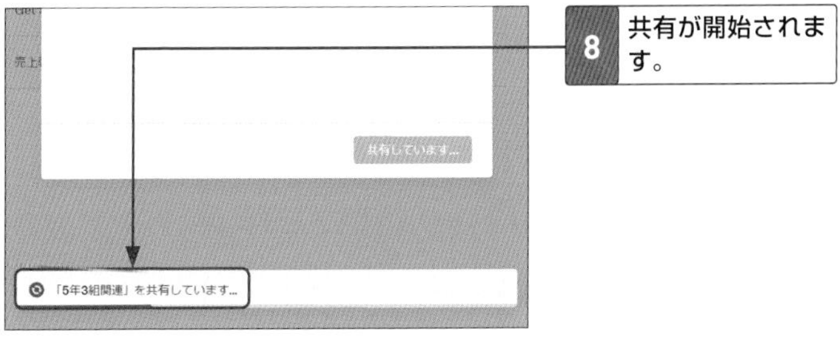

8 共有が開始されます。

9 共有したフォルダが表示され、共有相手との間で同期されるようになります。

Memo 共有フォルダをDropboxに追加する

共有フォルダの招待を受けたユーザーはDropboxのトップ画面で🔔をクリックし、共有の通知メッセージ内の<Dropboxに追加>をクリックすると共有フォルダが共有されます。

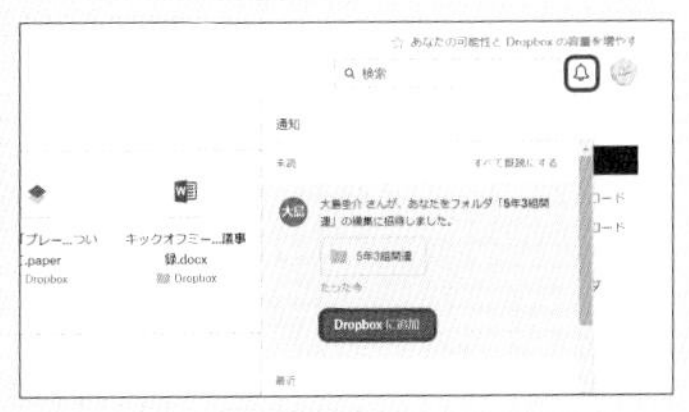

Section 18 共有するユーザーを追加する

ファイルやフォルダの共有ユーザーは、あとからでも追加をすることができます。プロジェクトの進行により、新たに共有が必要となったユーザーを追加しましょう。

1 共有するユーザーを追加する

1 Dropboxのホーム画面で＜すべてのファイル＞をクリックし、

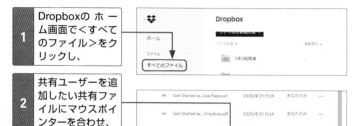

2 共有ユーザーを追加したい共有ファイルにマウスポインターを合わせ、

3 ＜共有＞をクリックします。

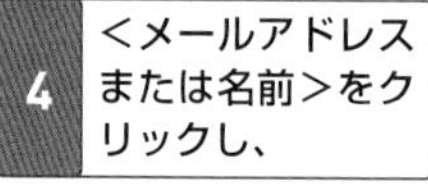

4 ＜メールアドレスまたは名前＞をクリックし、

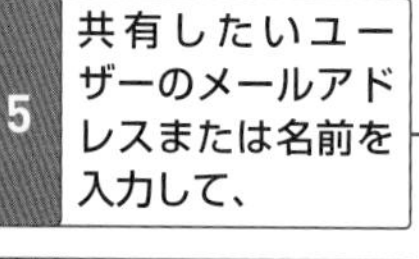

5 共有したいユーザーのメールアドレスまたは名前を入力して、

6 任意でコメントを入力したら、

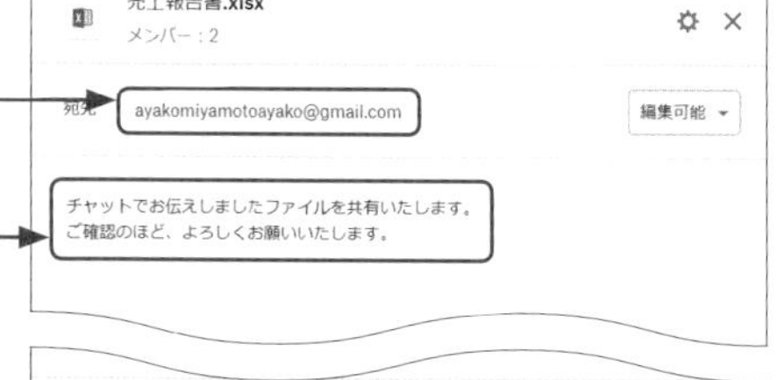

7 ＜共有＞をクリックします。

Section 19 共有を解除する

一度ファイルやフォルダを共有したユーザーを、あとから解除することができます。プロジェクトなどの進行により、共有が不要となったユーザーを解除しましょう。

1 共有を解除する

1 Dropboxのホーム画面で＜すべてのファイル＞をクリックし、

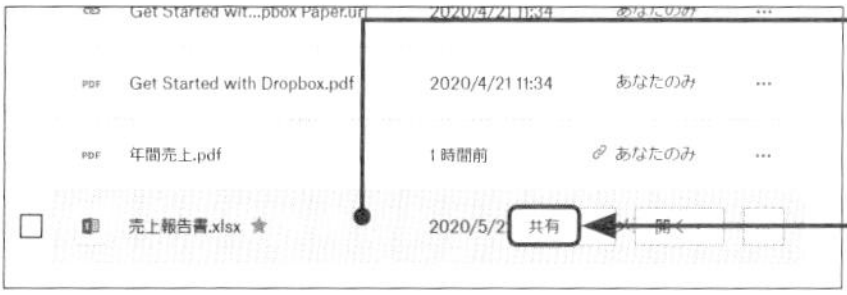

2 共有権限を変更したい共有ファイルにマウスポインターを合わせ、

3 ＜共有＞をクリックします。

4 共有を解除したいユーザーの右にある権限（ここでは＜閲覧可能＞）をクリックし、

5 ＜削除＞→＜削除＞の順にクリックすると、

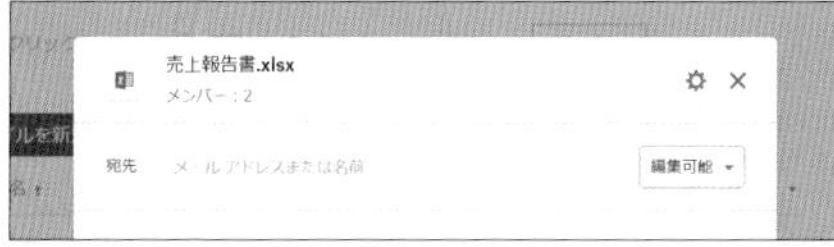

6 共有が解除されます。

Section 20 ファイルをダウンロードしてもらう

共有したい相手がDropboxアカウントを作成していない場合は、共有リンクのURLを作成して送信しましょう。URLを共有したい相手に送信することで、ファイルをダウンロードしてもらうことができます。

1 共有リンクを作成する

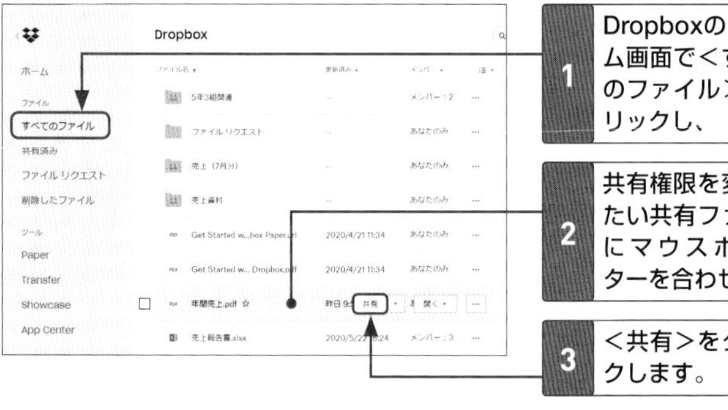

1 Dropboxのホーム画面で<すべてのファイル>をクリックし、

2 共有権限を変更したい共有ファイルにマウスポインターを合わせ、

3 <共有>をクリックします。

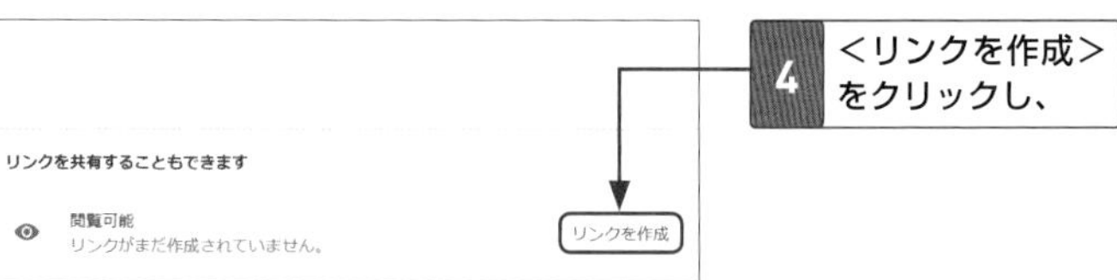

リンクを共有することもできます
閲覧可能
リンクがまだ作成されていません。
リンクを作成

4 <リンクを作成>をクリックし、

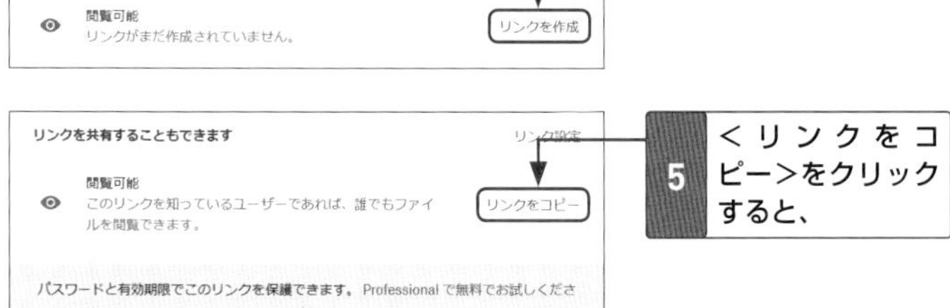

リンクを共有することもできます
閲覧可能
このリンクを知っているユーザーであれば、誰でもファイルを閲覧できます。
リンクをコピー
パスワードと有効期限でこのリンクを保護できます。Professional で無料でお試しください

5 <リンクをコピー>をクリックすると、

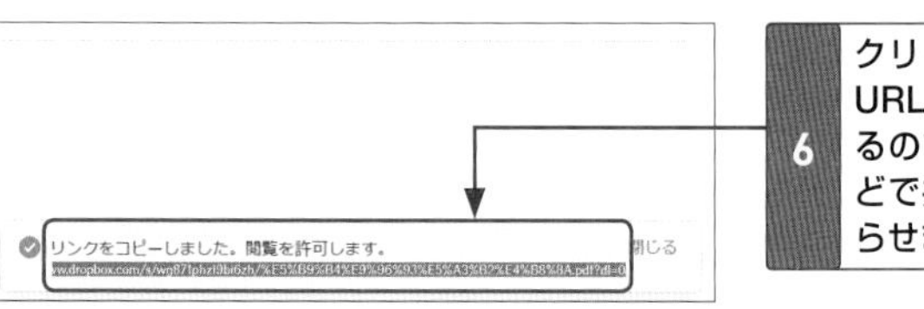

リンクをコピーしました。閲覧を許可します。
閉じる

6 クリップボードにURLがコピーされるので、メールなどで共有相手に知らせましょう。

2 共有リンクからファイルをダウンロードする

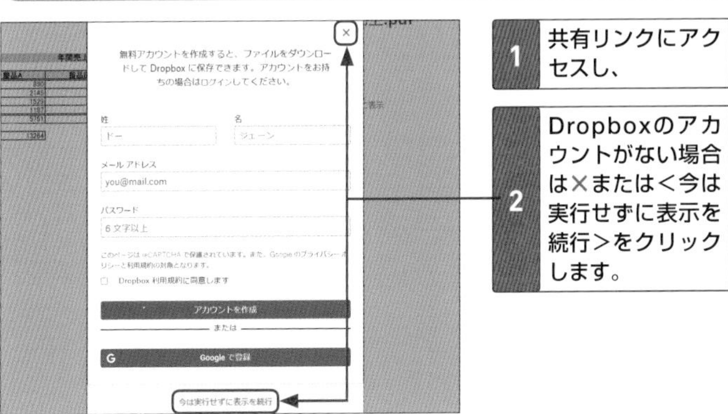

1 共有リンクにアクセスし、

2 Dropboxのアカウントがない場合は×または＜今は実行せずに表示を続行＞をクリックします。

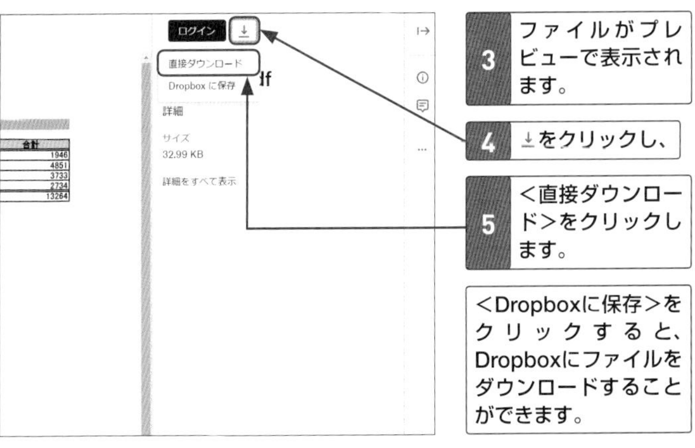

3 ファイルがプレビューで表示されます。

4 ⤓をクリックし、

5 ＜直接ダウンロード＞をクリックします。

＜Dropboxに保存＞をクリックすると、Dropboxにファイルをダウンロードすることができます。

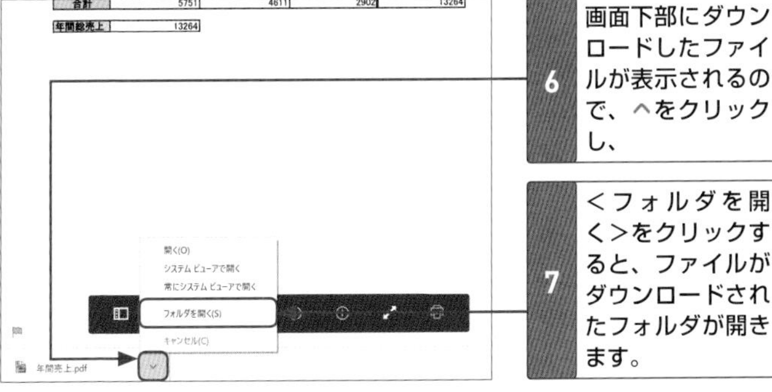

6 画面下部にダウンロードしたファイルが表示されるので、∧をクリックし、

7 ＜フォルダを開く＞をクリックすると、ファイルがダウンロードされたフォルダが開きます。

Section 21 共有されたファイル／フォルダ／リンクを確認する

Dropboxで共有しているファイルやフォルダについて、「フォルダ」「ファイル」「リンク」の各カテゴリごとに一覧で確認することができます。

1 共有済みのものを確認する

1 Dropboxのホーム画面で＜共有済み＞をクリックします。

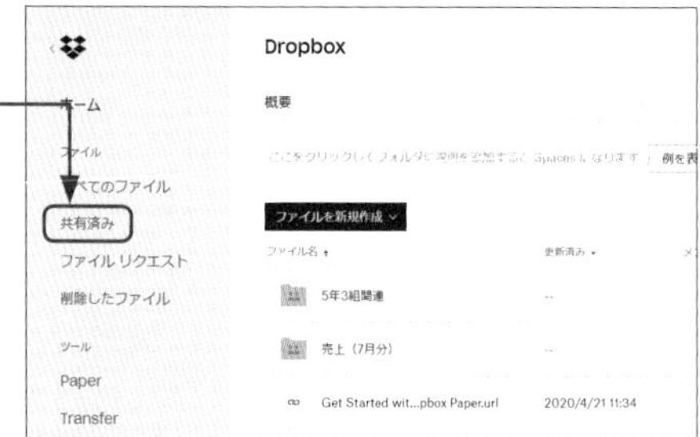

2 「共有済み」画面が表示されます。

3 ＜フォルダ＞＜ファイル＞＜リンク＞をそれぞれクリックすると、共有コンテンツが確認できます。

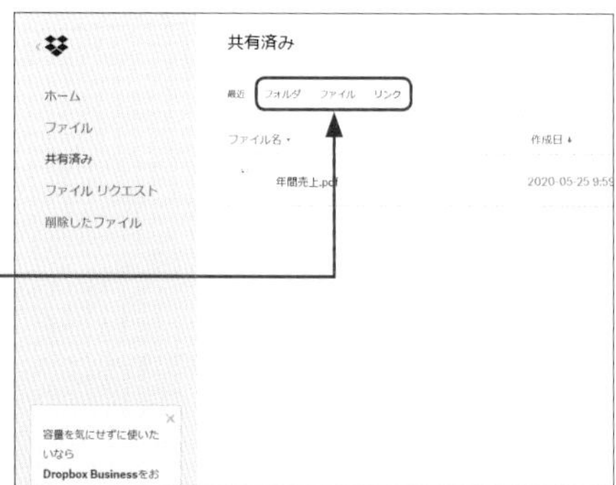

Hint 共有情報を確認する

手順3で＜フォルダ＞をクリックし、右にある…をクリックして＜共有＞をクリックすると、共有画面が表示され、共有しているメンバーなどが確認できます。また、手順3の画面で＜リンク＞をクリックし、右にある…をクリックして＜リンクを削除＞をクリックすると、共有リンクを削除できます。

Section 22 ファイルやフォルダのアクティビティを確認する

各ファイルやフォルダについて、共有の追加や解除、共有権限の変更、コメントなどのアクティビティの履歴について、確認することができます。

1 ファイルのアクティビティを確認する

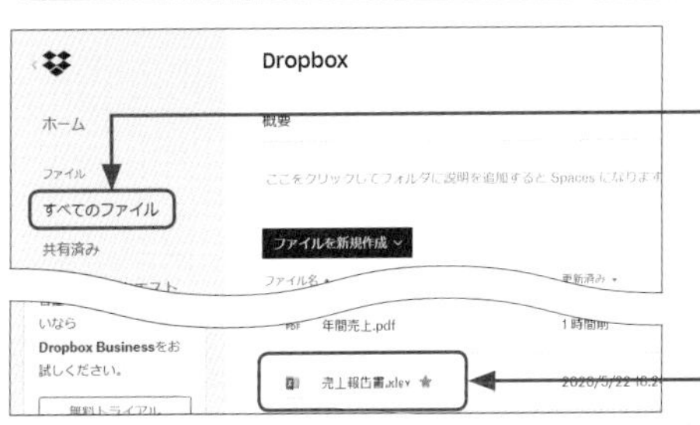

1 Dropboxのホーム画面で<すべてのファイル>をクリックし、

2 アクティビティを確認したいファイルをクリックします。

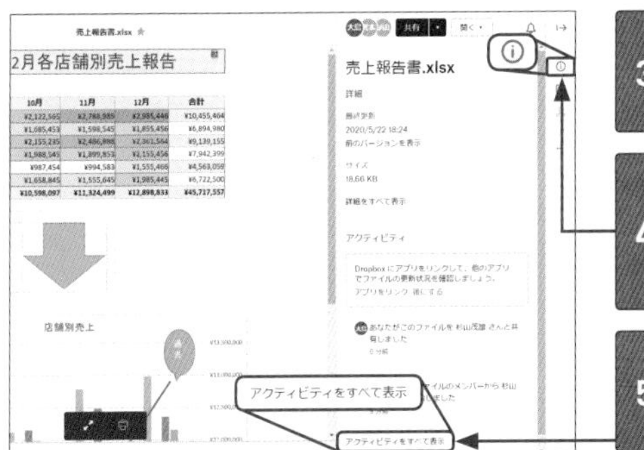

3 ファイルがプレビュー表示されます。

4 ⓘをクリックすると、アクティビティが表示されます。

5 <アクティビティをすべて表示>をクリックすると、

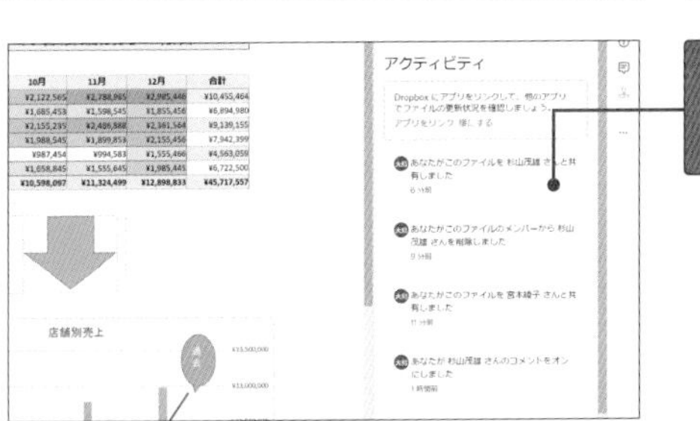

6 すべてのアクティビティが確認できます。

Section 23 ファイルにコメントを付ける

共有しているファイルにコメントを投稿することができます。共同編集などをしているファイルで意見を交わしながら作業するときに便利です。テキストのほか、アニメーション画像を投稿することもできます。

1 ファイルにコメントを投稿する

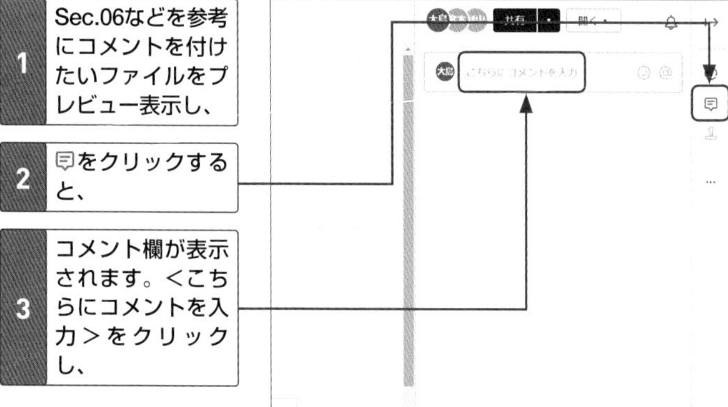

1 Sec.06などを参考にコメントを付けたいファイルをプレビュー表示し、
2 をクリックすると、
3 コメント欄が表示されます。＜こちらにコメントを入力＞をクリックし、
共有
開く
こちらにコメントを入力

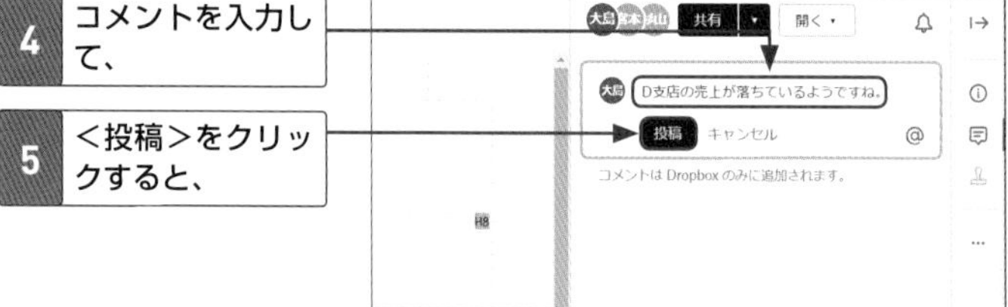

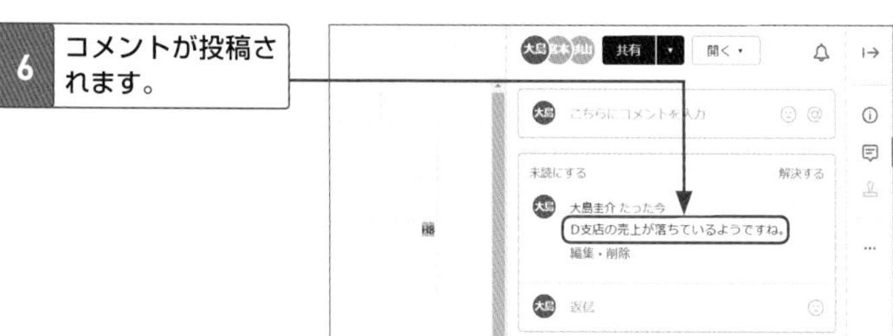

2 投稿されたコメントに返信する

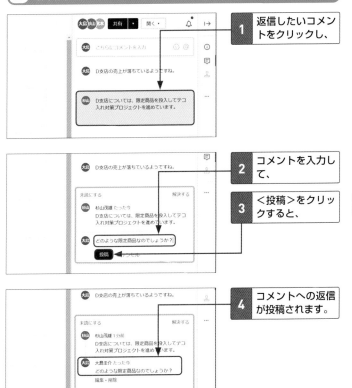

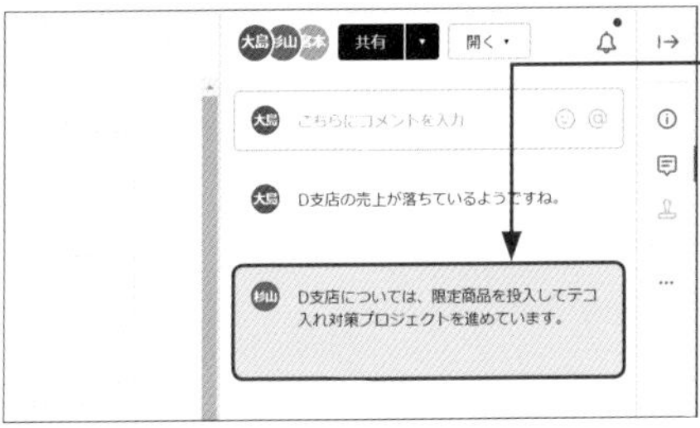

1 返信したいコメントをクリックし、

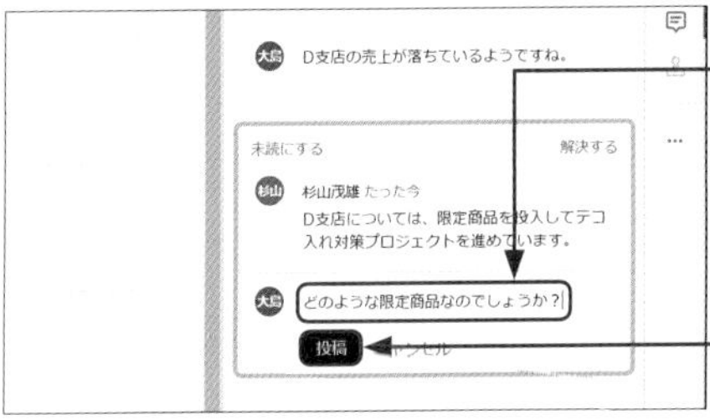

2 コメントを入力して、

3 <投稿>をクリックすると、

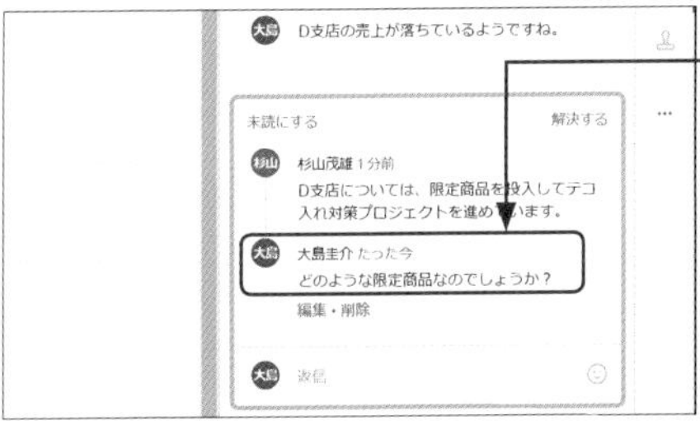

4 コメントへの返信が投稿されます。

Hint リプライ/ステッカーを投稿する

コメント入力欄の右にある@をクリックすると、相手を指定してコメントをリプライ投稿することができます。また、☺をクリックすると、ステッカーと呼ばれるアニメーションを投稿することができます。

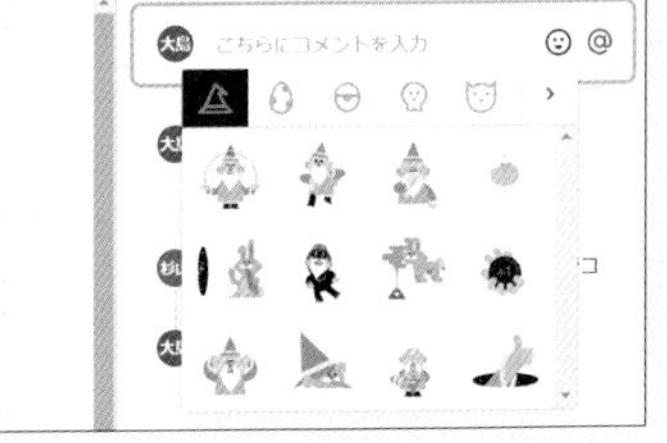

Section 24 指定したフォルダにファイルをアップロードしてもらう

指定したフォルダ内に、ファイルをのアップロードをリクエストすることができます。リクエストを受けたユーザーは、Dropboxを利用していなくてもアップロードをすることが可能です。

1 ファイルのアップロードをリクエストする

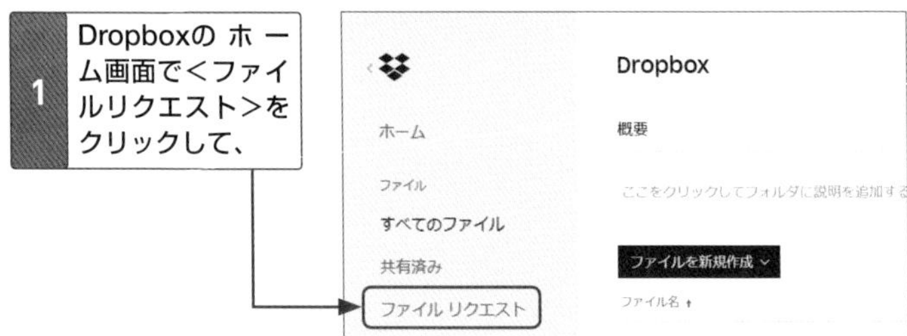

1 Dropboxのホーム画面で＜ファイルリクエスト＞をクリックして、

2 ＜ファイルリクエストを作成＞もしくは＜ファイルをリクエスト＞をクリックします。

ファイル リクエストをお試しください
Dropbox アカウントを持っていない相手でも、あなたの Dropbox アカウントに招待すれば
 ファイルをアップロードできます。
ファイルリクエストを作成

3 「リクエストを作成」画面が表示されます。

4 タイトルを入力し、

5 任意でフォルダを指定して、

6 ＜次へ＞をクリックします。

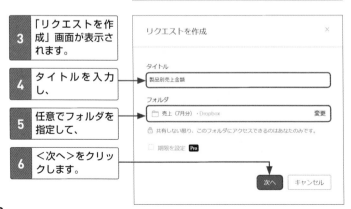

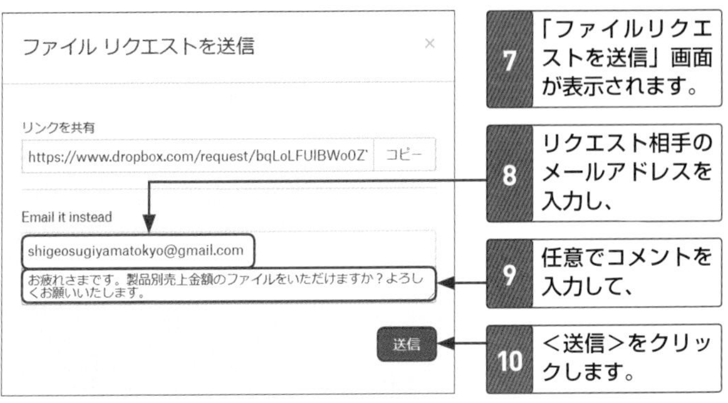

7 「ファイルリクエストを送信」画面が表示されます。

8 リクエスト相手のメールアドレスを入力し、

9 任意でコメントを入力して、

10 <送信>をクリックします。

2 リクエストに応えファイルをアップロードする

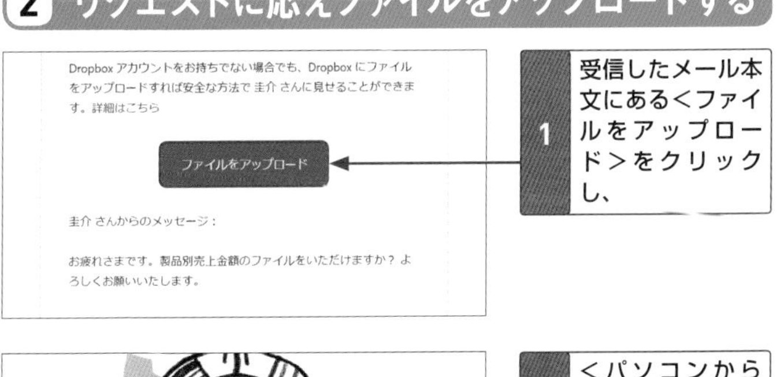

1 受信したメール本文にある<ファイルをアップロード>をクリックし、

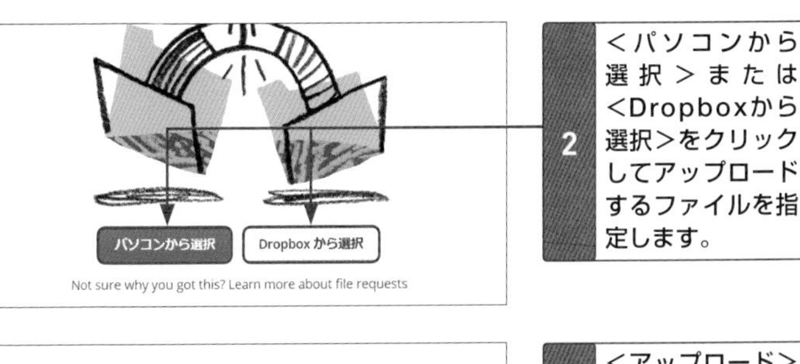

2 <パソコンから選択>または<Dropboxから選択>をクリックしてアップロードするファイルを指定します。

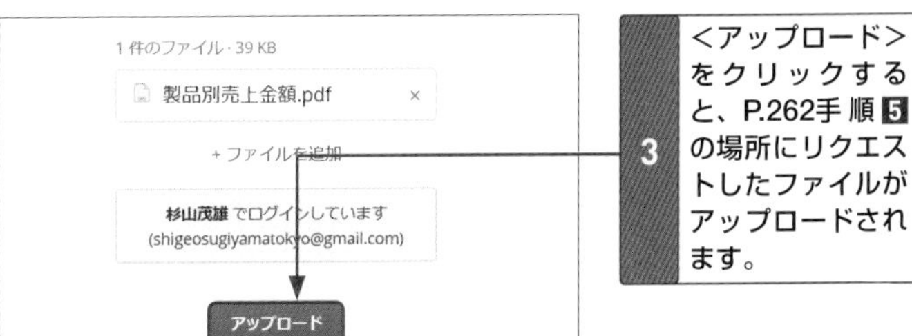

3 <アップロード>をクリックすると、P.262手順5の場所にリクエストしたファイルがアップロードされます。

Section 25 Dropbox SpacesでDropboxを使う

デスクトップ版Dropboxをパソコンにインストールすると、Dropbox Spacesが利用できるようになります。従来のエクスプローラーでの利用もできますが、同じ感覚でさらに便利な利用が可能になります。

1 Dropbox Spacesを開く

デスクトップ版Dropboxをインストールしておく

あらかじめパソコンにデスクトップ版のDropboxをインストールしておきましょう（https://www.dropbox.com/ja/install）。

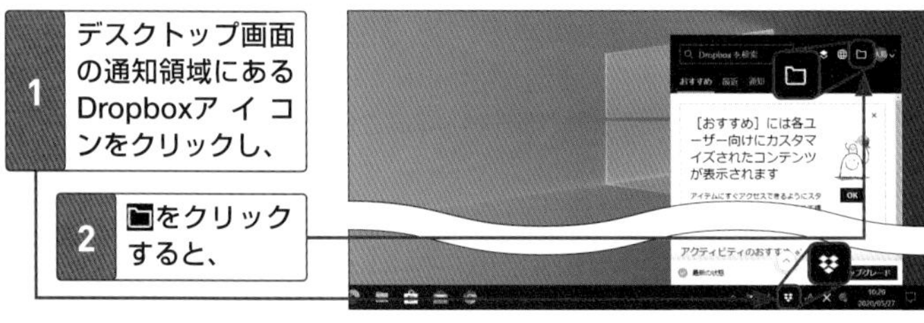
1 デスクトップ画面の通知領域にあるDropboxアイコンをクリックし、
2 ■をクリックすると、
［おすすめ］には各ユーザー向けにカスタマイズされたコンテンツが表示されます
アクティビティのおすすめ

3 Dropbox Spacesが表示されます。

Dropbox

Memo エクスプローラーでDropboxを使う

手順3の画面で■、またはDropbox Spacesの右上にある…をクリックし、<エクスプローラーで表示>をクリックすると、パソコンのエクスプローラーが表示され、「Dropbox」フォルダがアイコン付きで作成されています。ドラッグ&ドロップでファイルを移動／コピーしたり、ファイルを直接編集したり、右クリックメニューで共有したりすることができます。

2 ファイルをアップロードする

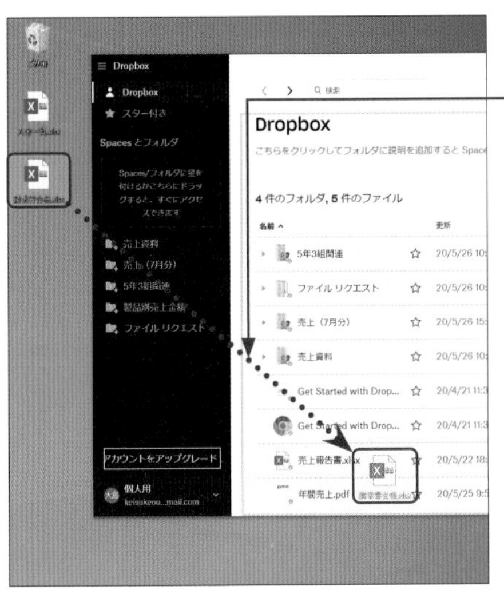

1 Dropboxに保存したいファイルをDropbox Spacesへドラッグ＆ドロップすると、

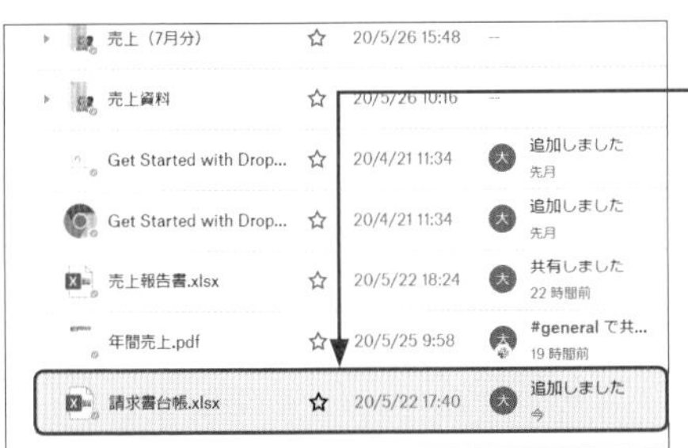

2 ファイルがDropboxにアップロードされます。

Memo アップロードしたファイルを開く

Dropbox Spacesからファイルを開くには、開きたいファイルをダブルクリックします。また、ファイルをクリックし、右の<開く>をクリックして開く方法をクリックして選択することでもファイルを開けます。

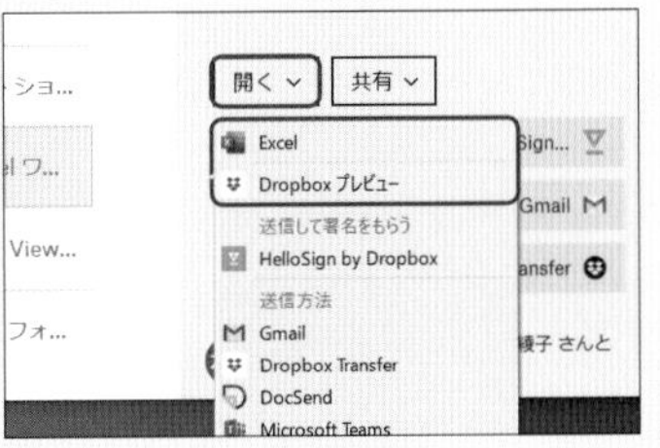

5 Dropboxではじめるファイル共有

3 ファイルを共有する

1 共有したいファイルをクリックし、

2 <共有>をクリックして、

3 <メールで招待する>をクリックします。

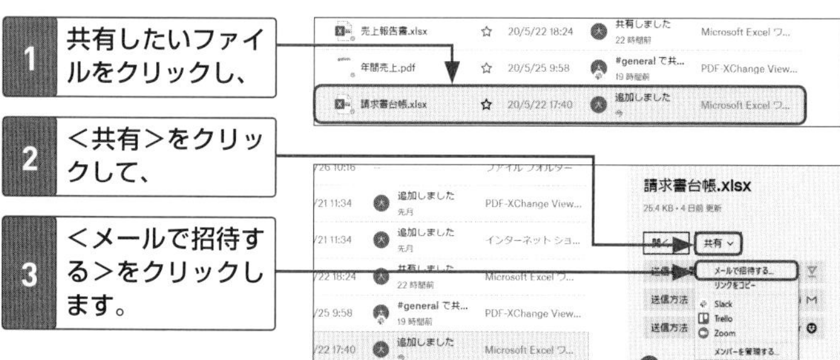

4 「共有」画面が表示されます。

5 共有するユーザーのメールアドレスまたは名前を入力し、

6 任意でコメントを入力して、

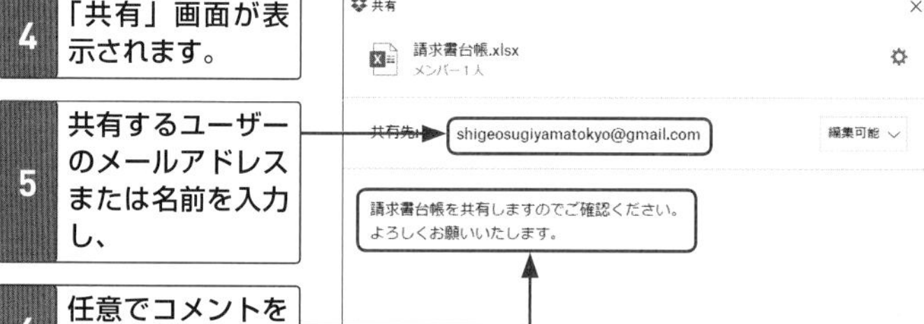

7 <共有>をクリックすると、

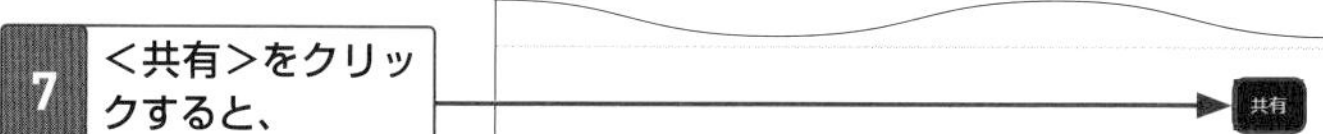

8 ファイルが共有されます。

StepUp 共有リンクを作成する

手順 3 の画面で、<リンクをコピー>をクリックすると、Dropboxアカウントを作成していないユーザーなどでも閲覧できるURLがクリップボードにコピーされます。メールやチャットなどで共有相手に伝えましょう。

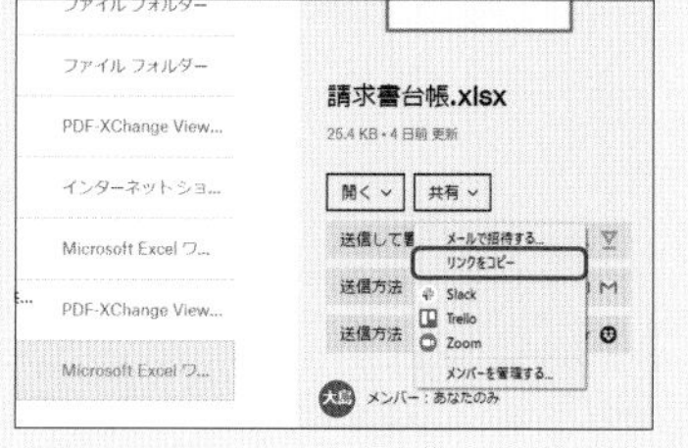

基本機能
はじめ方
基本操作
ファイル共有
応用
連携
スマホ&タブレット

4 フォルダを共有する

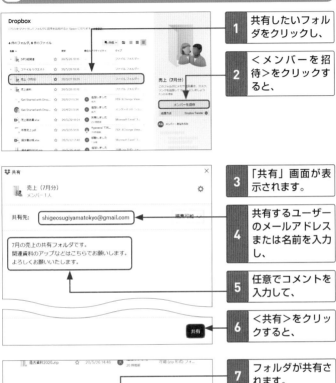

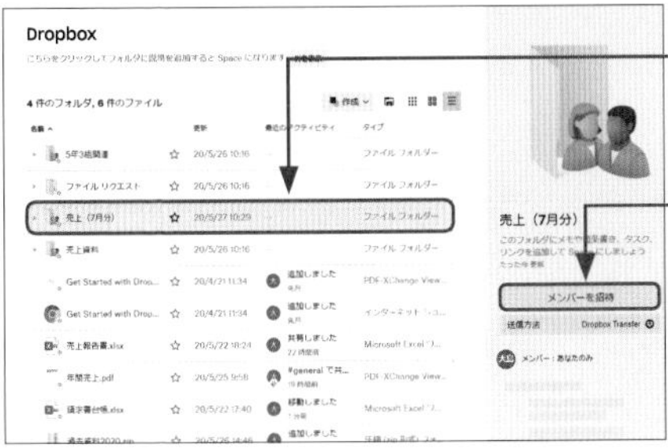

1 共有したいフォルダをクリックし、

2 <メンバーを招待>をクリックすると、

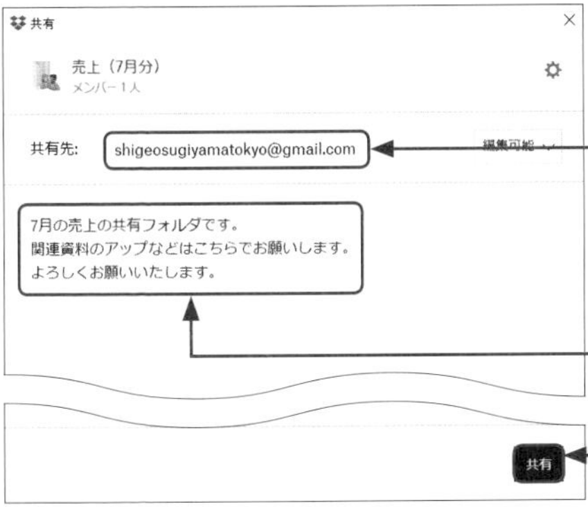

3 「共有」画面が表示されます。

4 共有するユーザーのメールアドレスまたは名前を入力し、

5 任意でコメントを入力して、

6 <共有>をクリックすると、

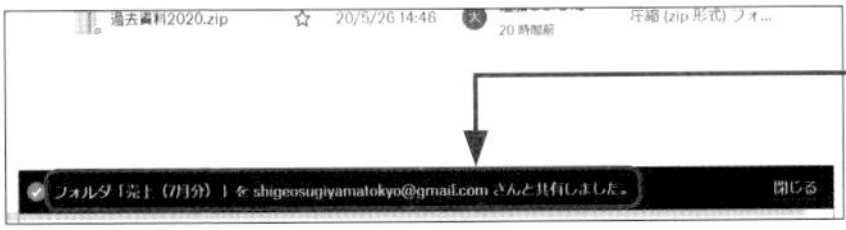

7 フォルダが共有されます。

Memo 共有を解除する

特定ユーザーに対しファイルやフォルダの共有を解除するには、手順4の「共有」画面で、共有メンバーの右にある共有権限をクリックし、<削除>をクリックします。

Section 26 Dropbox Transferで大容量ファイルを転送する

大容量のファイルを、Dropboxアカウントを持っていないユーザーに対しても転送することができます。なおファイルをダウンロードできるURLの有効期間は1週間です。

1 大容量ファイルを転送する

1 Dropboxのホーム画面で<Transfer>をクリックし、

2 <転送を作成>をクリックします。

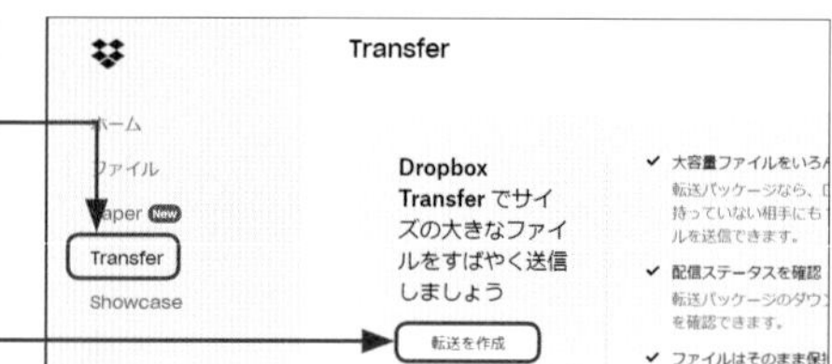

3 <Dropboxから追加>をクリックし、

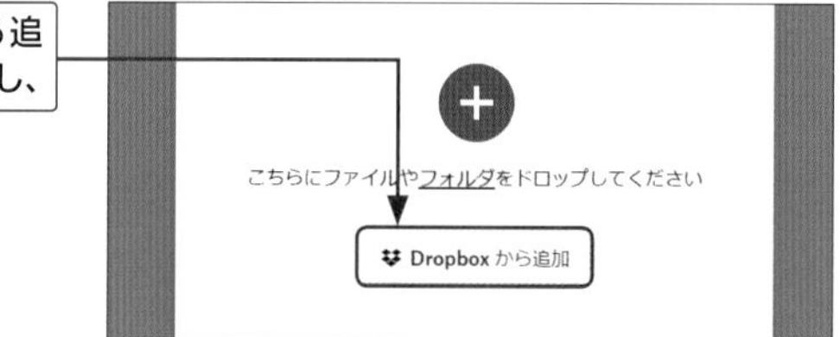

4 転送したいファイルをクリックして、

5 <選択>をクリックしたら、

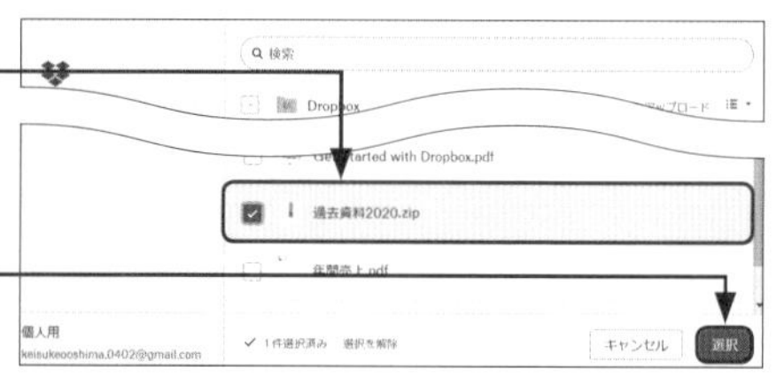

6 <転送を作成>をクリックします。

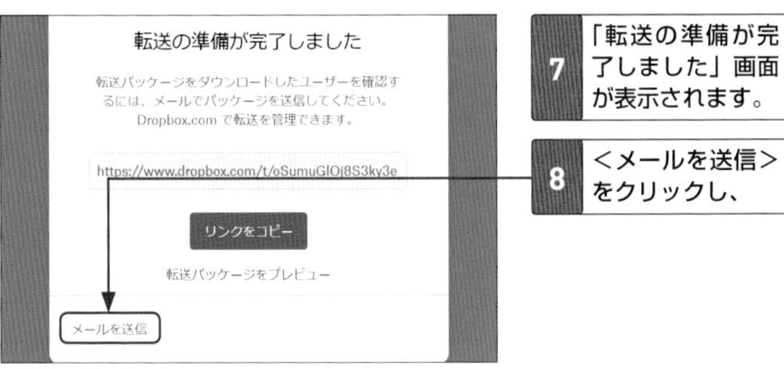

7 「転送の準備が完了しました」画面が表示されます。

8 <メールを送信>をクリックし、

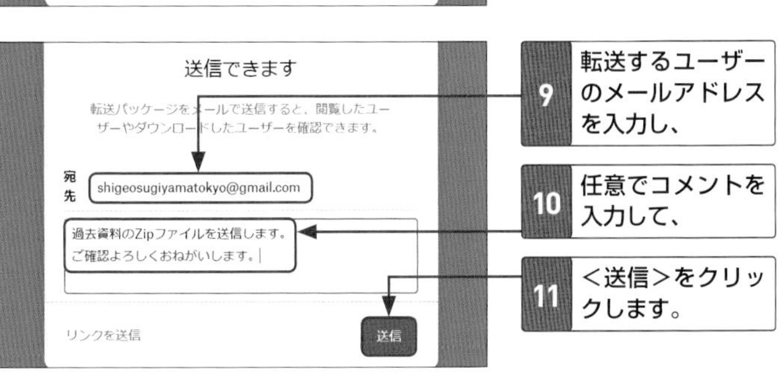

送信できます
転送パッケージをメールで送信すると、閲覧したユーザーやダウンロードしたユーザーを確認できます。
宛先
shigeosugiyamatokyo@gmail.com
過去資料のZipファイルを送信します。
ご確認よろしくおねがいします。
リンクを送信
送信

9 転送するユーザーのメールアドレスを入力し、

10 任意でコメントを入力して、

11 <送信>をクリックします。

2 転送したファイルのステータスを確認する

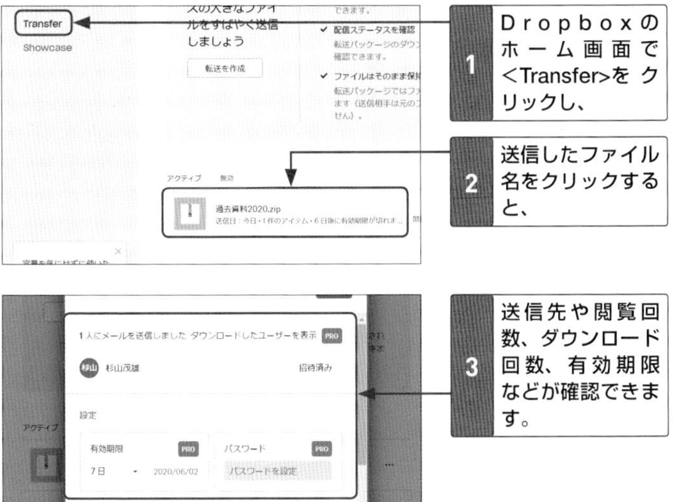

1 Dropboxのホーム画面で<Transfer>をクリックし、

2 送信したファイル名をクリックすると、

3 送信先や閲覧回数、ダウンロード回数、有効期限などが確認できます。

Section 27 2段階認証でセキュリティを強化する

第三者が勝手にログインできないよう、2段階認証を設定してセキュリティを強化しましょう。設定後はログインする際にスマートフォンのSMS宛てに送られるセキュリティコードを入力するようになります。

1 2段階認証を設定する

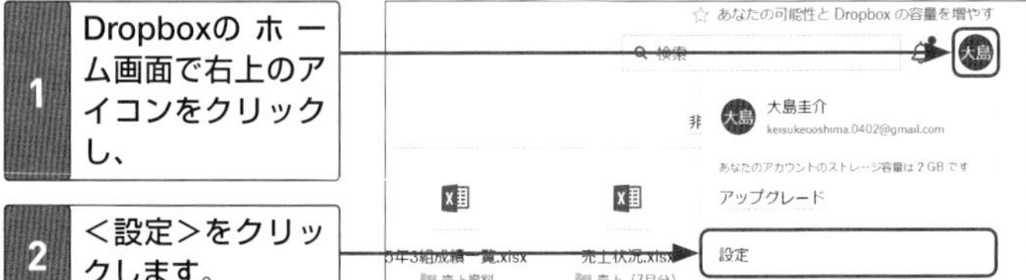
1 Dropboxのホーム画面で右上のアイコンをクリックし、
2 <設定>をクリックします。

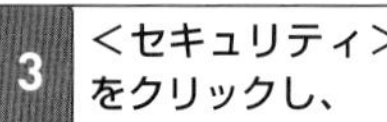
3 <セキュリティ>をクリックし、

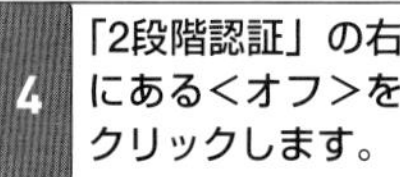
4 「2段階認証」の右にある<オフ>をクリックします。

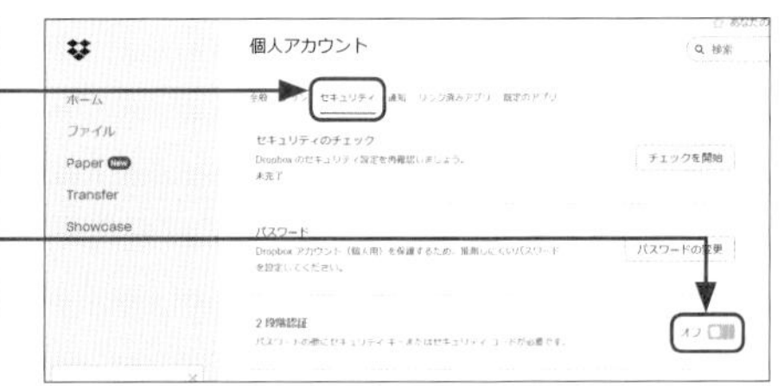

5 <使ってみる>をクリックしたら、

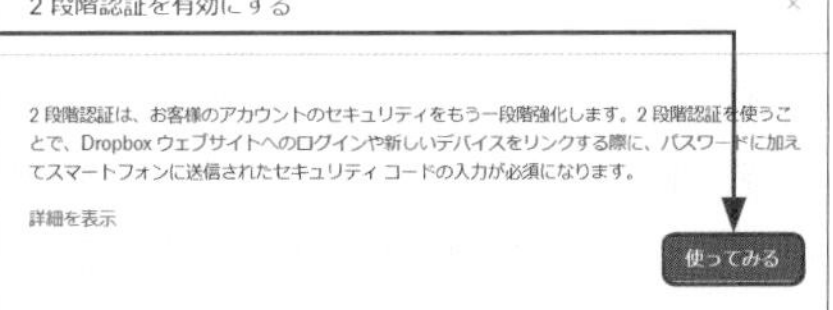

2 段階認証を有効にする
2 段階認証は、お客様のアカウントのセキュリティをもう一段階強化します。2 段階認証を使うことで、Dropbox ウェブサイトへのログインや新しいデバイスをリンクする際に、パスワードに加えてスマートフォンに送信されたセキュリティ コードの入力が必須になります。
詳細を表示
使ってみる

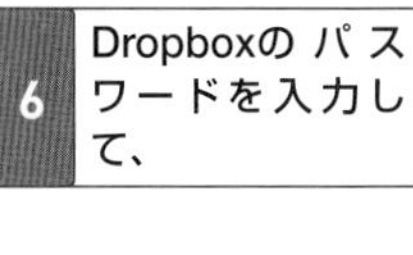
6 Dropboxのパスワードを入力して、

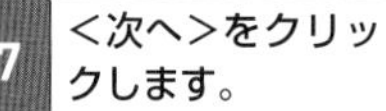
7 <次へ>をクリックします。

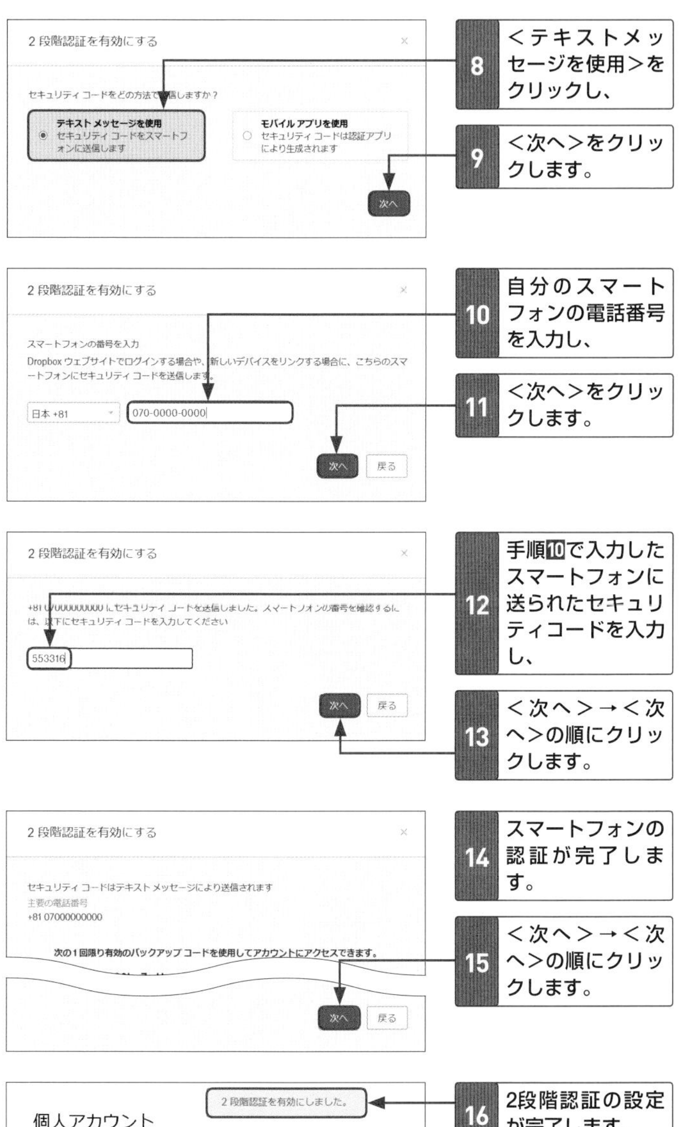
2 段階認証を有効にする
セキュリティ コードをどの方法で受信しますか？
テキスト メッセージを使用
セキュリティ コードをスマートフォンに送信します
モバイル アプリを使用
セキュリティ コードは認証アプリにより生成されます
次へ
8 ＜テキストメッセージを使用＞をクリックし、
9 ＜次へ＞をクリックします。
2 段階認証を有効にする
スマートフォンの番号を入力
Dropbox ウェブサイトでログインする場合や、新しいデバイスをリンクする場合に、こちらのスマートフォンにセキュリティ コードを送信します。
日本 +81
070-0000-0000
次へ
戻る
10 自分のスマートフォンの電話番号を入力し、
11 ＜次へ＞をクリックします。
2 段階認証を有効にする
は、以下にセキュリティ コードを入力してください
553316
次へ
戻る
12 手順10で入力したスマートフォンに送られたセキュリティコードを入力し、
13 ＜次へ＞→＜次へ＞の順にクリックします。
2 段階認証を有効にする
セキュリティ コードはテキスト メッセージにより送信されます
主要の電話番号
+81 07000000000
次の 1 回限り有効のバックアップ コードを使用してアカウントにアクセスできます。
次へ
戻る
14 スマートフォンの認証が完了します。
15 ＜次へ＞→＜次へ＞の順にクリックします。
2 段階認証を有効にしました。
個人アカウント
全般
プラン
セキュリティ
通知
リンク済みアプリ
既定のアプリ
セキュリティのチェック
16 2段階認証の設定が完了します。

Section 28 SlackでDropboxのファイルを共有する

DropboxとSlackを連携させることができます。連携すると、DropboxのからSlackのチャンネルやダイレクトメッセージなどへファイルを共有することができるようになります。

1 DropboxとSlackを連携する

1 Slackの画面で「App」の＋をクリックし、

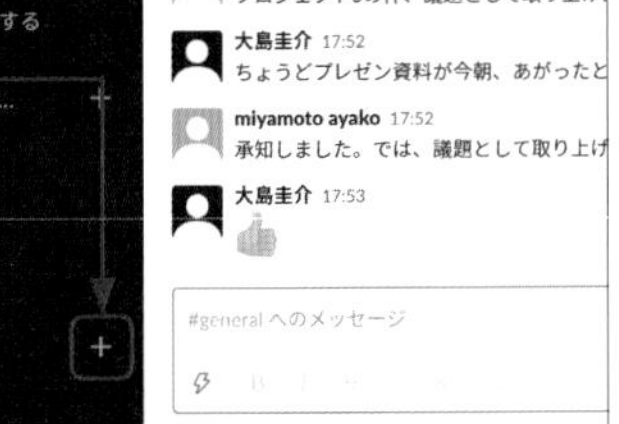

2 検索欄に「dropbox」と入力して、

3 「Dropbox」の＜追加＞をクリックします。

4 ＜Slackに追加＞→＜Slackとリンク＞→＜OK＞の順にクリックします。

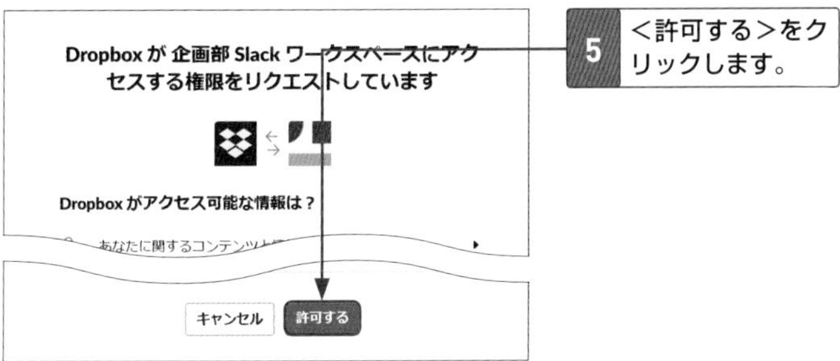

Dropbox が 企画部 Slack ワークスペースにアクセスする権限をリクエストしています
Dropbox がアクセス可能な情報は？
あなたに関するコンテンツ
キャンセル
許可する

5 ＜許可する＞をクリックします。

2 SlackでDropboxのファイルを共有する

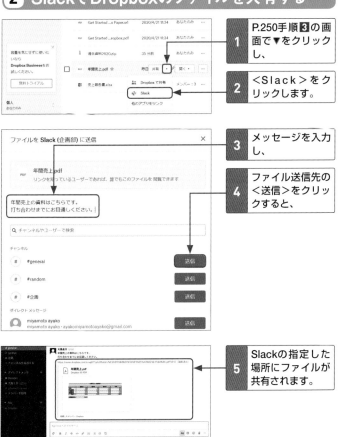

1 P.250手順**3**の画面で▼をクリックし、

2 ＜Slack＞をクリックします。

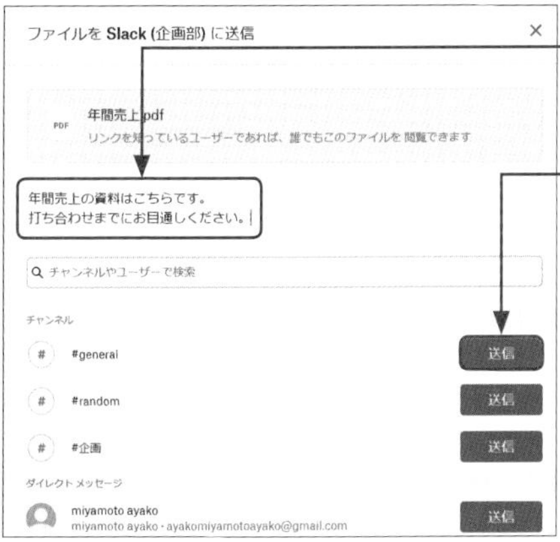

3 メッセージを入力し、

4 ファイル送信先の＜送信＞をクリックすると、

5 Slackの指定した場所にファイルが共有されます。

5 Dropboxではじめるファイル共有

Section 29 ChatworkにDropboxのファイル共有を自動通知する

DropboxとChatworkを連携させることができます。連携すると、Dropboxの指定した共有フォルダにファイルが保存されると、Chatworkの指定したチャットルームに通知されるようになります。

1 ZapierでDropbox側の連携設定を行う

Zapierのアカウントを作成しておく

サービスどうしの連携ができる「Zapier」（https://zapier.com/）のアカウントをあらかじめ作成しておきましょう。

1 「https://zapier.com/」にアクセスし、Zapierのアカウントでログインします。

2 「Connect this app…」の<Search for an app>をクリックし、

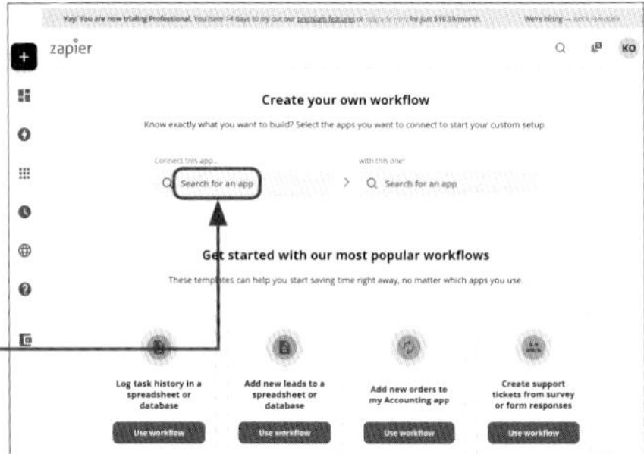

3 「dropbox」と入力して、

4 <Dropbox>をクリックします。

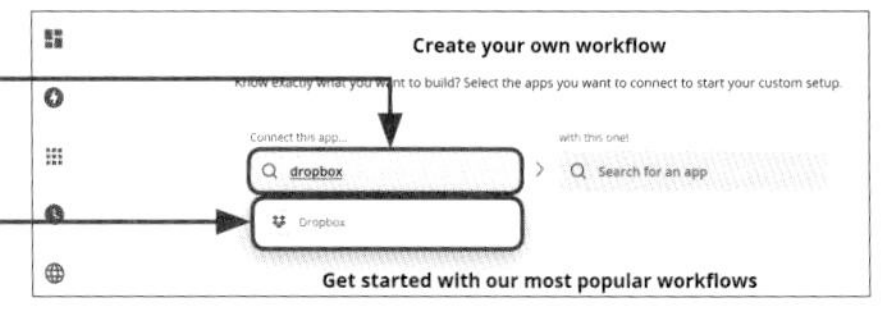

5 「with this one!」の<Search for an app>をクリックして「chatwork」と入力し、

6 <Chatwork>をクリックします。

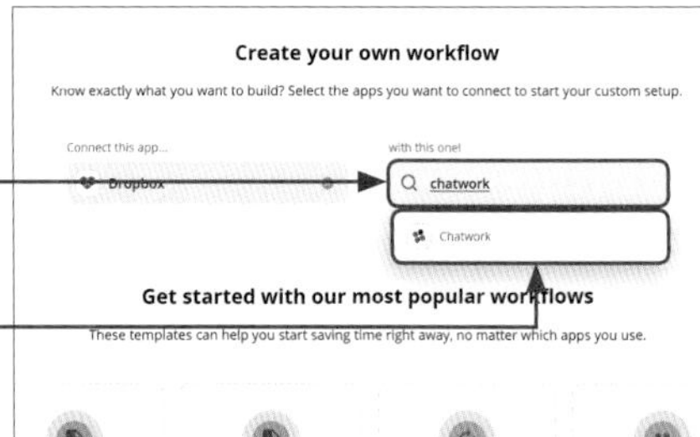

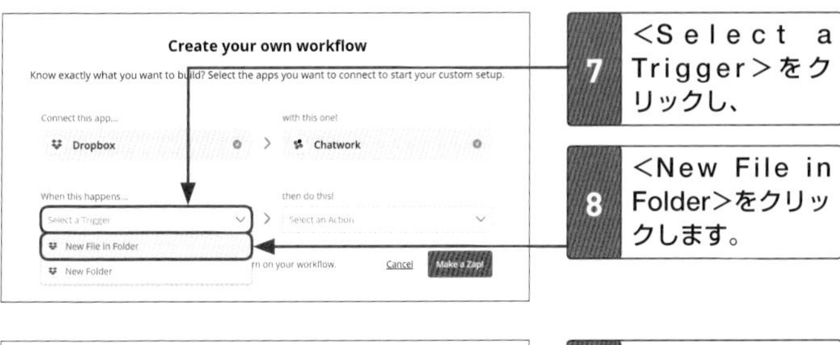

7 ＜Select a Trigger＞をクリックし、

8 ＜New File in Folder＞をクリックします。

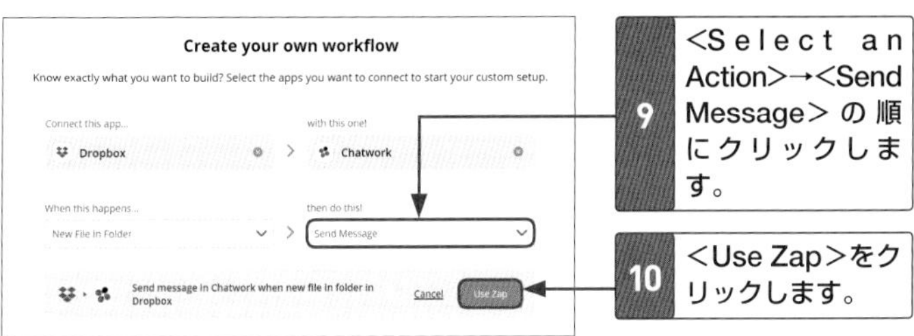

9 ＜Select an Action＞→＜Send Message＞の順にクリックします。

10 ＜Use Zap＞をクリックします。

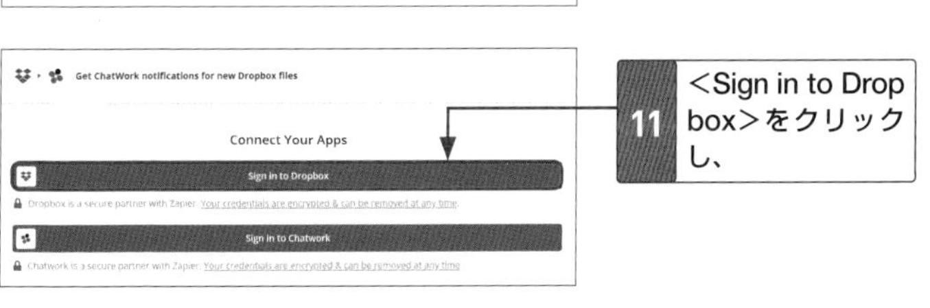

11 ＜Sign in to Dropbox＞をクリックし、

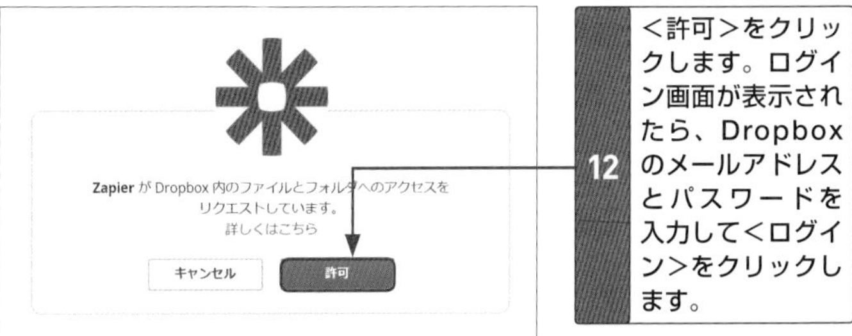

12 ＜許可＞をクリックします。ログイン画面が表示されたら、Dropboxのメールアドレスとパスワードを入力して＜ログイン＞をクリックします。

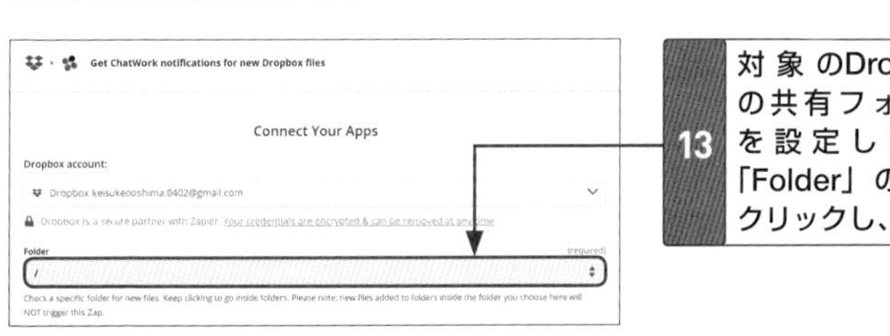

13 対象のDropboxの共有フォルダを設定します。「Folder」の下をクリックし、

14 <Folder> をクリックして、

15 対象にしたい共有フォルダをクリックします。

2 ZapierでChatwork側の連携設定を行う

1 Chatworkの画面で画面右上の名前をクリックし、

2 <API設定>をクリックします。

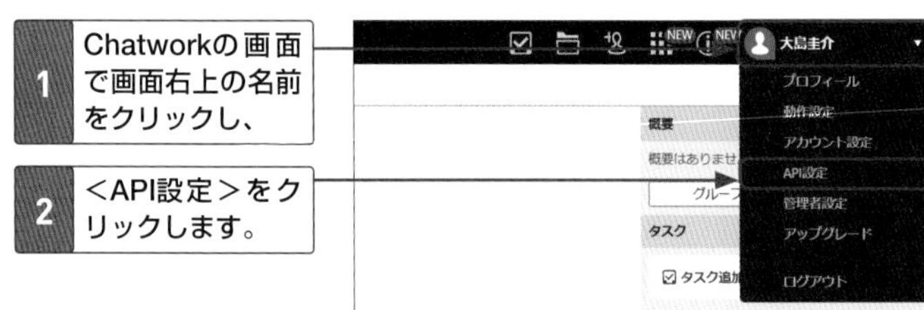

3 Chatworkのパスワードを入力し、

4 <表示>をクリックして、

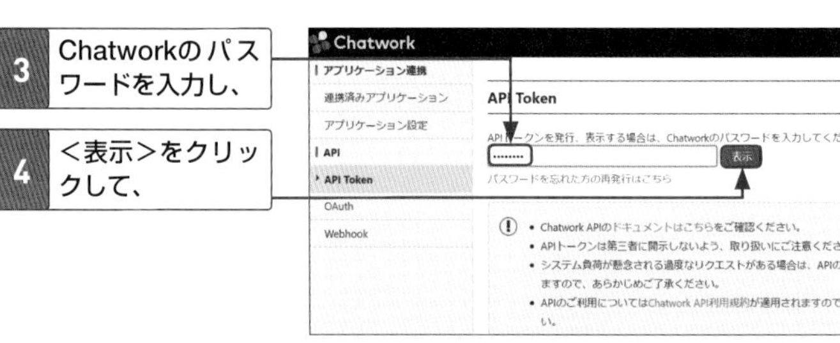

5 <コピー>をクリックします。

6 「Zapier」の画面に戻り、<Sign in to Chatwork>をクリックし、

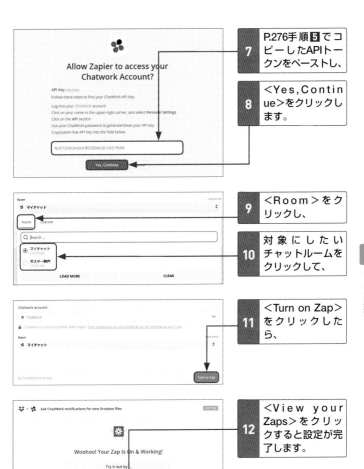

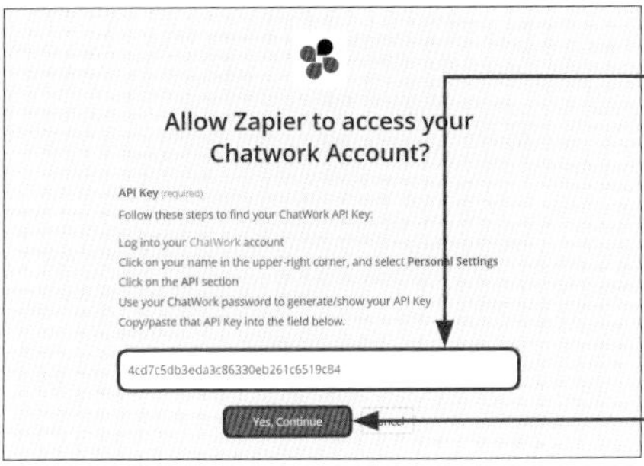

7 P.276手順**5**でコピーしたAPIトークンをペーストし、

8 ＜Yes, Continue＞をクリックします。

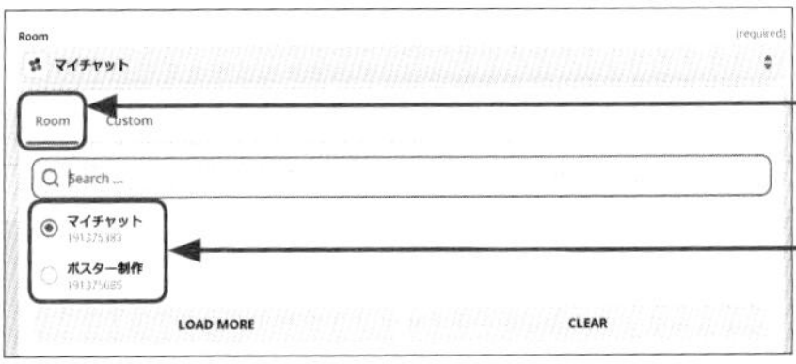

9 ＜Room＞をクリックし、

10 対象にしたいチャットルームをクリックして、

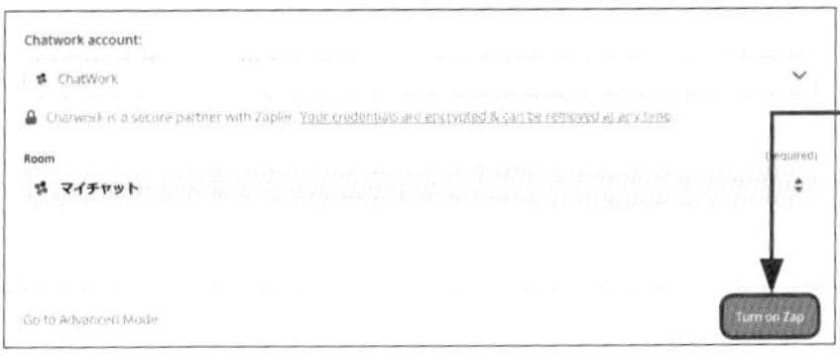

11 ＜Turn on Zap＞をクリックしたら、

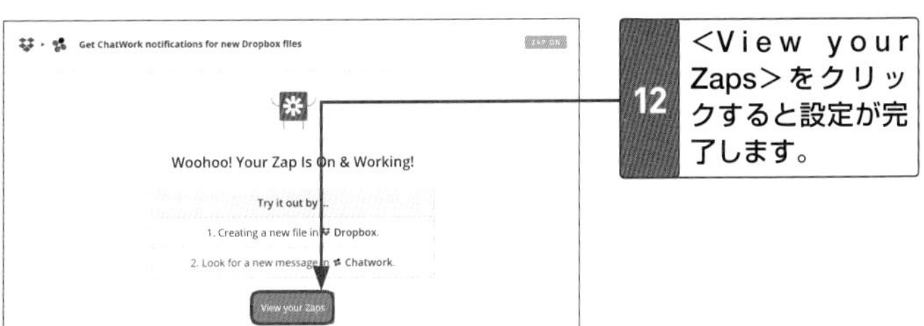

12 ＜View your Zaps＞をクリックすると設定が完了します。

P.276手順**15**で設定した共有フォルダにファイルが保存されると、手順**10**のチャットルームに通知メッセージが自動投稿されます。

Section 30 Zoomのビデオ会議をDropboxに保存する

DropboxとZoomを連携させることができます。連携すると、Zoomのビデオ会議の動画をDropboxに自動的に保存できるようになります(クラウド録画が有効なアカウントのみ)。

1 DropboxとZoomを連携する

1 Dropboxのホーム画面で右上のアイコンをクリックし、

2 <設定>をクリックします。

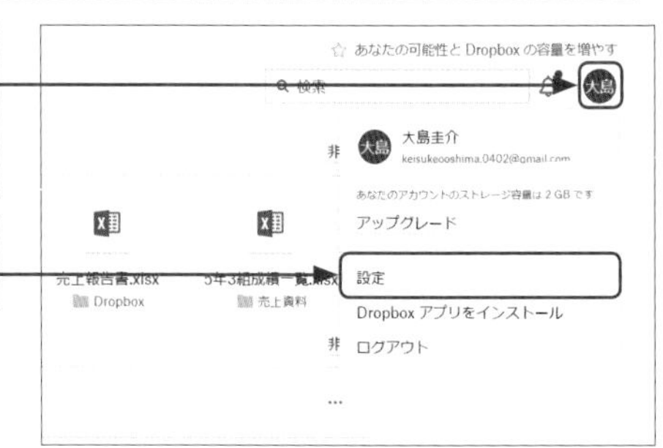

3 <リンク済みアプリ>をクリックし、

4 <Zoomにリンク>をクリックして、

5 <OK>をクリックします。

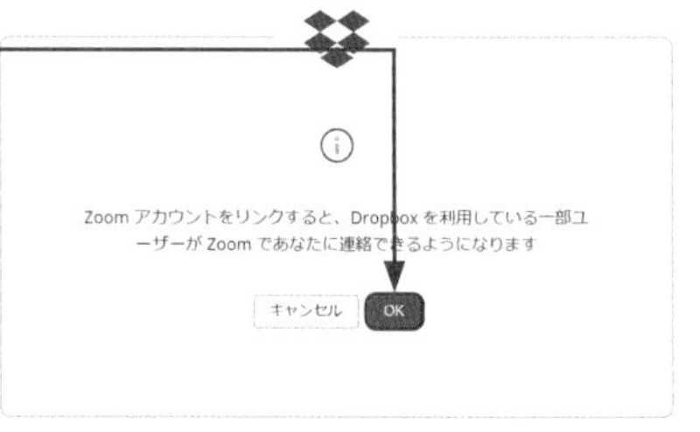

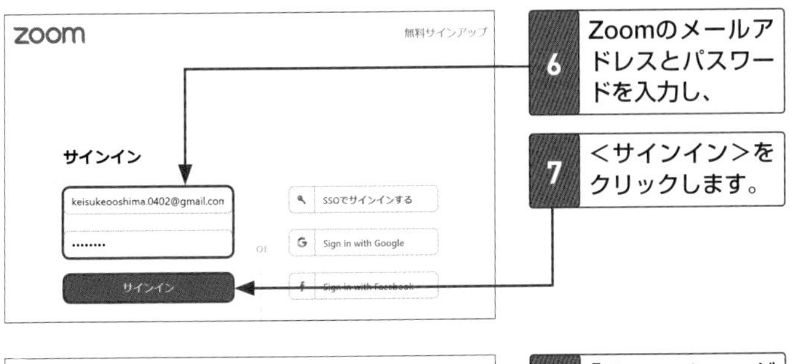

6 Zoomのメールアドレスとパスワードを入力し、

7 ＜サインイン＞をクリックします。

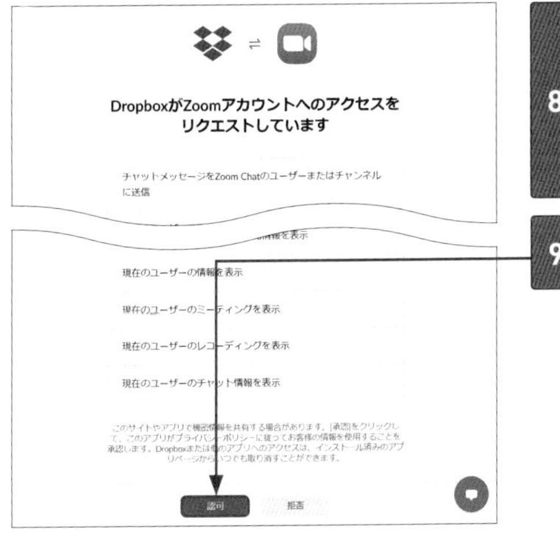

8 「DropboxがZoomアカウントへのアクセスをリクエストしています」画面が表示されます。

9 ＜認可＞をクリックし、

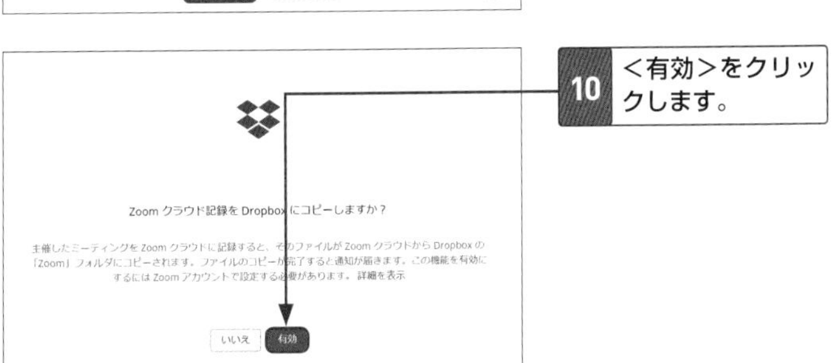

10 ＜有効＞をクリックします。

Memo

手順4の画面が表示されない場合

手順4の画面が表示されない場合は、画面左の＜App Center＞→＜Zoom＞→＜リンクする＞をクリックしてください。

Section 31 スマートフォンやタブレットでDropboxを使う

Dropboxはパソコンだけでなく、スマートフォンやタブレットでも利用することができます。ここからはスマートフォンの画面での操作方法を解説しますが、タブレットでも画面や操作はほとんど変わりません。

1 アプリ版の画面構成（ファイル画面）

iPhoneの場合

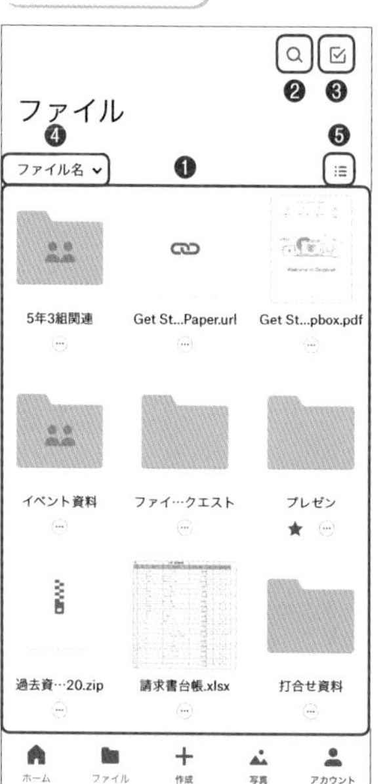

Androidスマートフォンの場合

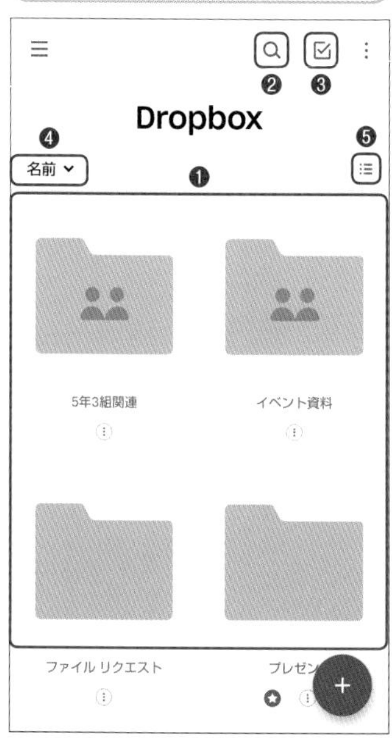

名称	機能
❶ファイル一覧	すべてのファイルやフォルダが表示されます。
❷検索	タップすると、ファイルやフォルダの検索ができます。
❸複数選択	タップすると、ファイルやフォルダにチェックボックスが表示され、複数選択ができるようになります。
❹並べ替え	タップすると、名前順や更新日順などで並べ替えができます。
❺表示切り替え	タップすると、アイコン表示とリスト表示が切り替えられます。

Section 32 Dropboxにファイルをアップロードする

スマートフォンに保存されているファイルを、Dropboxにアップロードすることができます。出先でスマートフォンから作成したOfficeファイルなどを、アップロードしておくときに便利です。

1 ファイルをアップロードする

1 「Dropbox」アプリをインストールして開き、＜作成＞（Androidスマートフォンでは⊕）をタップします。

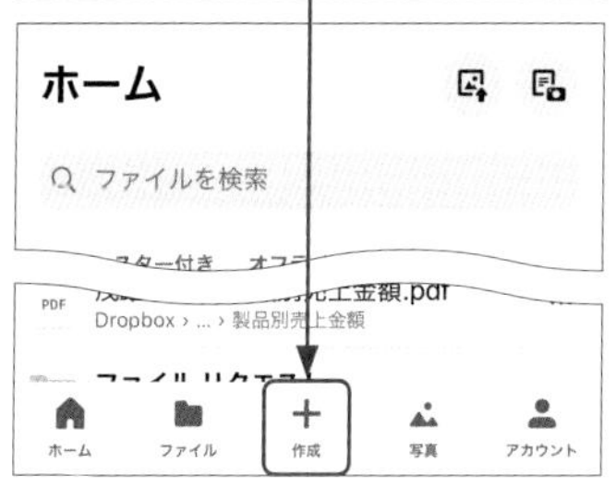

2 ＜ファイルを作成/アップロード＞→＜ファイルをアップロード＞の順にタップし、

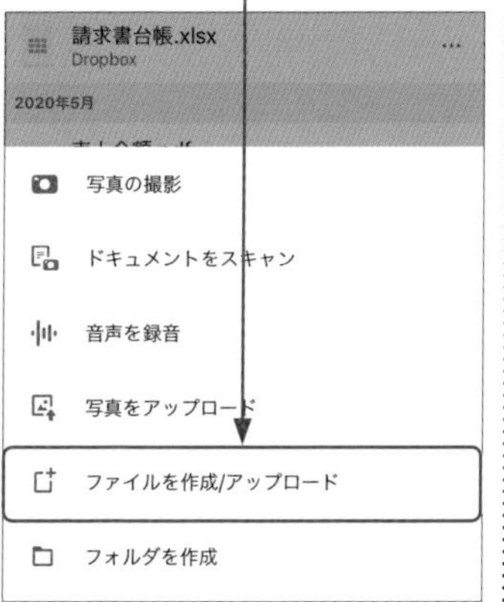

3 アップロードしたいファイルをタップして選択します。

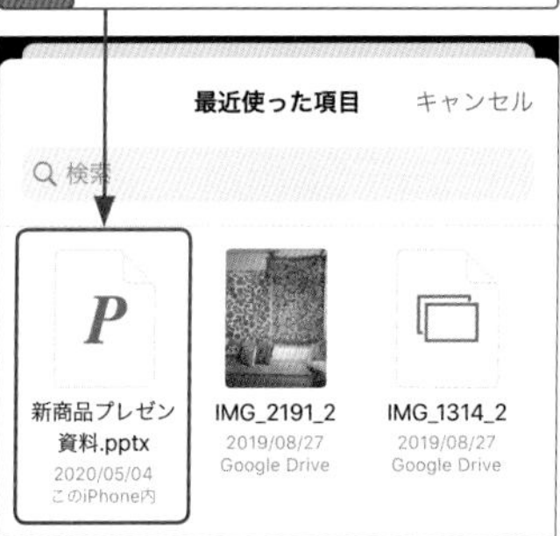

4 アップロード先を設定し（Androidスマートフォンは設定できません）、

5 ＜アップロード＞をタップすると、Dropboxにファイルがアップロードされます。

Section 33 Dropboxからファイルをダウンロードする

Dropboxに保存しているファイルを、スマートフォンにダウンロードすることができます。ダウンロードしたファイルは、ほかのアプリで編集することができます。

1 ファイルをダウンロードする

1 <ファイル>（Androidスマートフォンでは≡→<ファイル>）をタップし、

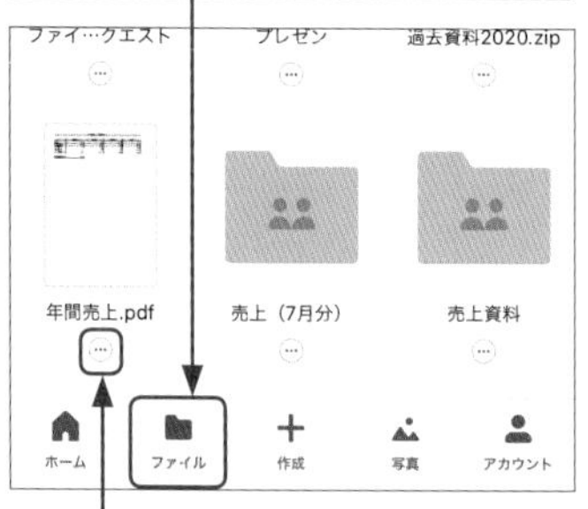

ファイ…クエスト
プレゼン
過去資料2020.zip
年間売上.pdf
売上（7月分）
売上資料
ホーム
ファイル
作成
写真
アカウント

2 ダウンロードしたいファイルの⋯（Androidスマートフォンでは⋮）をタップします。

3 <エクスポート>→<別のアプリで開く>の順に（Androidスマートフォンでは<エクスポート>を）タップします。

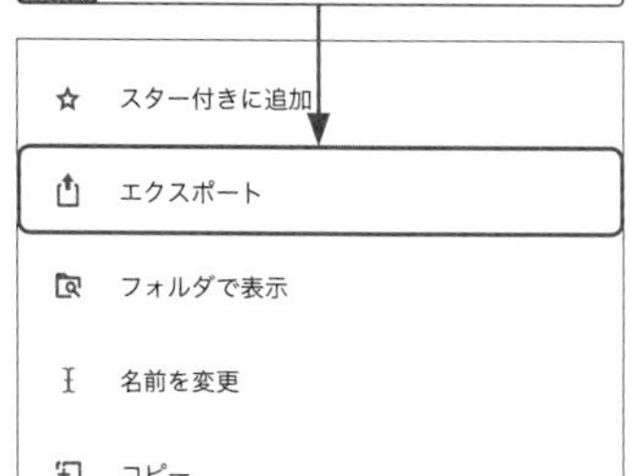

スター付きに追加
エクスポート
フォルダで表示
名前を変更
コピー

4 <"ファイル"に保存>（Androidスマートフォンでは<デバイスに保存>）をタップし、

年間売上
PDF書類・34 KB
AirDrop
Dropbox
Gmail
LINE
"ファイル"に保存
Keepに保存

5 <このiPhone内>→<保存>の順に（Androidスマートフォンでは<保存>を）タップすると、スマートフォンにファイルがダウンロードされます。

キャンセル
保存
"年間売上.pdf"は"このiPhone内"に保存されます。
年間売上
iCloud Drive
このiPhone内
Dropbox

ファイルを編集する

Dropboxに保存したファイルは、スマートフォンからも編集することができます。あらかじめExcelやWordなどのOfficeアプリをインストールしておきましょう。

1 ファイルを編集する

1 ＜ファイル＞（Androidスマートフォンでは≡→＜ファイル＞）をタップし、

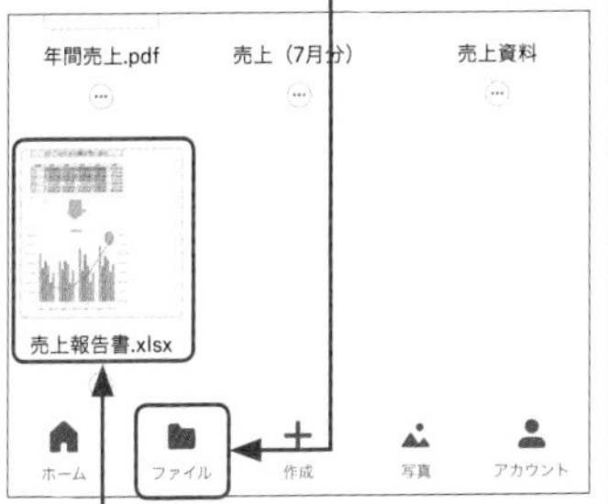

2 編集したいファイルをタップします。

3 ファイルが開きます。

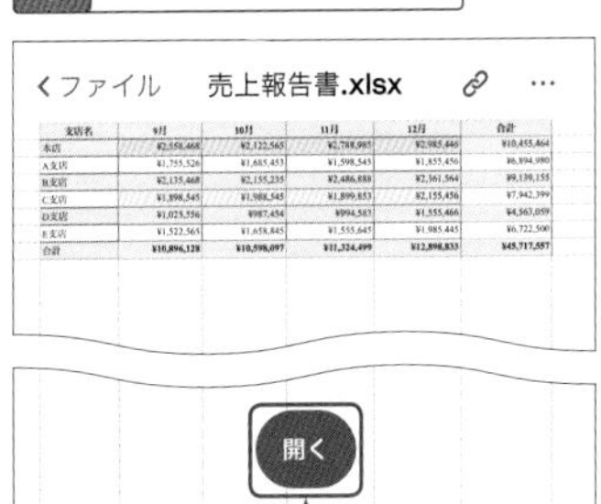

4 ＜開く＞（Androidスマートフォンでは☑）をタップします。

5 ここでは＜Microsoft Excel＞→＜開く＞→＜開く＞→＜許可＞（AndroidスマートフォンではExcel＞→＜1回のみ＞→＜開く＞）の順にタップします。

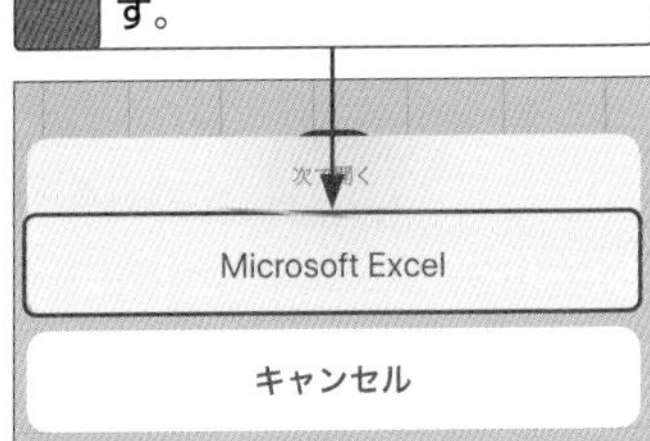

6 「Excel」アプリでファイルが開き、編集することができます。

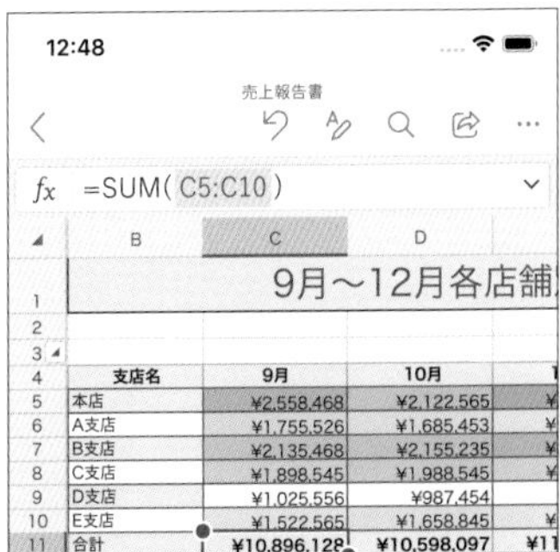

変更した内容はDropboxに自動保存されます。

Section 35 ファイルを共有する

スマートフォンからでも、パソコンと同じようにDropboxに保存したファイルを、ほかのユーザーと共有することができます。同様の操作でフォルダの共有も可能です。

1 ファイルを共有する

1 ＜ファイル＞（Androidスマートフォンでは☰→＜ファイル＞）をタップし、

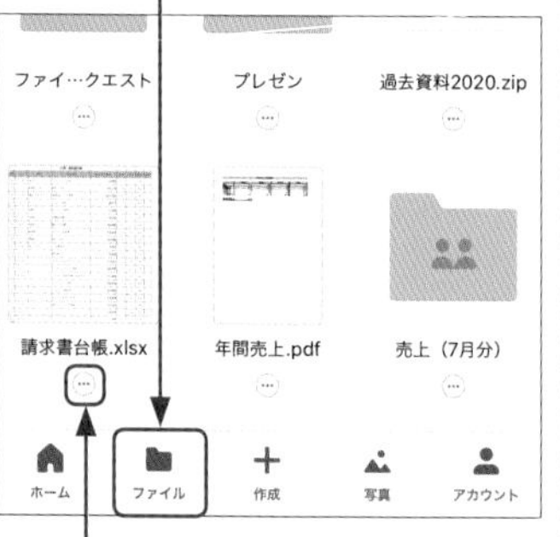

2 共有したいファイルの⋯（Androidスマートフォンでは⋮）をタップします。

3 ＜共有＞をタップします。

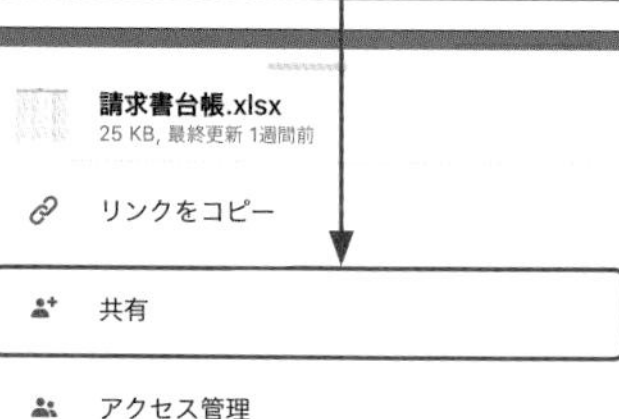

4 ＜メールアドレス、氏名、またはグループ＞（Androidスマートフォンでは＜メール、氏名、またはグループ＞）をタップし、

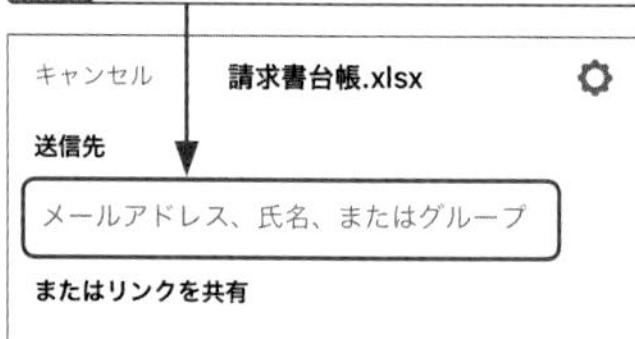

5 メールアドレスを入力し、

＜編集可能＞をタップすると、共有権限が変更できます。

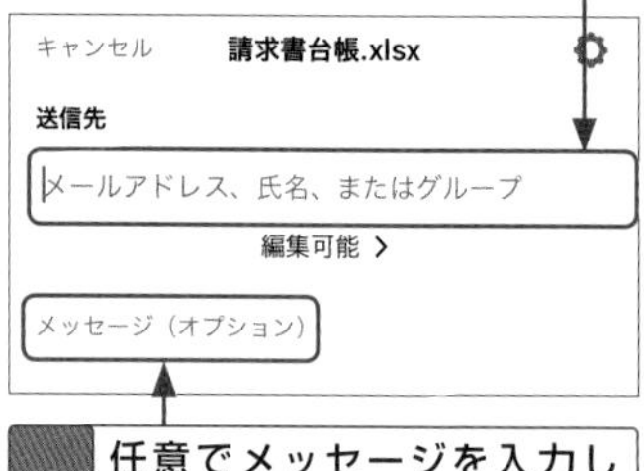

6 任意でメッセージを入力して、

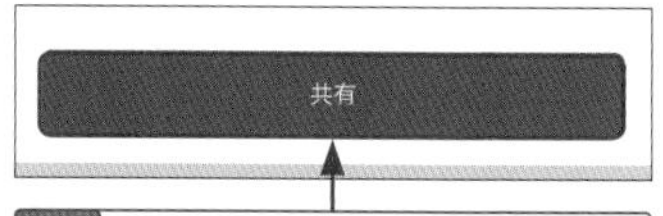

7 ＜共有＞をタップします。

Section 36

共有フォルダを作成する

Dropboxに共有フォルダを作成して、ほかのユーザーとファイルなどを共有しましょう。ファイルを毎回共有する必要なく、スマートに共有できて協働編集することができます。

1 フォルダを作成して共有設定をする

1 P.281手順2の画面で＜フォルダを作成＞（Androidスマートフォンでは＜フォルダの新規作成＞）をタップし、

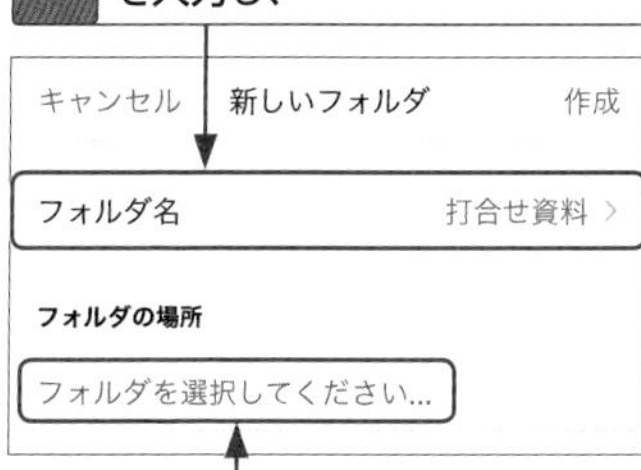

2 作成する共有フォルダの名前を入力し、

3 ＜フォルダを選択してください＞をタップしてフォルダの場所を設定したら（Androidスマートフォンでは設定できません）、

4 ＜作成＞をタップします。

5 フォルダが新規作成されます。＜共有＞をタップし、

6 P.284手順4以降を参考に共有設定を行いましょう。

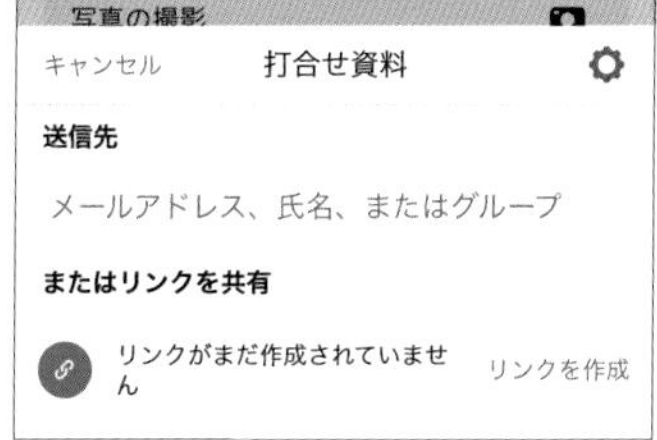

Memo すでにあるフォルダを共有フォルダにする

既存のファイルを共有するには、P.282手順2の画面で共有したいフォルダの ⋮ もしくは ⓘ をタップします。上記手順5の画面が表示されるので、手順に従って共有設定を進めましょう。

5 Dropboxではじめるファイル共有

Section 37 ファイルやフォルダの共有リンクを作成する

Dropboxのファイルなどをのアカウントのないユーザーと共有したい場合は、共有リンクをコピーして相手に伝えましょう。ここではファイル共有を解説していますが、フォルダもやり方は同じです。

1 共有リンクをコピーする

1 ＜ファイル＞（Androidスマートフォンでは☰→＜ファイル＞）をタップし、

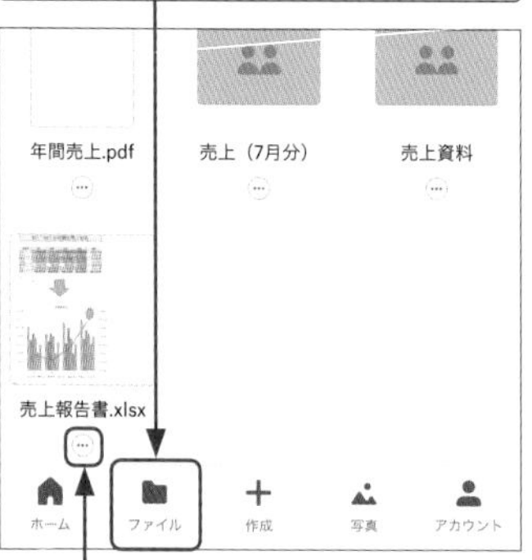

2 共有リンクをコピーしたいファイルやフォルダの⋯（Androidスマートフォンでは⋮）をタップして、

3 ＜リンクをコピー＞をタップします。

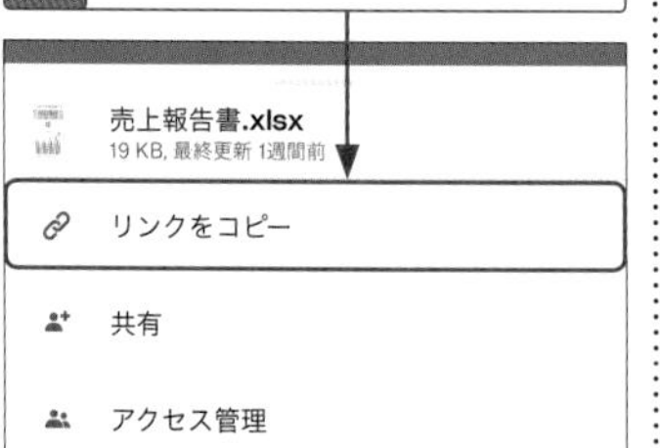

4 共有リンクがコピーされます。メールやチャットなどに貼り付けて共有しましょう。

5 iPhoneでは共有するアプリが選択できるので、ここでは＜メール＞をタップします。

6 「メール」アプリが起動するので相手のメールアドレスを入力し、任意で本文を追加してメールを送信しましょう。

Section 38 ファイルを検索する

Dropbox内に保存されているファイルを、スマートフォンから検索することができます。キーワードを検索すると、該当するファイルやフォルダが一覧で表示されます。

1 Dropbox内のファイルを検索する

1 ＜ファイル＞（Androidスマートフォンでは≡→＜ファイル＞）をタップし、

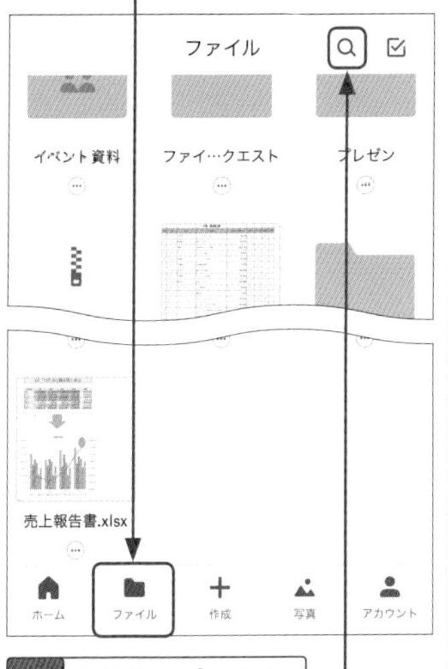

2 🔍をタップします。

3 検索欄をタップし、検索したいキーワードを入力します。

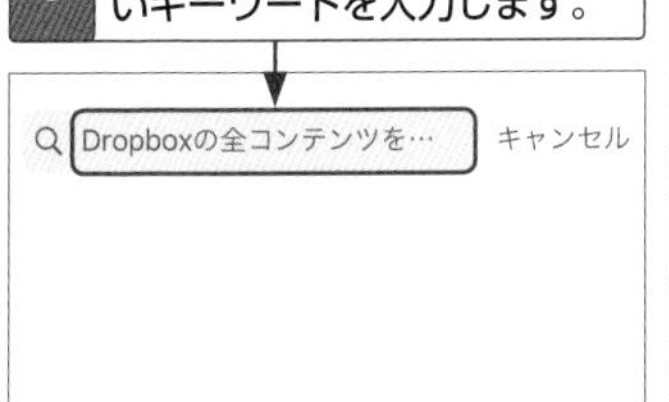

4 検索結果が表示されます。

Memo 検索履歴を削除する

検索履歴を削除するには、＜アカウント＞→⚙（Androidスマートフォンでは≡→＜設定＞）の順にタップし、画面をスクロールして「プライバシー」にある＜検索履歴をクリア＞をタップします。

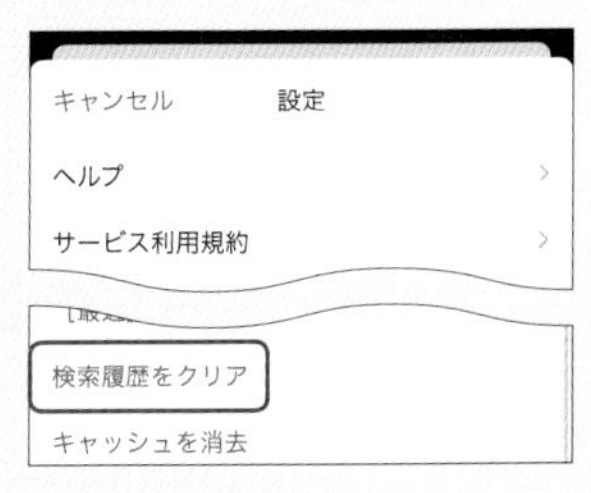

Section 39 ファイルやフォルダにスターを付ける

Dropboxに保存しているファイルやフォルダに、スマートフォンからスターを付けることができます。よく使うファイルなどにスターを付けておくと便利です。

1 ファイルにスターを付ける

1 ＜ファイル＞（Androidスマートフォンでは☰→＜ファイル＞）をタップし、

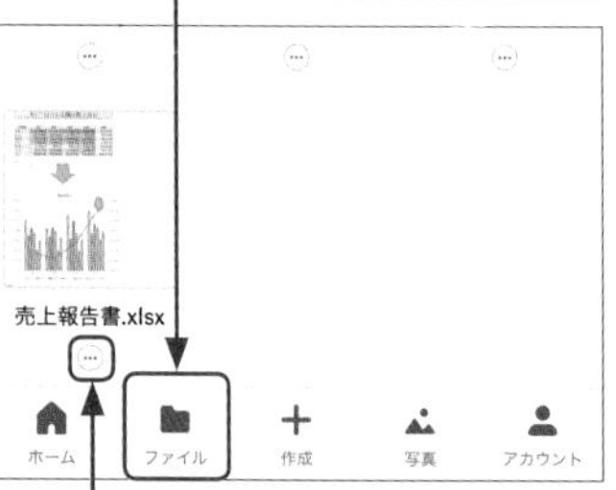

2 スターを付けたいファイルやフォルダの⋯（Androidスマートフォンでは⋮）をタップして、

3 ＜スター付きに追加＞（Androidスマートフォンでは＜スターを付ける＞）をタップします。

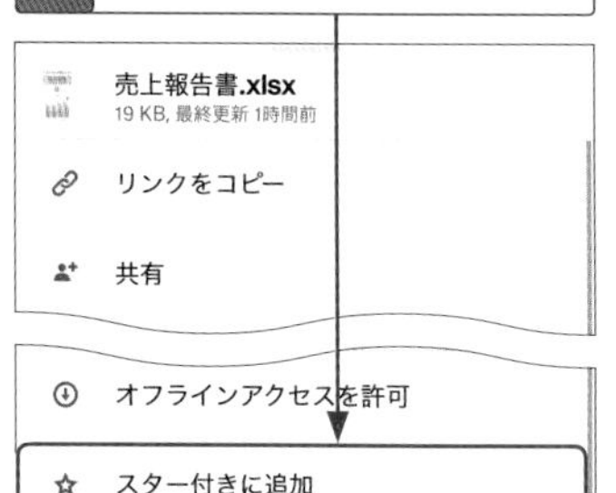

4 スターが付きます。

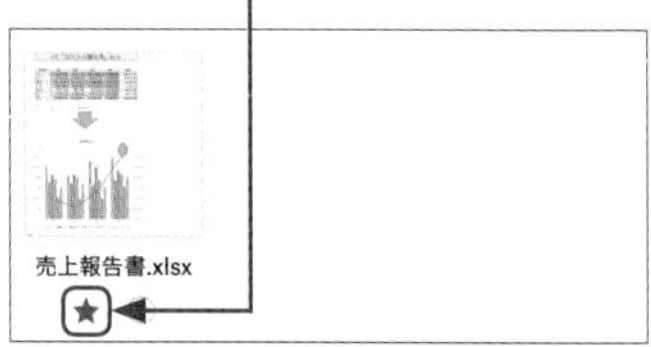

StepUp そのほかのスターを付ける方法

Dropboxのホーム画面でスターを付けたいファイルやフォルダの⋯→＜スター付きに追加＞（Androidスマートフォンでは⋮→＜スターを付ける＞）の順にタップ、またはファイルやフォルダを開き⋯→＜スター付きに追加＞（Androidスマートフォンでは⋮→＜スターを付ける＞）の順にタップすることでもスターを付けることができます。

売上報告書.xlsx
Dropbox
5年3組成績一覧.xlsx

＜ホーム　売上報告書.xlsx

スターを付けたファイルやフォルダを見る

Dropboxのスターを付けたファイルやフォルダは、ホーム画面から一覧で表示できるようになります。パソコンでスターを付けたファイルも合わせて表示されます。

1 スターを付けたファイルやフォルダを表示する

1 ホーム画面で<スター付き>をタップすると、

2 スターを付けたファイルやフォルダが表示されます。

Dropboxではじめる
ファイル共有

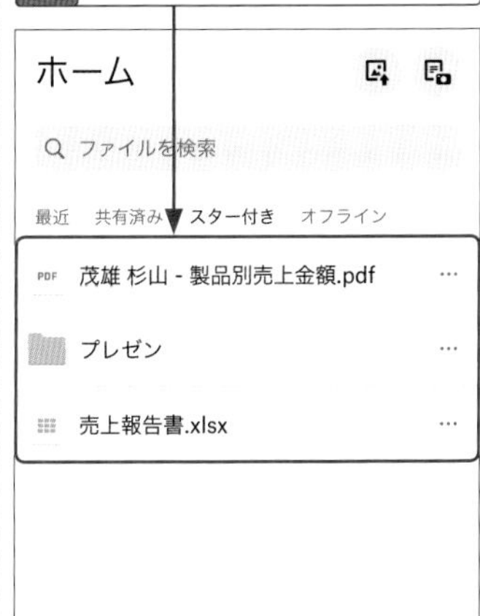

Memo スターを外す

ファイルやフォルダからスターを外すには、P.288手順3の画面で<［スター付き］から削除>をタップします。

🔗	リンクをコピー
👤⁺	共有
👥	アクセス管理
⏱	オフラインアクセスを許可
★	［スター付き］から削除

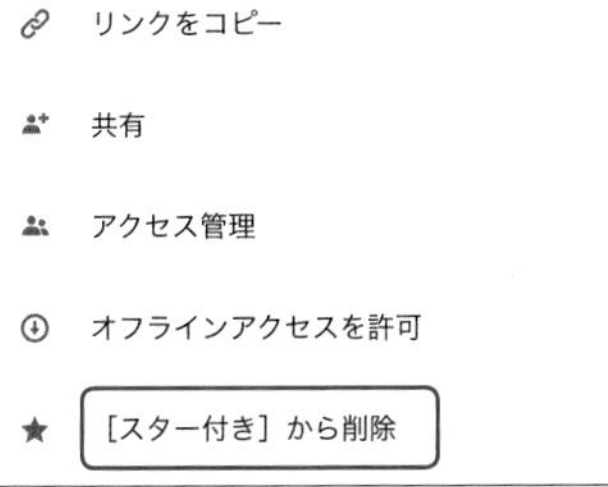

Section 41

ドキュメントを撮影してPDFで保存する

紙のドキュメントをスマートフォンから撮影して、PDFファイル形式でDropboxに保存することができます。ドキュメントのほか請求書や見積書、ホワイトボード、メモ書きなどもスキャン保存が可能です。

1 ドキュメントを撮影してPDFで保存する

1 ＜作成＞（Androidスマートフォンでは⊕）→＜ドキュメントをスキャン＞の順にタップします。

写真の撮影
ドキュメントをスキャン
音声を録音
写真をアップロード

2 カメラが起動するので、スキャンしたいドキュメントを映すと、自動的にスキャンが開始されます。

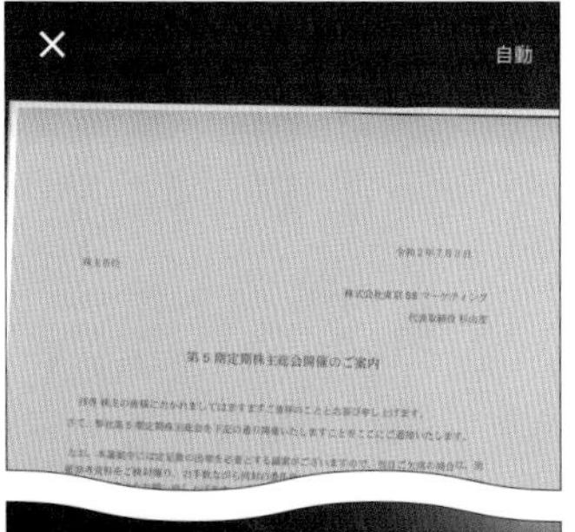

3 プレビュー画面が表示されるので、問題なければ＜次へ＞（Androidスマートフォンでは→）をタップします。

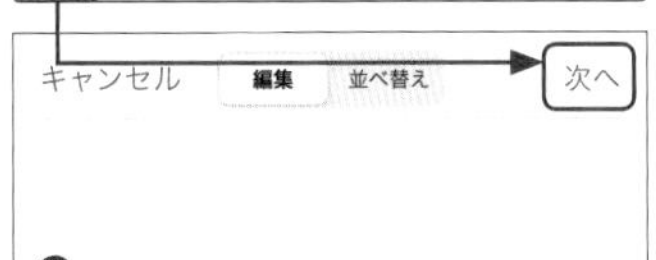

4 「ファイル名」「ファイル形式」「画像品質」「保存先」を設定し（Androidスマートフォンでは画像品質の設定はできません）、

5 ＜保存＞（Androidスマートフォンでは✓）をタップします。

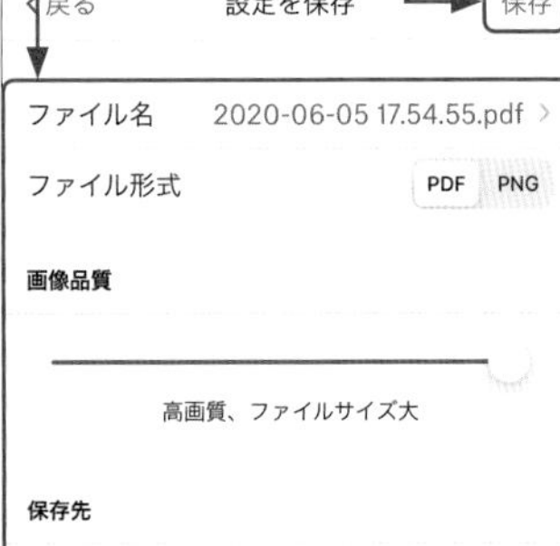

第6章 Chromeリモートデスクトップではじめるリモート接続

Chrome リモートデスクトップは、会社のパソコンを自宅でも操作してかんたんに利用することができるツールです。
会社のパソコンを常に電源オンの状態にするなどの条件がありますが、急遽テレワークをすることになったときなどに便利です。

Section 01 Chromeリモートデスクトップとは

「Chromeリモートデスクトップ」を利用すると、会社のパソコンを自宅など遠隔地から操作できるようになります。コピー&ペーストやファイルのアップロード／ダウンロードも可能です。

1 Chromeリモートデスクトップの特徴

「Chromeリモートデスクトップ」を利用すると、インターネットを介してパソコンを別のパソコンからリモートアクセス（遠隔地から操作）ができるようになります。テレワークで自宅で仕事をする際に、会社のパソコンと同じ環境を自宅のパソコンで実現できます。それぞれのパソコンに、Webブラウザ「Google Chrome」のインストールは必要ですが、複雑な設定や特別な知識は必要ありません。

便利なChromeリモートデスクトップですが、利用しているときは常にインターネット回線に接続している状態です。自宅の固定インターネット回線での利用であれば問題ありませんが、通信量に制限のあるスマートフォンやタブレットから利用する際にはモバイルネットワーク回線の通信時間に注意しましょう。また、PINの取り扱いなどのセキュリティ面での配慮も行いましょう。利用するGoogleアカウントは、2段階認証にしておくと安心です。

https://remotedesktop.google.com/home

基本機能　はじめ方　基本操作　応用　スマホ&タブレット

2 Chromeリモートデスクトップでできること

Chromeリモートデスクトップでは、会社のパソコンでいつもと同じようにアプリを立ち上げて作業をしたり、会社でしかログインできないWebサイトにアクセスしたりすることができるようになります。
また、会社のパソコン内にあるファイルを自宅のパソコンにダウンロードして閲覧、編集したり、自宅のパソコンにあるファイルを会社のパソコンにアップロードしたりすることも可能です。

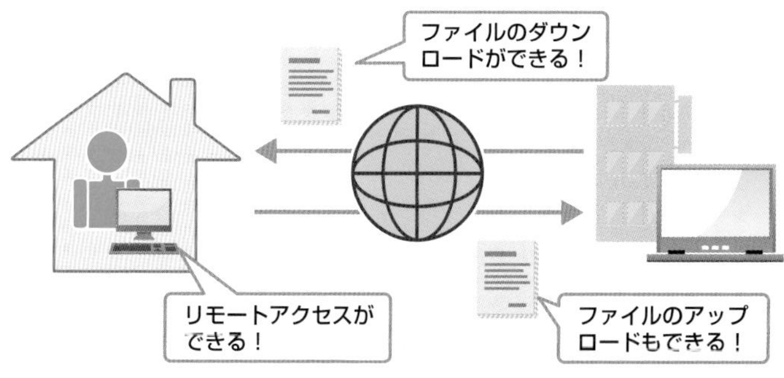
ファイルのダウンロードができる！
リモートアクセスができる！
ファイルのアップロードもできる！

3 Chromeリモートデスクトップを利用する条件

Chromeリモートデスクトップを利用する条件として、会社と自宅のパソコンのそれぞれにWebブラウザ「Google Chrome」をインストールし、Chromeリモートデスクトップの設定をしておく必要があります。また、会社のパソコンを常に電源オンにしておきます。モニターはオフにしてもかまいません。
パソコンに特別な設定をしていない場合、何も動作せずしばらく時間が経つとスリープ状態になってしまいます。パソコンの電源がオフ、またはスリープ状態になると、Chromeリモートデスクトップは利用できなくなります（ロック状態では利用可）。
あらかじめパソコンの電源が常に入った状態になるように「設定」アプリから、スリープの設定を解除しておきましょう（P.308参照）。

Chrome リモートデスクトップの利用条件

- それぞれのパソコンに Google Chrome をインストールし、Chrome リモートデスクトップの設定をしておく
- 会社のパソコンの電源をオンの状態にし、スリープの設定を解除しておく

Section 02 Chromeリモートデスクトップの画面構成

Chromeリモートデスクトップの画面構成は、いたってシンプルです。オプションパネルを表示させることで、さまざまな操作や設定を行うことができます。

1 Chromeリモートデスクトップの画面構成

Chromeリモートデスクトップの画面構成はいたってシンプルです。通常はWebブラウザ内にリモートアクセス先のデスクトップ画面が表示され、必要に応じてオプションパネルを表示させて各操作を行います。

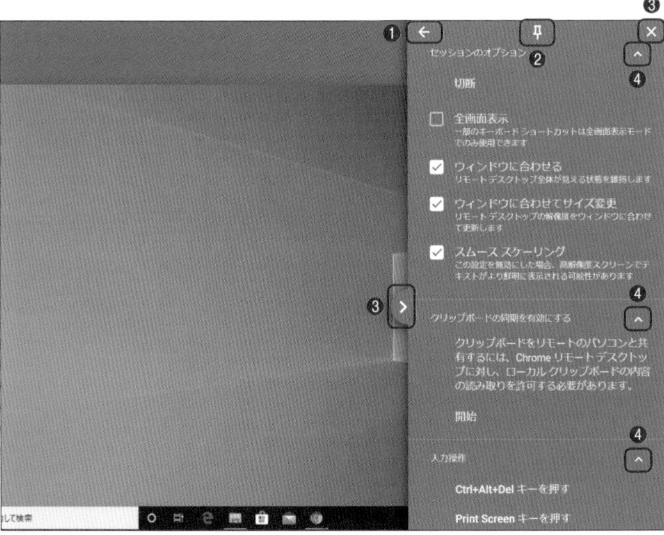

❶左に表示	オプションパネルを画面左に表示することができます。
❷ピン留め	オプションパネルを固定して表示ができます。なお、ウィンドウの大きさにより、リモートアクセス画面の表示が小さく表示されることがあります。
❸閉じる	オプションパネルを閉じることができます。
❹セクションをまとめる	オプションパネルに表示されているセクションをカテゴリー別にまとめて表示することができます。

2 オプションパネルのおもなカテゴリー

セッションのオプション

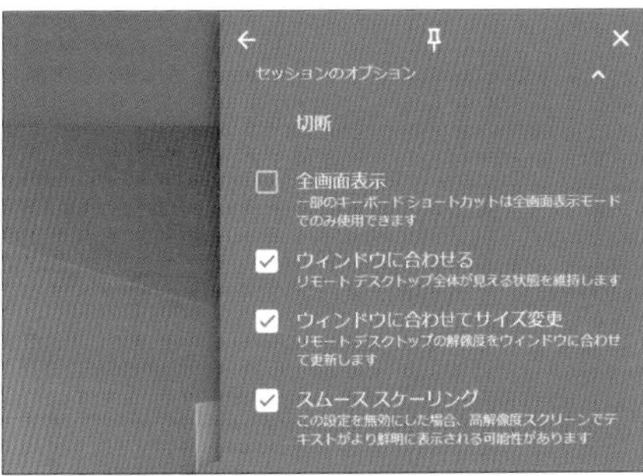

画面表示の変更やリモートアクセスの終了が行えます（Sec.06、10参照）。

クリップボードの同期を有効にする

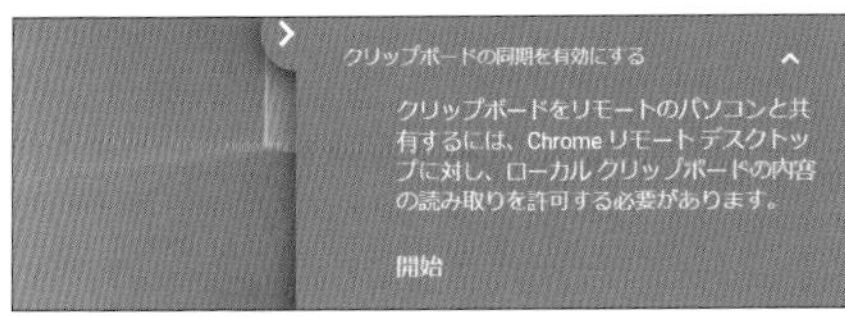

テキストのコピーなどをする際、クリップボードを会社のパソコンと共有することができます。

入力操作

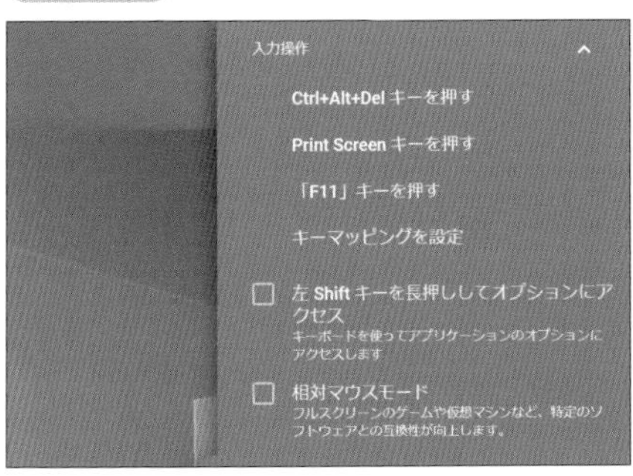

会社のパソコンに特殊な入力操作をワンクリックで行うことができます（Sec.09参照）。

ファイル転送

ファイルのアップロードやダウンロードができます（Sec.07、08参照）。

Section 03 Googleアカウントを作成する

Chromeリモートデスクトップを利用するには、Googleアカウントが必要です。すでに所有している場合は作成しなくてもよいですが、ない場合は作成しておきましょう。

1 Googleアカウントを作成する

1 Webブラウザで「https://www.google.com/」にアクセスし、

2 ＜ログイン＞をクリックしたら、

3 ＜アカウントを作成＞をクリックします。

4 ＜自分用＞をクリックします。

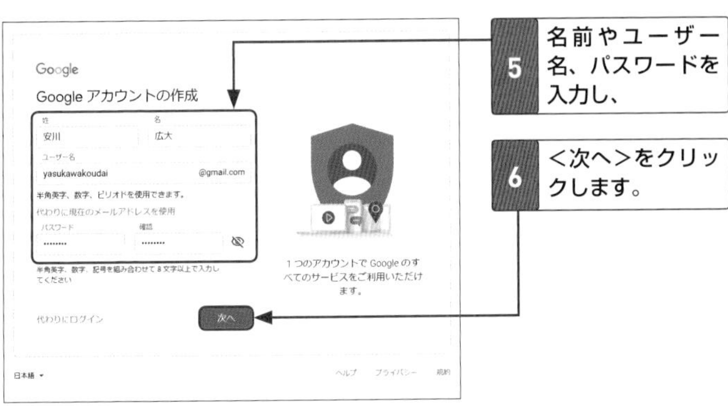

5 名前やユーザー名、パスワードを入力し、

6 <次へ>をクリックします。

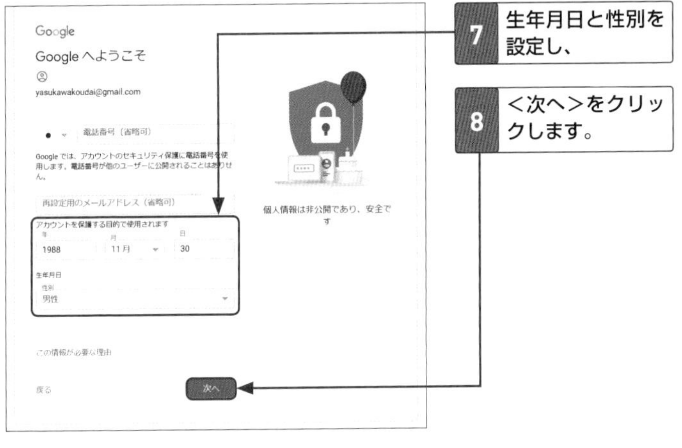

7 生年月日と性別を設定し、

8 <次へ>をクリックします。

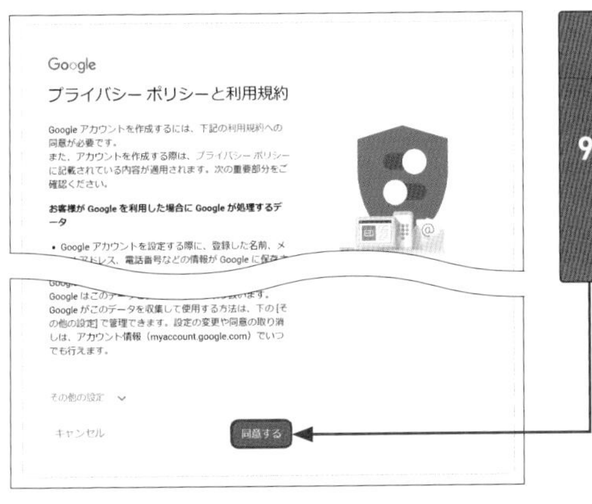

9 「プライバシーポリシーと利用規約」画面が表示されるのでよく読み、<同意する>をクリックすると、アカウントが作成されます。

Section 04 会社のパソコンにリモートアクセスを設定する

自宅で会社のパソコンをリモートアクセスできるよう、まずは会社のパソコンにChromeリモートデスクトップの設定を行います。設定では、Chrome拡張の追加やパソコン名、PINの設定を行います。

1 リモートアクセスを設定する

設定前の準備

あらかじめ自宅と会社のパソコンにWebブラウザ「Google Chrome」をインストールしておきましょう（https://www.google.co.jp/chrome/）。

1 Google Chromeで「https://remotedesktop.google.com/home」にアクセスし、

2 ＜リモートアクセス＞をクリックします。

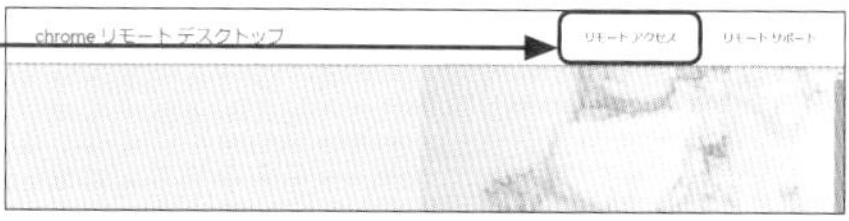

3 ログインしていない場合は、Sec. 03で作成したGoogleアカウントのユーザー名（メールアドレス）を入力し、

4 ＜次へ＞をクリックします。

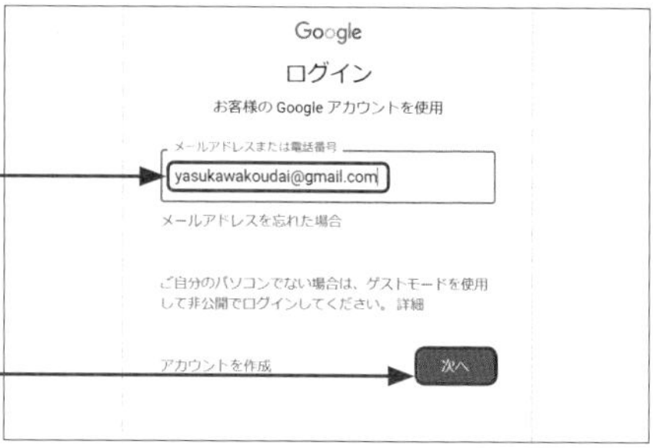

5 Googleアカウントのパスワードを入力し、

6 ＜次へ＞をクリックします。

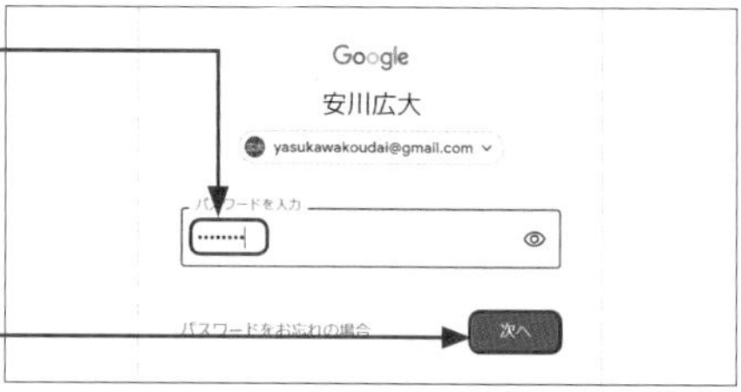

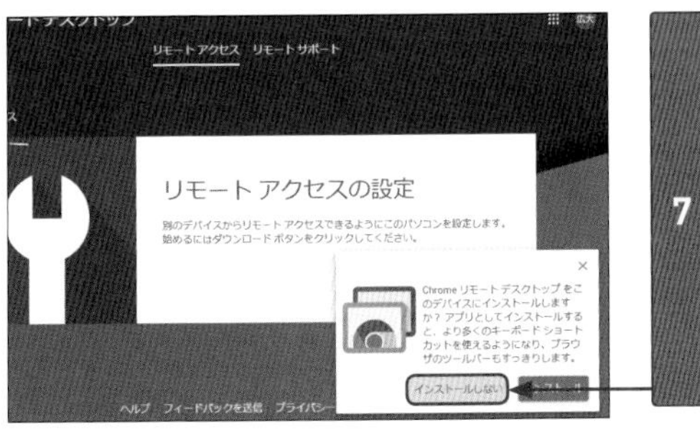

7 「リモートアクセスの設定」画面が表示されます。すでにサービス終了しているデスクトップ版の案内が表示されるので、<インストールしない>をクリックし、

8 再度通知が表示されたら、×をクリックします。

9 ●をクリックします。

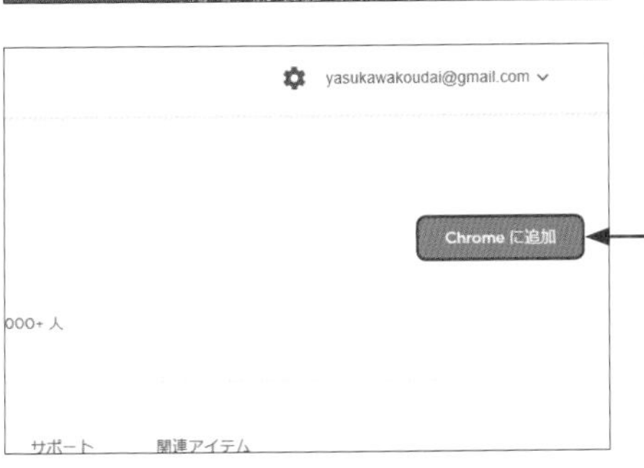

10 「Chromeウェブストア」画面が表示されます。<Chromeに追加>をクリックします。

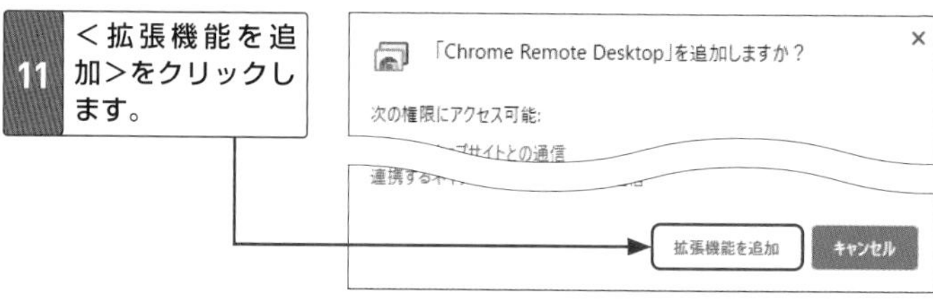

11 <拡張機能を追加>をクリックします。

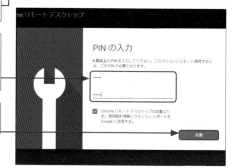

12 「「Chrome Remote Desktop」がChromeに追加されました」と表示されるので、×をクリックします。

13 任意のパソコンの名前を入力し、

14 <次へ>をクリックします。

15 「PINの入力」画面が表示されるので、利用したいPINを2回入力し、

16 <起動>をクリックします。

17 パスワードの保存についての画面が表示されるので、<保存>または<使用しない>をクリックします。

18 リモートアクセスの設定が完了します。Google Chromeは終了してもかまいません。

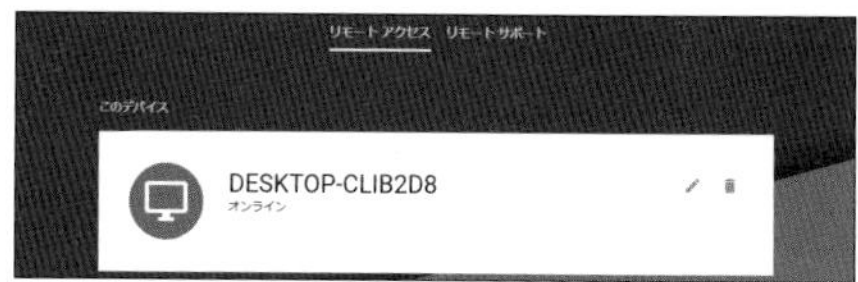

自宅のパソコンから リモートアクセスで接続する

自宅のパソコンから、会社のパソコンにリモートアクセスをするには、Google Chromeから専用サイトにアクセスし、PINを入力して接続を行います。

1 リモートアクセスで接続する

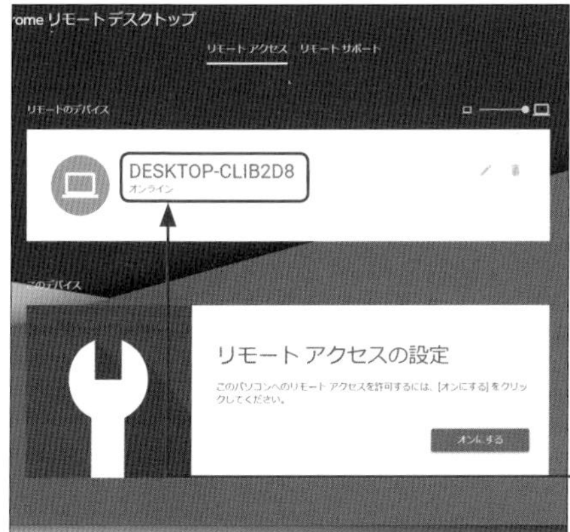

1 自宅のパソコンのGoogle ChromeでSec.04と同じGoogleアカウントにログインした状態で「https://remotedesktop.google.com/access」にアクセスし、

2 P.300手順13で入力したパソコン名をクリックします。

3 P.300手順15で入力したPINを入力し、

4 →をクリックすると、

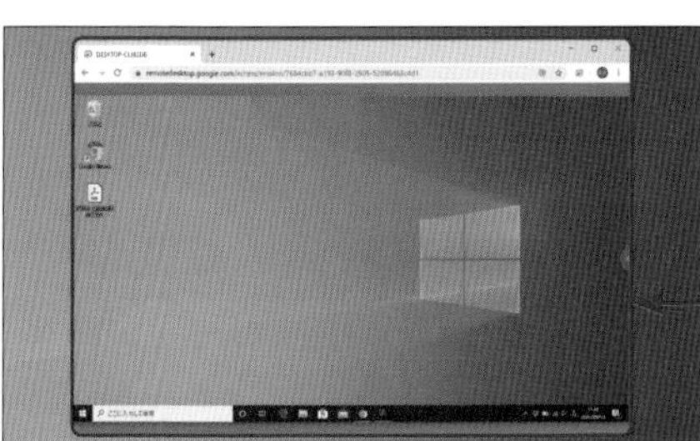

5 リモートアクセスで接続され、Google Chrome上に会社のパソコン画面が表示されます。

Section 06 画面の表示を設定する

Chromeリモートデスクトップの画面の表示は、全画面で表示したり、ウィンドウの大きさに合わせたり、好みの表示方法を選択できます。自分が使いやすい表示設定で利用しましょう。

1 画面設定のメニューを表示する

1 P.301を参考にリモートアクセスで接続し、

2 画面右側にある▌をクリックすると、

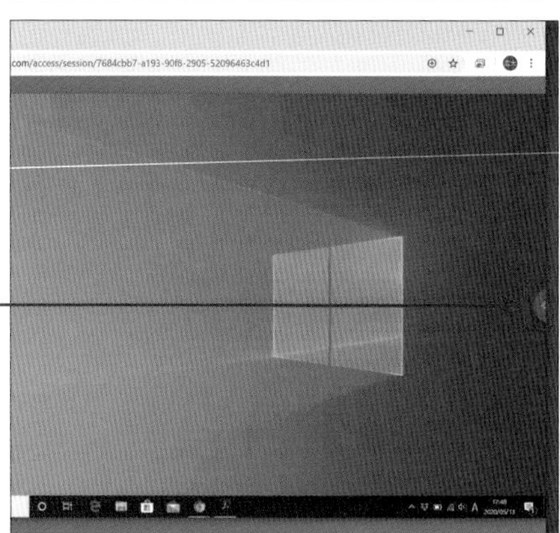

3 画面の表示に関する項目などのセクションが表示されます。

4 ☒をクリックすると、メニューが閉じます。

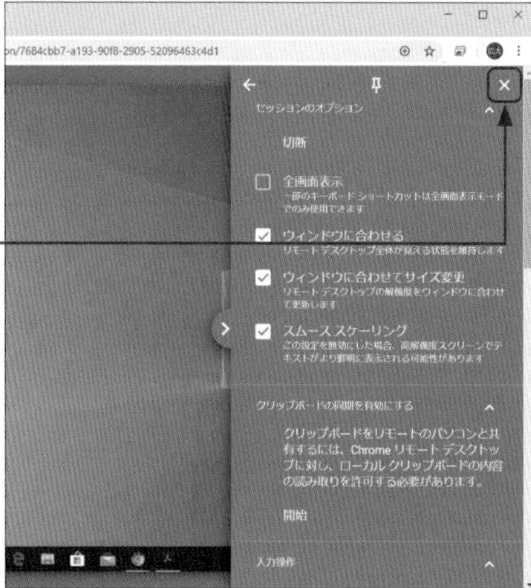

2 全画面で表示する

1 P.302手順3の画面で<全画面表示>をクリックしてオンにすると、Google Chromeの画面がパソコン全体に表示されるようになり、リモートアクセスであることを忘れるかのように会社のパソコンを操作することができます。

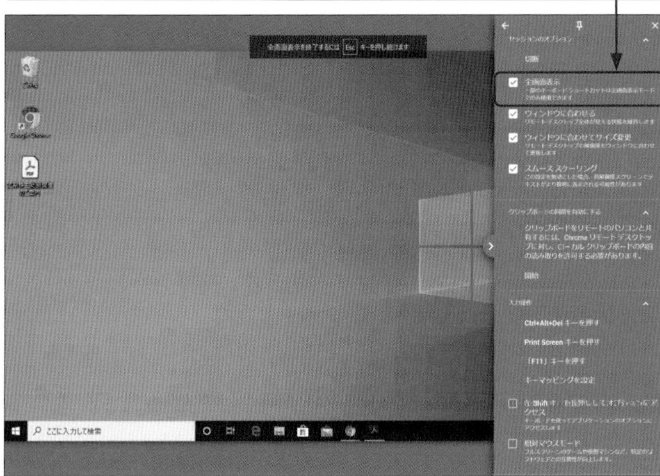

2 キーボードのEscキーを押すと、もとの表示に戻ります。

Memo

画面の表示に関するそのほかの項目

メニューには、「全画面表示」のほか、以下の項目があります。

ウィンドウに合わせる

オンにすると、Webブラウザの大きさに合わせて画面全体が表示されるように調整されます。

ウィンドウに合わせてサイズ変更

オンにすると、解像度がWebブラウザの大きさに合わせて最適な状態で表示されるようになります。

スムーススケーリング

オン、オフで表示される文字の鮮明さが変わりますが、通常は見た目であまり大きな変化はありません。

Section 07 自宅のパソコンから会社のパソコンにファイルをアップロードする

Chromeリモートデスクトップはファイルの転送が可能です。自宅のパソコンから、会社のパソコンにファイルをアップロードすることができます。アップロードは、オプションパネルから行います。

1 ファイルをアップロードする

1 P.301を参考にリモートアクセスで接続し、

2 画面右側にある▮をクリックして、

3 <ファイルをアップロード>をクリックします。

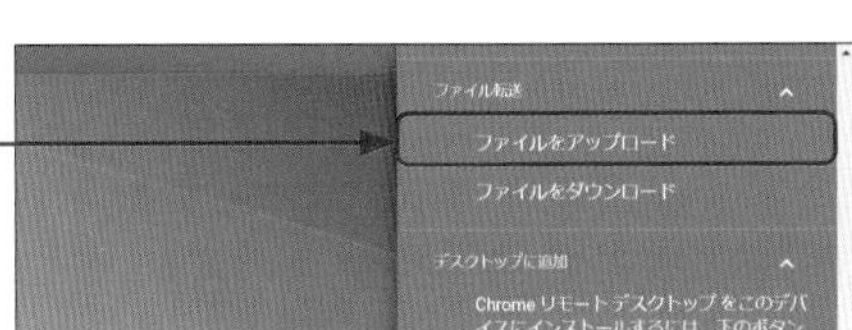

4 「開く」画面が表示されます。

5 アップロードしたいファイルをクリックし、

6 <開く>をクリックします。

7 ファイルが会社のパソコンにアップロードされ、デスクトップに表示されます。

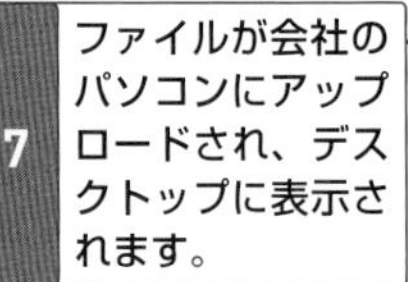

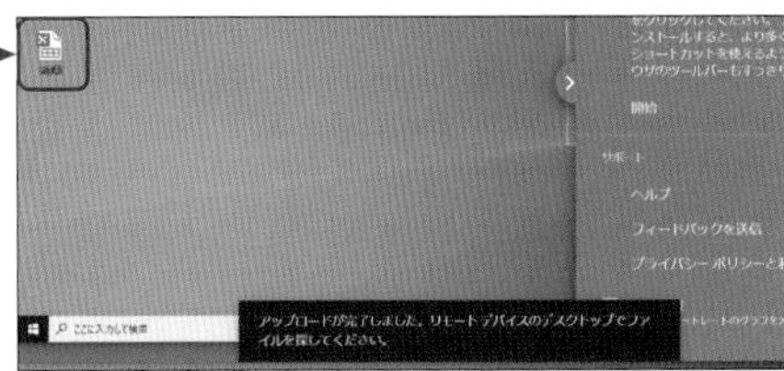

自宅のパソコンに会社のパソコンのファイルをダウンロードする

Chromeリモートデスクトップでは、ファイルのアップロードだけでなく、会社のパソコン内のファイルを自宅のパソコンにダウンロードをすることもできます。

1 ファイルをダウンロードする

1 P.301を参考にリモートアクセスで接続し、

2 画面右側にある▮をクリックして、

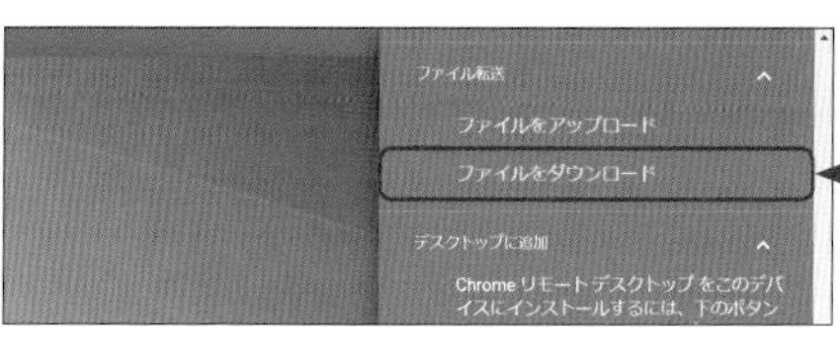

3 <ファイルをダウンロード>をクリックします。

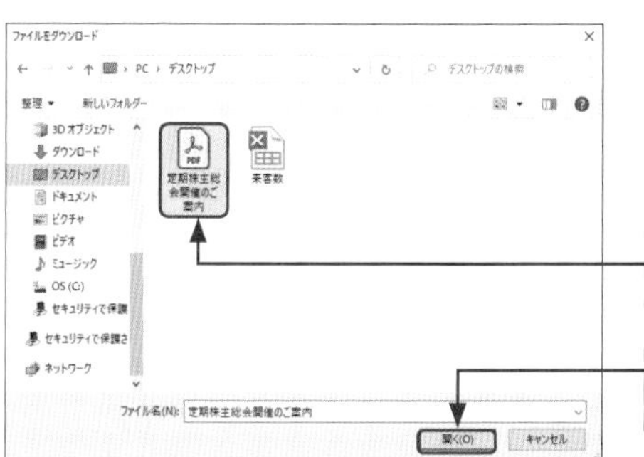

4 「ファイルをダウンロード」画面が表示されます。

5 ダウンロードしたいファイルをクリックし、

6 <開く>をクリックします。

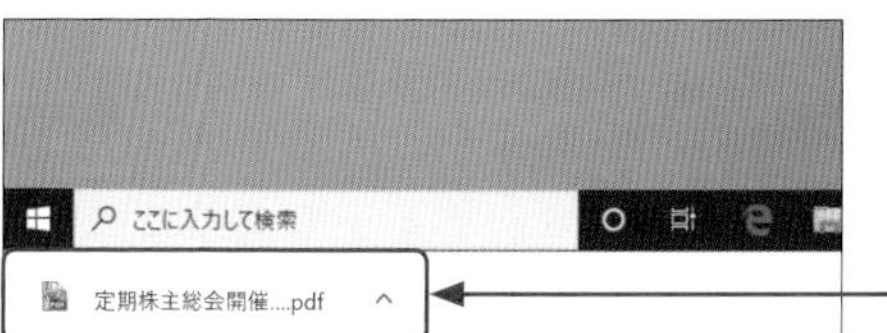

7 ファイルが自宅のパソコンにダウンロードされます。

Section 09 特殊なキーを押す

会社のパソコンへの操作として、特殊なキーを押す場合、オプションパネルから行うことができます。また、自宅のパソコンが反応してしまうキー操作があれば、キーマッピングから割当が可能です。

1 リモートでコマンドショートカットキーを押す

1 画面右側にあるをクリックし、

2 <Ctrl+Alt+Delキーを押す>をクリックすると、

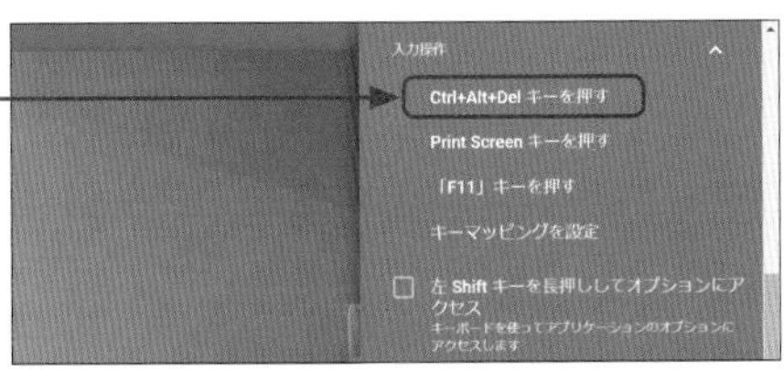

3 会社のパソコンが、指定のキーが押された状態になります。

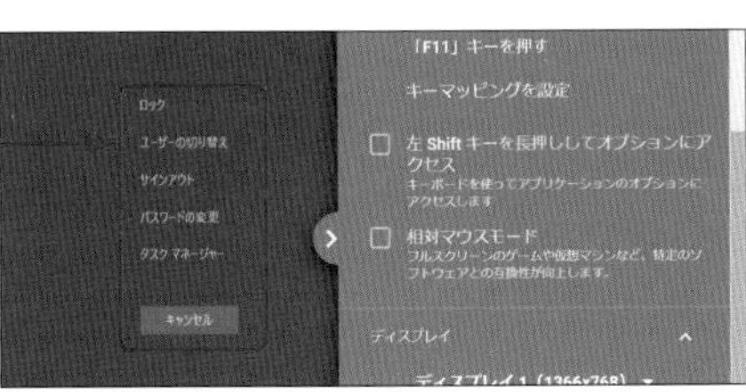

Memo そのほかの特殊なキー

手順3のオプションパネルに表示されるそのほかの特殊キーは、画面のスクリーンショット撮影ができるPrint Screenキー、全画面表示ができるF11キーなどの項目があります。また、「キーマッピングを設定」では、キー操作で自宅のパソコンが反応してしまうキーの代替キーを割当設定することがが可能です。

基本機能　はじめ方　基本操作　応用　スマホ&タブレット

Section 10 リモートアクセスを終了する

リモートアクセスを終了するには、オプションパネルを表示して、切断を行います。また、リモートアクセス中の画面に表示されるバーからも、切断をすることが可能です。

1 リモートアクセスを終了する

1 画面右側にある をクリックし、

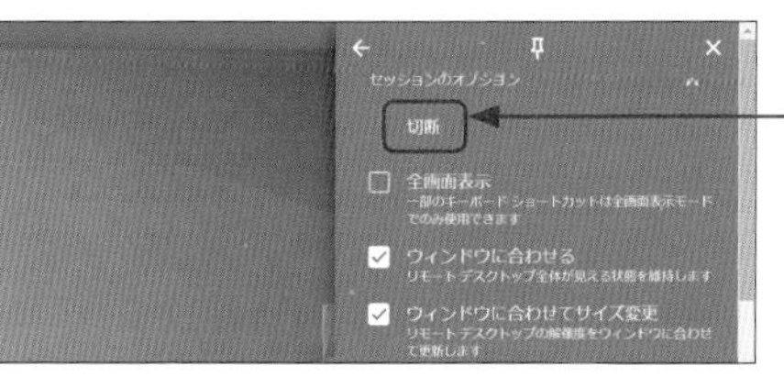

2 ＜切断＞をクリックすると、

3 リモートアクセスが終了します。

誤って会社のパソコンを終了しないように気を付けましょう。

Memo そのほかの終了方法

リモート中に画面に表示されるバーの＜共有を停止＞をクリックすることでも、リモートアクセスを終了できます。

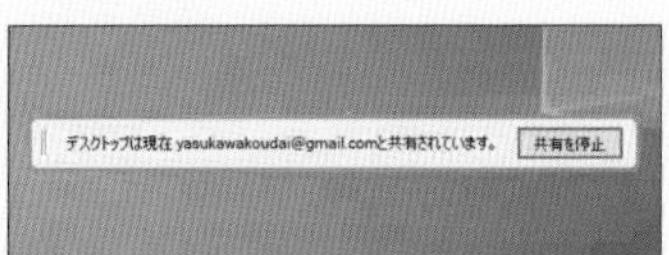

Section 11 常にリモートアクセスできるようにパソコンの設定を変更する

会社のリモートパソコンがスリープしたり、自動的に電源オフになってしまったりすると、Chromeリモートデスクトップが利用できなくなります。あらかじめ、常に使えるように設定しておきましょう。

1 パソコンがスリープしないよう設定する

1 会社のパソコンのデスクトップ画面で⊞をクリックし、

2 ⚙をクリックします。

3 「設定」アプリが起動します。

4 <システム>をクリックします。

5 <電源とスリープ>をクリックし、

6 「スリープ」の下の2つの項目をそれぞれ<なし>に設定します。

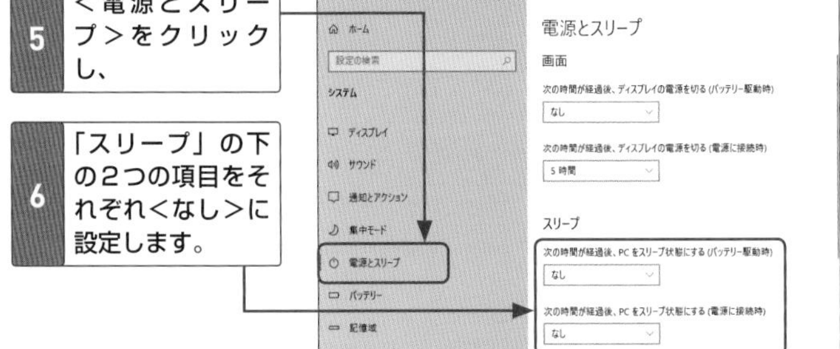

基本機能　はじめ方　基本操作　応用　スマホ&タブレット

2 ノートパソコンでカバーを閉じた際の設定をする

ノートパソコンはカバーを閉じた動作に注意

会社のパソコンがノートパソコンの場合、初期状態ではカバーを閉じるとスリープ状態となる場合があります。カバーを閉じてもスリープ状態にならないよう、設定しておきましょう。

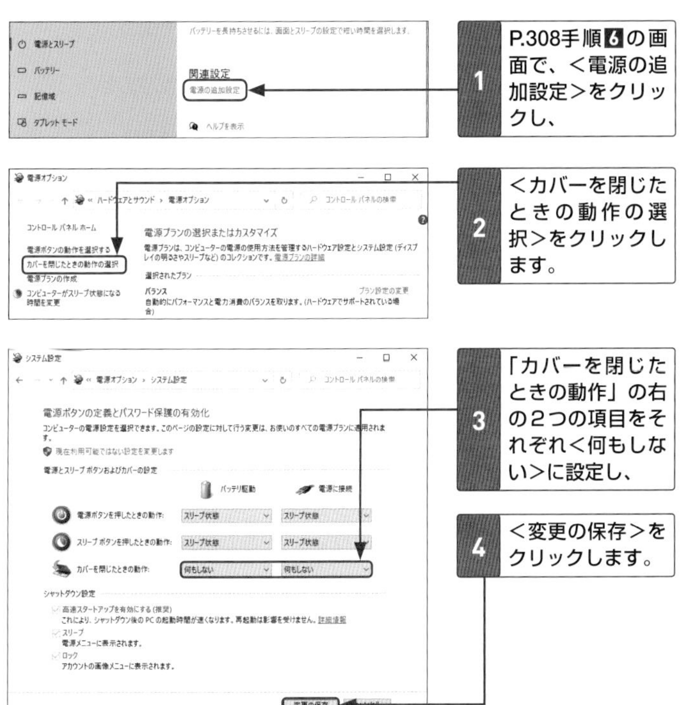

1 P.308手順6の画面で、<電源の追加設定>をクリックし、

2 <カバーを閉じたときの動作の選択>をクリックします。

3 「カバーを閉じたときの動作」の右の2つの項目をそれぞれ<何もしない>に設定し、

4 <変更の保存>をクリックします。

StepUp カーテンモードを設定する

リモートアクセス中は、会社のパソコンの操作がモニターに表示されてしまいます。操作を見られたくないときは、カーテンモードに設定すると、常にロック画面が表示されるようになります。設定方法は、「https://support.google.com/chrome/a/answer/2799701?hl=ja」を参照してください。

Section 12 ほかのユーザーにリモートアクセスしてもらう

自分以外のユーザーにリモートアクセスしてもらう場合は、コードを作成し、そのコードを入力してもらうことでリモートアクセスが可能になります。パソコンの操作を教えてもらう場合などに便利です。

1 コードを作成する

コード作成のポイント

はじめに、共有元（リモートアクセスを受ける側）のパソコンでコードを作成します。作成したコードは、5分間有効です。メールなどで共有先に伝えましょう。

1 P.301手順1の画面を表示し、

2 ＜リモートサポート＞をクリックして、

3 ＜コードを作成＞をクリックします。

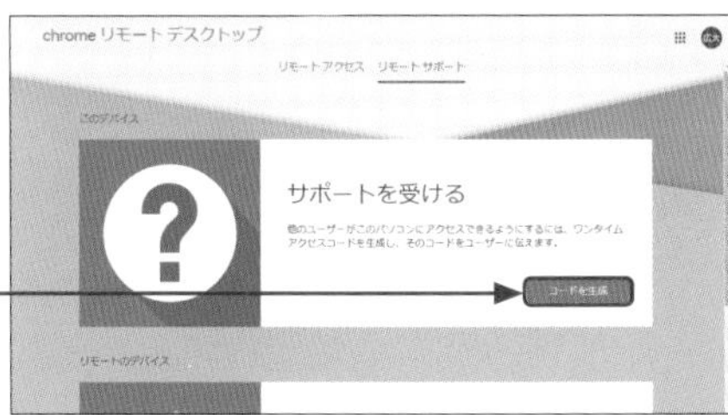

4 コードが表示されるので、共有相手にコードを伝えましょう。

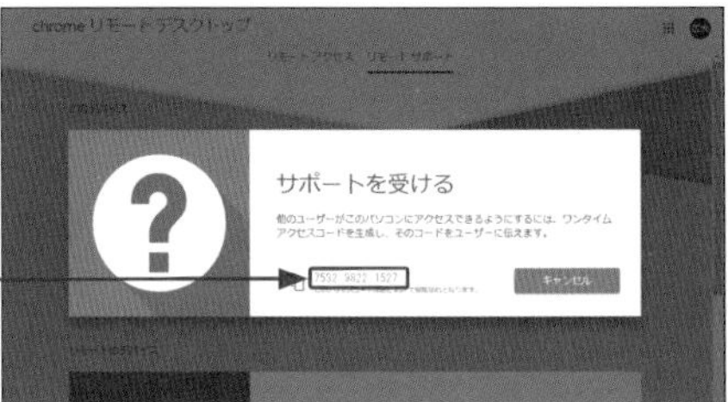

2 コードを利用してリモートアクセスする

共有先によるリモートアクセスのポイント

共有先（リモートアクセスをする側）は教えてもらったコードを入力することで、リモートアクセスができます。

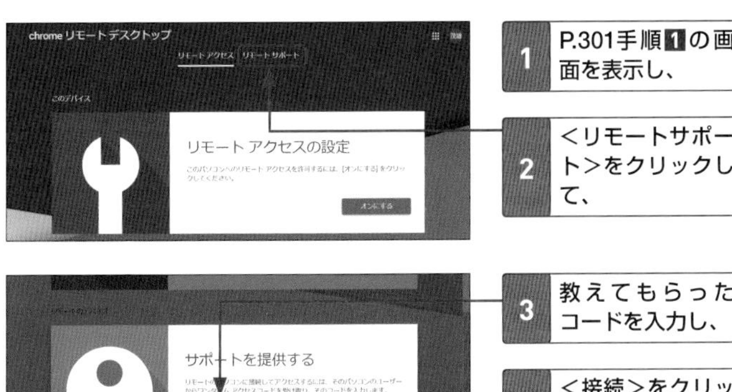

1 P.301手順1の画面を表示し、

2 <リモートサポート>をクリックして、

3 教えてもらったコードを入力し、

4 <接続>をクリックします。

5 共有元の画面に「○○にパソコンの閲覧と制御を許可しますか？」と表示されます。

6 <共有>をクリックすると、

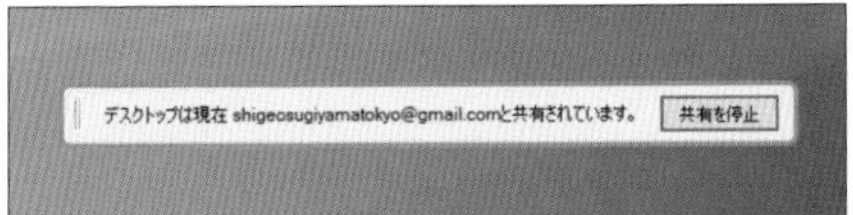

7 共有先からリモートアクセスができます。

Memo

共有を停止する

リモートアクセスの共有を停止するには、P.307を参考にリモートアクセスを終了しましょう。

Section 13 スマホやタブレットからリモートアクセスで接続する

Chromeリモートデスクトップはパソコンだけでなく、スマートフォンやタブレットでも利用できます。ここではスマートフォンの画面で操作方法を解説しますが、タブレットも画面や操作方法は変わりません。

1 スマートフォンでChromeリモートデスクトップをはじめる

1 「Chromeリモートデスクトップ」アプリを開き、<ログイン>をタップします。

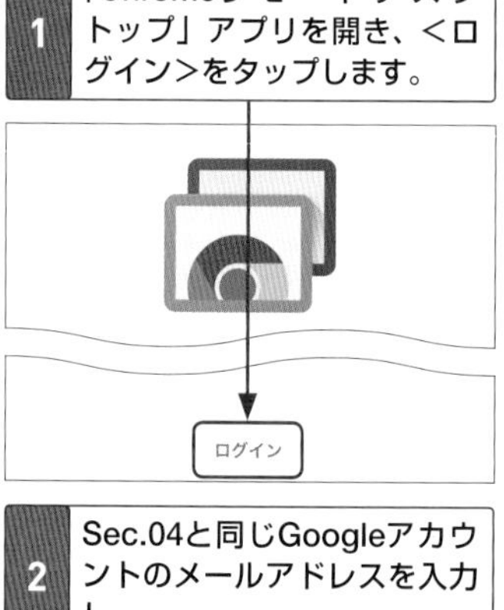

2 Sec.04と同じGoogleアカウントのメールアドレスを入力し、

3 <次へ>をタップします。

4 パスワードを入力し、

5 <次へ>をタップします。

6 Chromeリモートデスクトップのトップ画面が表示されます。

2 リモートアクセスで接続する

iPhoneの場合

1 リモートアクセスしたいデバイスをタップし、

2 PINを入力して、

3 ➡をタップすると、

4 リモートアクセスで接続します。

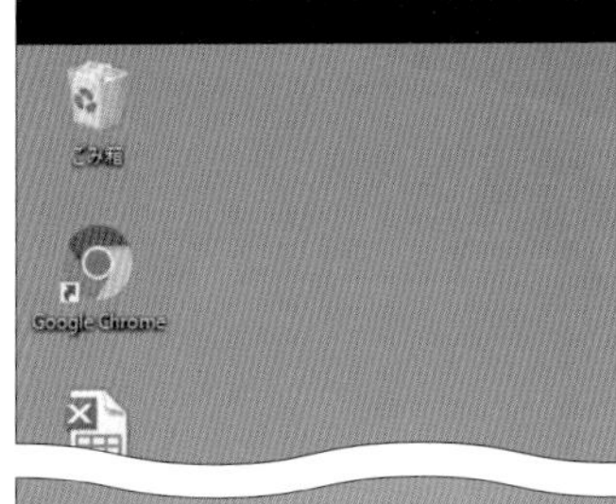

Androidスマートフォンの場合

1 リモートアクセスしたいデバイスをタップし、

マイ コンピュータ
DESKTOP-CLIB2D8

2 PINを入力して、

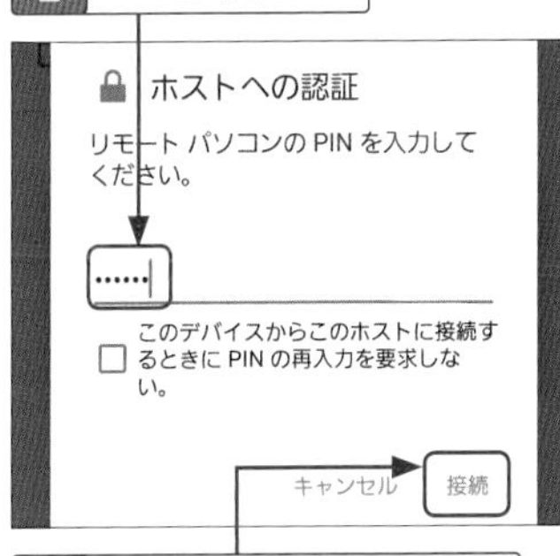

ホストへの認証
リモート パソコンの PIN を入力してください。
このデバイスからこのホストに接続するときに PIN の再入力を要求しない。
キャンセル
接続

3 <接続>をタップすると、

4 リモートアクセスで接続します。

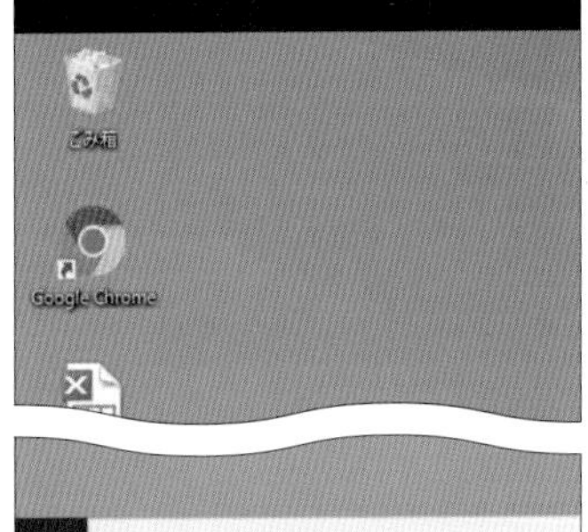

3 トラックパッドモードで操作する

タップモードとトラックパッドモード

スマートフォンアプリでは、初期状態では画面がタッチスクリーンとして機能するタップモードでの操作ですが、画面をトラックモードとして機能させ、マウスポインターを表示させるトラックパッドモードの利用もできます。

iPhoneの場合

1 画面右下の⊜をタップします。

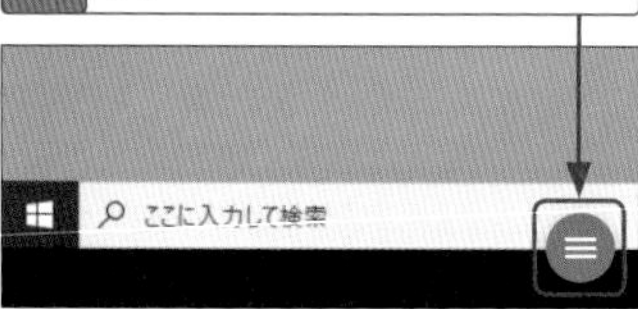

2 メニューが表示されるので、＜トラックパッドモード＞をタップすると、

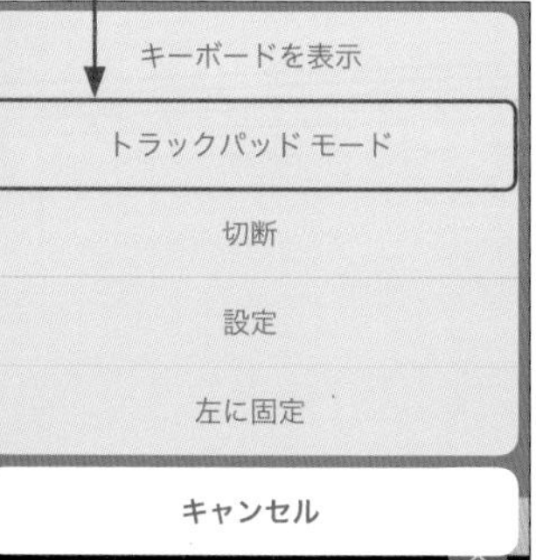

3 マウスポインターが表示され、トラックパッドモードが利用できます。

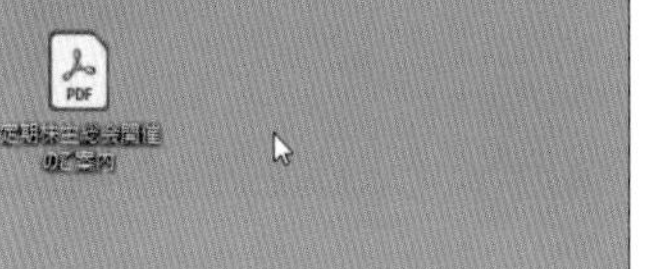

Androidスマートフォンの場合

1 画面下から上方向にスワイプします。

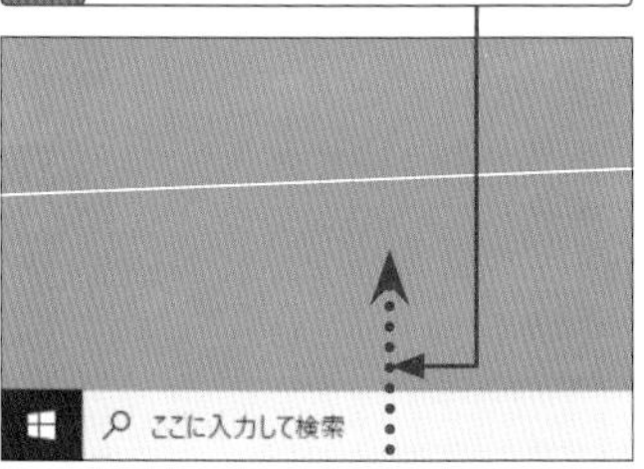

2 画面上部にメニューバーが表示されるので、をタップすると、

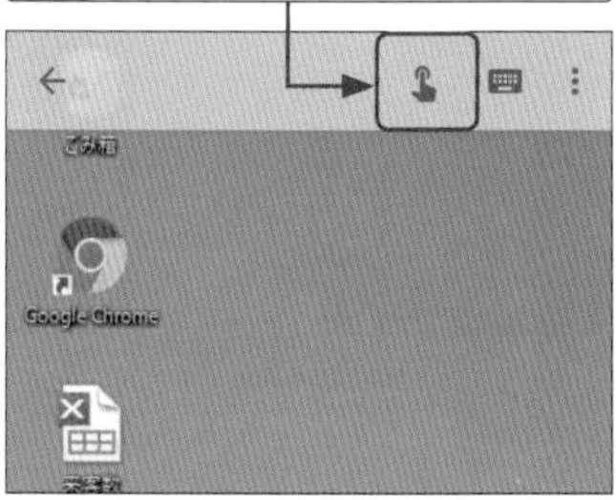

3 マウスポインターが表示され、トラックパッドモードが利用できます。

4 リモートアクセスを終了する

iPhoneの場合

1 画面右下の をタップします。

2 メニューが表示されるので、<切断>をタップすると、

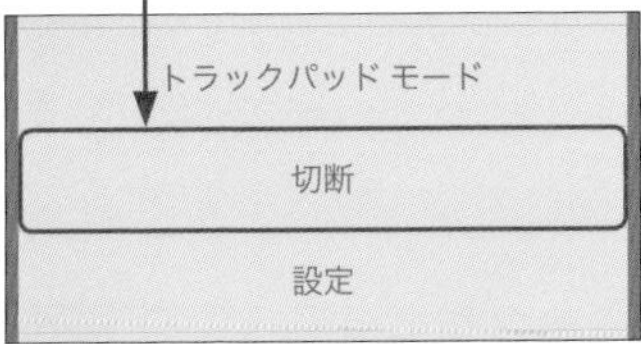

3 リモートアクセスが終了します。

Androidスマートフォンの場合

1 P.314右の手順2の画面で をタップします。

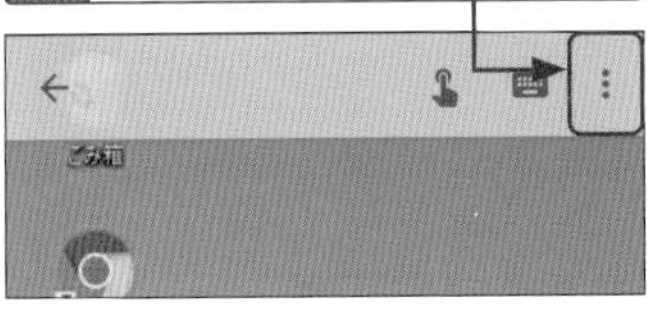

2 メニューが表示されるので、<切断>をタップすると、

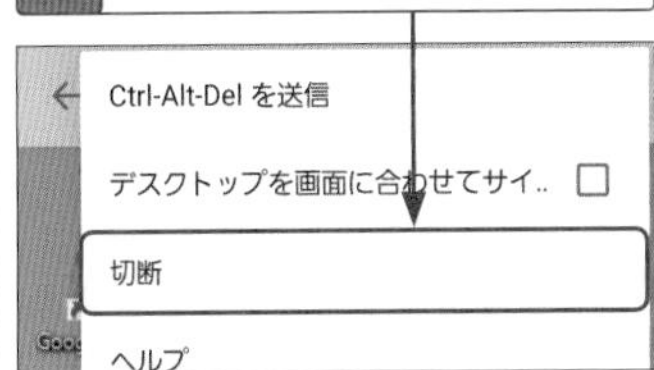

3 リモートアクセスが終了します。

Memo そのほかの項目について

iPhoneで手順2のメニューで<設定>をタップすると、「表示オプション」が表示されます。ここではデスクトップを画面に合わせてサイズ変更したり、特殊キーを押したりすることができます。

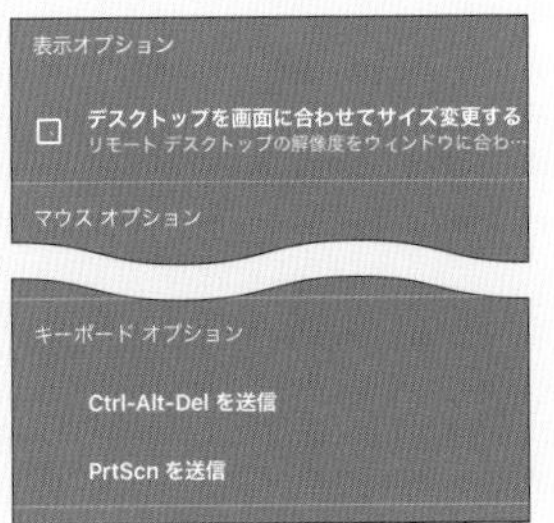

基本編 INDEX

Slack編 INDEX

Chatwork編 INDEX

Zoom編 INDEX

Dropbox編 INDEX